计算机应用基础实训

JiSuanJi YingYong JiChu ShiXun

主编／陈阿娜　陆春雨

人民交通出版社
China Communications Press
北京

内容提要

本实训指导书共分5章,内容包括:Windows XP操作系统、文字处理软件应用、电子表格处理软件应用、演示文稿软件应用和多媒体软件应用。书中配有大量练习,并配有详细步骤,图文并茂。

本书可作为中等职业学校各个专业的计算机基础学习教材,也可供相关计算机爱好者自学参考使用。

图书在版编目(CIP)数据

计算机应用基础实训 / 陈阿娜,陆春雨主编. -- 北京:人民交通出版社, 2013.9

ISBN 978-7-114-10766-5

Ⅰ.①计… Ⅱ①.陈…②陆… Ⅲ.①电子计算机—中等专业学校—教材 Ⅳ.①TP3

中国版本图书馆CIP数据核字(2013)第151207号

书　　名:计算机应用基础实训
著 作 者:陈阿娜　陆春雨
责任编辑:刘彩云　吴燕伶
出版发行:人民交通出版社
地　　址:(100011) 北京市朝阳区安定门外外馆斜街3号
网　　址:http://www.ccpress.com.cn
销售电话:(010) 59757973
总 经 销:人民交通出版社发行部
经　　销:各地新华书店
印　　刷:北京鑫正大印刷有限公司
开　　本:787×1092　1/16
印　　张:13
字　　数:270千
版　　次:2013年9月　第1版
印　　次:2014年9月　第2次印刷
书　　号:ISBN 978-7-114-10766-5
定　　价:29.00元

前　言

如今,计算机的应用正以极快的速度朝着网络化、多功能化、行业化方向发展。从一般的手工处理文字、数据,到现在的计算机处理多种形式的文字、数据、图形图像等;从一般的个人计算机到现在的国际互联网,计算机性能的不断提高,各种计算机应用软件的不断更新,使计算机在各种行业的应用更加普及。同时,在我国教育体系中,中职、中专教育是重要的组成部分。为了培养学生使用计算机处理文字、数据、图形图像的能力,具备操作和使用计算机的基本技能,为了帮助教师和学生更好地使用教材,我们编写了《计算机应用基础实训》。本教材以计算机知识够用、适用为度,计算机操作以循序渐进、清晰步骤为主,计算机技能以案例为典型来培养学生的动手能力、创新能力和岗位适应能力。

本教材涵盖了《计算机应用基础》各章的内容,包括 Windows XP 操作系统、文字处理软件应用、电子表格处理软件应用、演示文稿软件应用、多媒体软件应用,图文并茂。

本教材由陈阿娜、陆春雨担任主编,参加编写的人员有马明亮、王志洁。其中第 1 章由马明亮编写;第 2 章由陆春雨编写;第 3 章由陈阿娜编写;第 4 章由王志洁编写;第 5 章由马明亮编写。

由于水平有限,在内容和编写上难免存在欠妥之处,敬请各位读者批评指正,以使本教材不断完善。

作　者

二〇一三年三月

目　录

⑱在“屏幕分辨率”滑块中拖动选择，例如“800×600”。

⑲在“颜色质量”下拉框中，选择颜色数，本例选择“中(16 位)”。

⑳单击【确定】按钮。

(2)设置任务栏自动隐藏；设置快速启动栏为隐藏属性；使任务栏图标分组显示；自定义“开始”菜单，使其为小图标显示，菜单上的程序数目为 4 个；打开“我的电脑”，分别打开 C 盘、D 盘、E 盘窗口，进行窗口大小以及位置调整，见图 1-5。

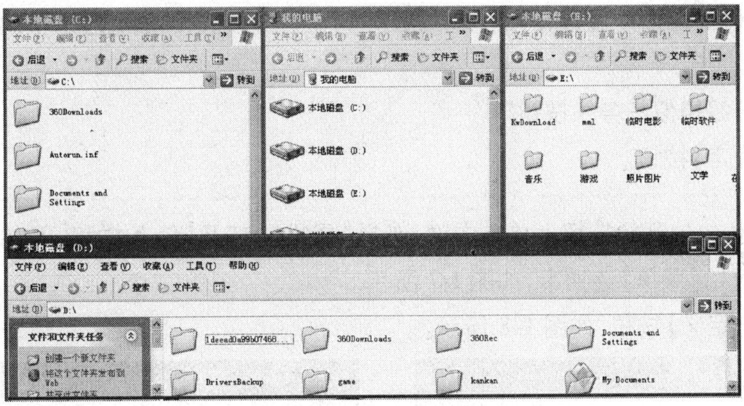

图 1-5　窗口大小及位置示意图

具体操作步骤

①在任务栏空白处单击右键，选择“属性”，打开【任务栏和「开始」菜单属性】对话框，单击【任务栏】选项卡，如图 1-6 所示。

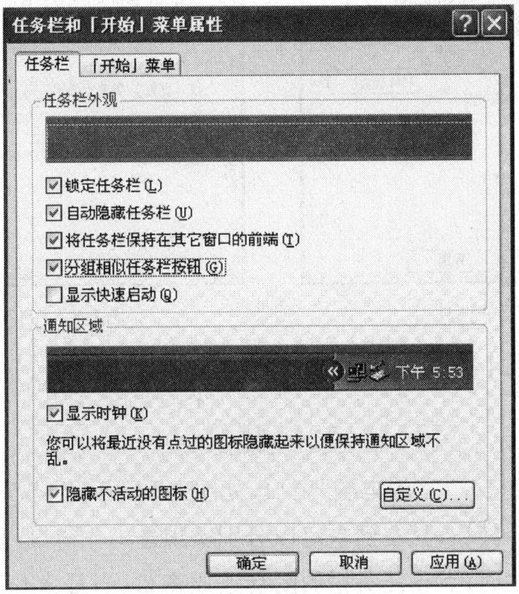

图 1-6　【任务栏】选项卡

②选中“自动隐藏任务栏”。

③单击【确定】按钮。

④在任务栏空白处单击右键，选择“属性”，打开【任务栏和「开始」菜单属性】对话框，单击【任务栏】选项卡。

⑤取消“显示快速启动”。

⑥单击【确定】按钮。

⑦在任务栏空白处单击右键，选择“属性”，打开【任务栏和「开始」菜单属性】对话框，单击【任务栏】选项卡。

⑧选中“分组相似任务栏按钮”。

⑨单击【确定】按钮。

⑩在任务栏中的开始按钮上单击右键，选择“属性”，打开【任务栏和「开始」菜单属性】对话框，单击【「开始」菜单】选项卡，如图 1-7 所示。

⑪点击【自定义】按钮，如图 1-8 所示。

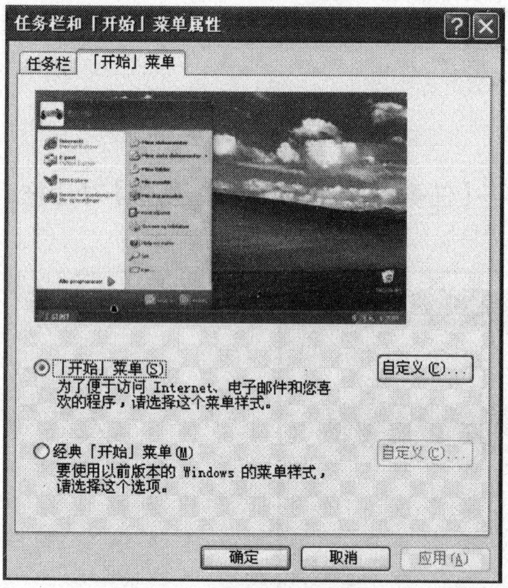

图 1-7 【「开始」菜单】选项卡

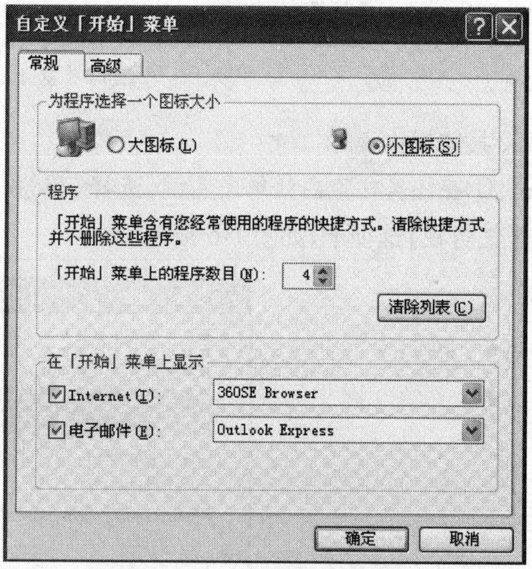

图 1-8 【自定义「开始」菜单】

⑫分别点击【常规】和【高级】选项卡进行相应设置。

⑬单击【确定】按钮。

⑭双击“我的电脑”，打开“我的电脑”窗口，如图 1-9 所示。

⑮点击右上角的三个按钮，从左到右可以分别实现最小化窗口、最大化窗口、关闭窗口。

⑯当最小化到任务栏时，点击任务栏的图标还原窗口；当最大化时，点击右上角中间的按钮还原窗口。

⑰在非最大化窗口模式下,鼠标点击窗口标题栏并按住鼠标不放。

⑱移动窗口到相应的位置,松开鼠标左键实现移动操作。

⑲把鼠标移动到窗口边缘或四角,待鼠标变为缩放窗口状态时,进行窗口的大小调整。

⑳分别双击打开 C 盘、D 盘、E 盘,按效果图 1-5 改变它们的大小及位置。

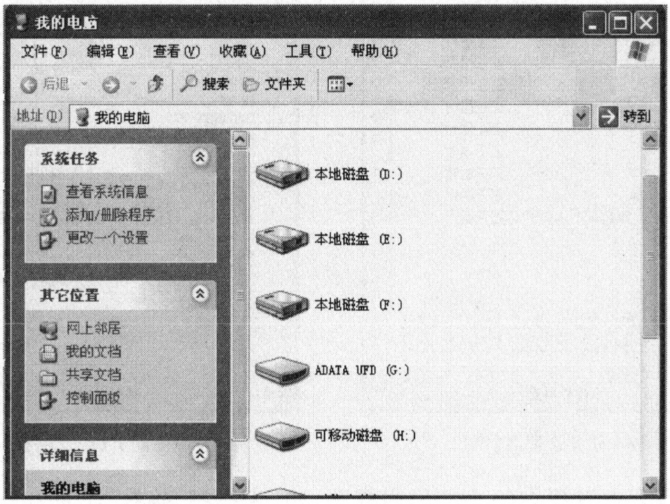

图 1-9 【我的电脑】窗口

实验 2 文件管理、程序管理、用户管理

1. 实验目的

◆ 熟悉任务管理器。

◆ 熟练掌握资源管理器的使用。

◆ 熟练掌握创建文件和文件夹的基本方法。

◆ 熟练掌握文件和文件夹的移动、复制和删除操作。

2. 实验内容

◆ 任务管理器,资源管理器的使用。

◆ 创建文件夹、移动、复制、删除文件和文件夹及回收站操作。

3. 巩固练习及步骤

(1)打开"画图"程序,打开"任务管理器",在"任务管理器"中终止"画图"程序或直接终止其进程。

具体操作步骤

①右击"任务栏"空白处,选择"任务管理器",系统打开【Windows 任务管理器】窗口,或者同时按下【Ctrl + Alt + Delete】三个键,弹出【Windows 任务管理器】窗口,如图 1-10 所示。

②在【Windows 任务管理器】窗口中,单击【应用程序】选项卡,如图 1-11 所示。

图 1-10 【Windows 任务管理器】窗口

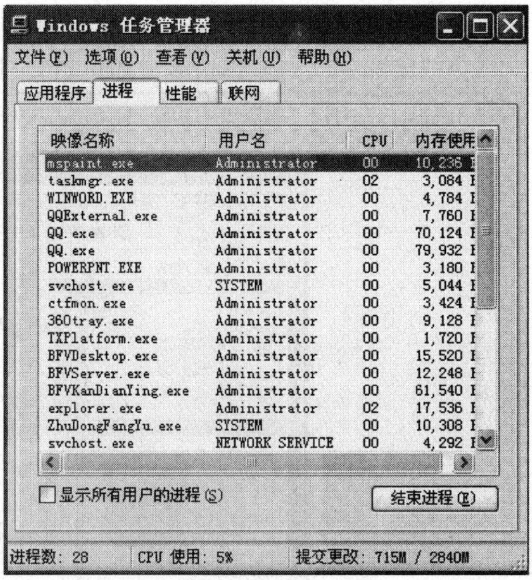

图 1-11 【进程】选项卡

③在“任务”列表中选择要终止的应用程序,如“未命名-画图”。

④单击【结束任务】按钮。

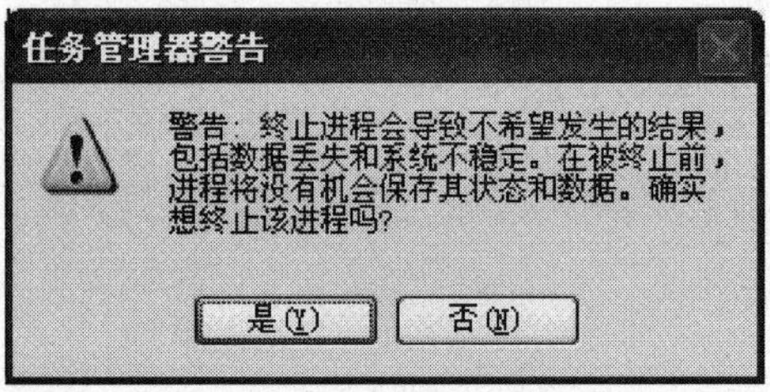

图 1-12 【任务管理器警告】对话框

⑤或者在【Windows 任务管理器】窗口中,单击【进程】选项卡,如图 1-11 所示。

⑥选择要结束的进程,如“mspaint. exe”。

⑦单击【结束任务】按钮,系统弹出【任务管理器警告】对话框,如图 1-12 所示。

⑧点击【是】按钮。

(2)利用“资源管理器”,在 C 盘根目录创建 6 个文件夹,分别命名为“操作系统”、“Word”、“Excel”、“PowerPoint”、“多媒体”、“网页设计”,同时新建 3 个 Word 文档,分别命名为“操作系统”、“多媒体”、“网页设计”。

具体操作步骤

①打开“资源管理器”(右击桌面上的“我的电脑”,选择“资源管理器”),如图 1-13 所示。

②在左侧的文件夹浏览区中,单击“本地磁盘(C:)”。

③在右侧的文件浏览区中右击,在弹出的快捷菜单上选择“新建”,然后选择“文件夹”。

④在右侧的文件浏览区中,出现一个名为“新建文件夹”的新文件夹,输入“操作系统”,双击“操作系统”文件夹,此文件夹即建成。重复上述步骤③建立“Word”、“Excel”、“PowerPoint”、“多媒体”、“网页设计”其他 5 个文件夹。

图 1-13　资源管理器

⑤打开【资源管理器】。

⑥在左侧的文件夹浏览区中，单击“本地磁盘(C:)”。

⑦在右侧的文件浏览区中右击，在弹出的快捷菜单上选择“新建”，在下一级菜单中选择“Microsoft Office Word 文档”，如图 1-14 所示。

⑧在右侧的文件浏览区中，出现一个名为“新建 Microsoft Office Word 文档”的 Word 文档，将其名称改成“操作系统”。

⑨重复上述步骤⑧，新建“多媒体”、“网页设计”两个 Word 文档。

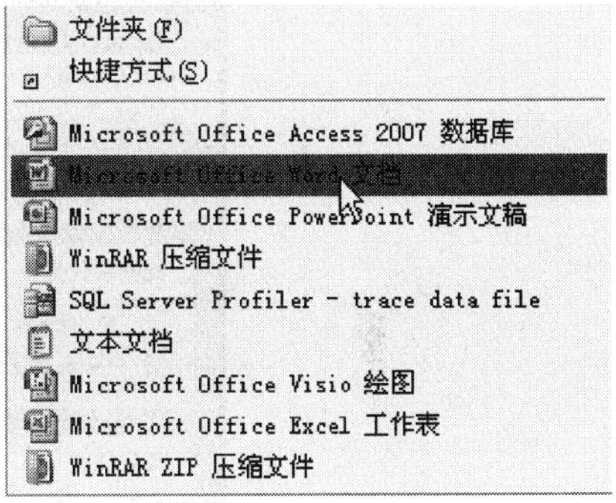

图 1-14　新建类型选择

(3) 把 3 个 Word 文档按名称对应复制到相应文件夹当中。删除“操作系统”文件夹，在回收站中找到该文件夹并还原。删除“Excel”文件夹，到回收站中彻底删除。

具体操作步骤

①打开“资源管理器”。

②在左侧的文件夹浏览区中，单击“本地磁盘(C:)”。

③在右侧的文件浏览区中，右击要复制的文件——“操作系统”Word 文档。

④在弹出的快捷菜单中选择“复制”。

⑤在左侧的文件夹浏览区中，依次单击“本地磁盘(C:)”→“操作系统”文件夹。

⑥在右侧的文件浏览区中，右击，选择“粘贴”。

⑦重复以上几步，把“多媒体”Word 文档复制到“多媒体”文件夹中，把“网页设计”Word

文档复制到“网页设计”文件夹中。

⑧打开“资源管理器”。

⑨在左侧的文件夹浏览区中，依次单击“本地磁盘(C:)”→“操作系统”文件夹。

⑩在右侧的文件浏览区中，右击要删除的文件“操作系统”Word 文档。

⑪在弹出的快捷菜单中选择“删除”，弹出如图 1-15 所示的对话框。

图 1-15 【确认文件删除】对话框

⑫点击【是】按钮。

⑬双击桌面上的“回收站”图标，发现刚删除的文件在其中，如图 1-16 所示。

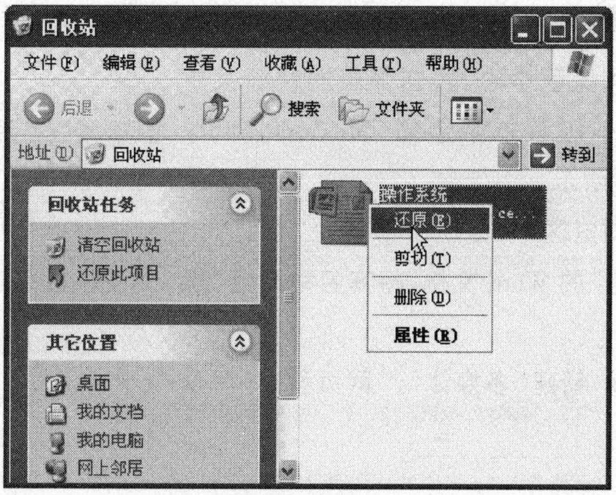

图 1-16 回收站

⑭选中刚删除的文件，右击，选择“还原”，即可将刚删除的文件重新恢复至原位置。

⑮重复以上几步，再次删除“Excel”文件夹。

⑯打开回收站，点击“回收站任务”中的“清空回收站”，彻底删除文件。

实验 3 中文输入法设置及附件的使用

1. 实验目的

- 学习设置和使用中文输入法。
- 学习和熟练掌握画图程序的应用。

◆　学习和熟练掌握计算器程序的应用。

◆　学习和熟练掌握记事本程序的应用。

2. 实验内容

◆　中文输入法设置。

◆　画图。

◆　计算器。

◆　记事本。

3. 巩固练习及步骤

(1)设置系统中文输入法为搜狗拼音输入法,并删除其他中文输入法。

具体操作步骤

①单击输入法指示器图标,即可打开“输入法列表”,如图1-17所示,可以在列表中选择需要的输入法,此时选择输入法为搜狗拼音输入法。

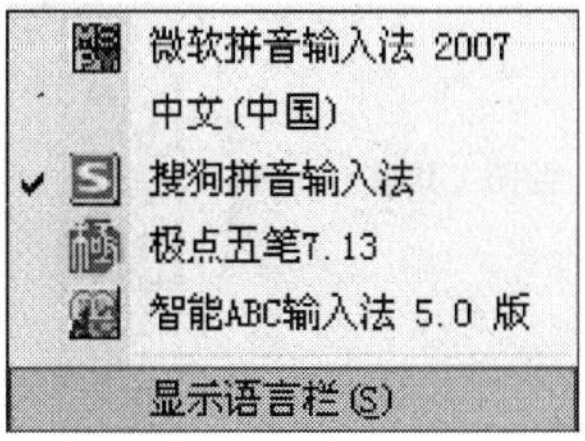

图1-17　输入法列表

②如果没有显示搜狗拼音输入法,需要对输入法的属性进行设置,可以右击输入法指示器图标,在弹出的快捷菜单中选择“设置”命令,弹出【文字服务和输入语言】对话框,如图1-18所示,用户可以进一步对输入法进行添加、删除、属性设置等。

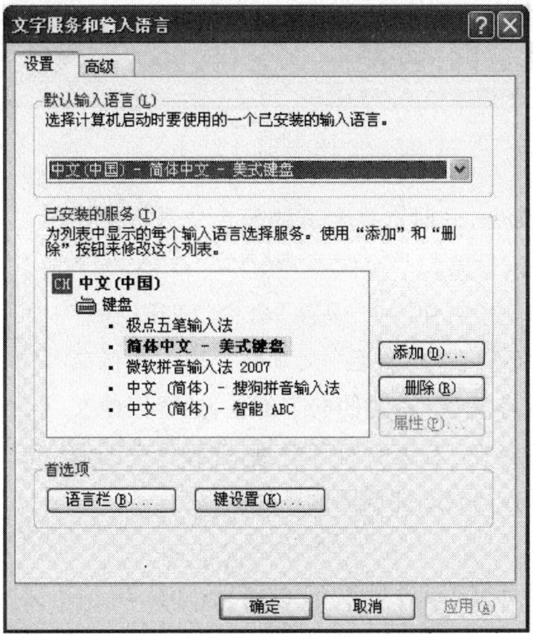

图1-18　【文字服务和输入语言】对话框

图 1-19　示意图

(2)使用系统画图程序绘制如图 1-19 所示的图形。

具体操作步骤

①单击“开始”→“所有程序”→“附件”→“画图”命令，启动“画图”程序。【画图】窗口如图 1-20 所示。在画布上拖动外框或角落上的小蓝点可以改变绘图区大小。

②使用直线工具，绘制如图 1-21 所示房屋轮廓，在拖动的过程中同时按 Shift 键，可起到约束的作用，这样可以画出水平线、垂直线或与水平线成 45°角的线条。

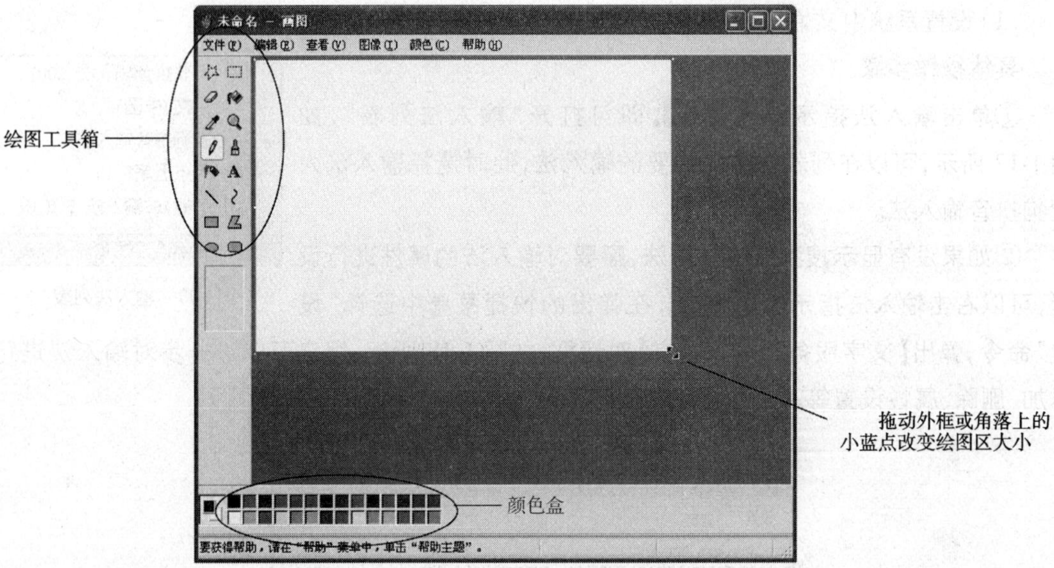

图 1-20　【画图】窗口

③使用色彩填充工具，同时选择合适的颜色块进行颜色的填充，以达到不同的表现效果。

④保存图像文件：单击“文件”→“保存”命令，打开【保存为】对话框，如图 1-22 所示。在“文件名”文本框中输入图像文件的保存名称。单击“保存类型”右边的向下箭头，选择图像文件的保存类型。单击“保存在”右边的向下箭头，选择保存图像文件的文件夹。单击【保存】按钮，完成图像文件的保存。

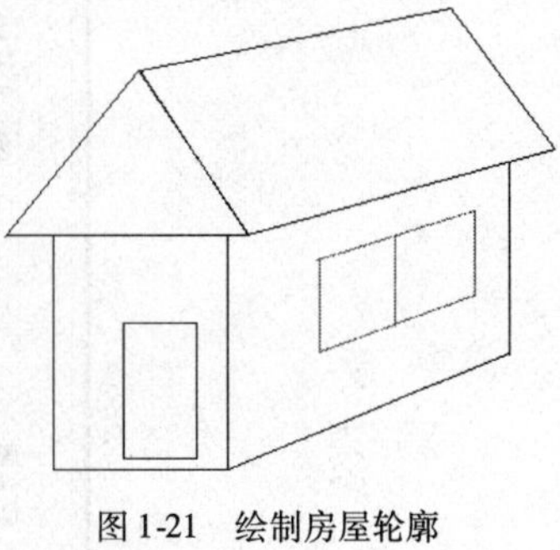

图 1-21　绘制房屋轮廓

(3)使用系统计算器计算 25634 除以 62 的结果，计算 26 的 8 次方的结果。

具体操作步骤

①计算 25634 除以 62：执行“开始”→“所有程序”→“附件”→“计算器”命令，即可以打开

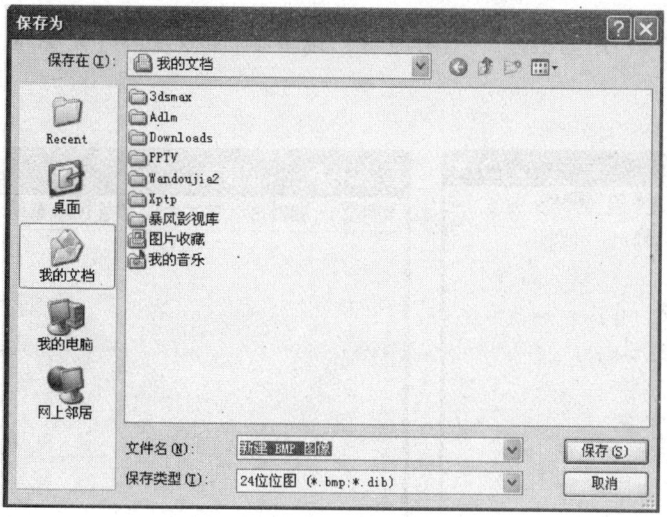

图1-22　文件【保存为】对话框

“计算器”程序，如图1-23所示。如同物理电子计算器一样，单击数字按钮输入或直接用键盘输入数字25634，输入的数据出现在显示区内，然后单击除号【/】按钮，再输入62，之后单击等号【=】按钮，得到计算结果413.45，如图1-23所示。

图1-23　一般计算器窗口

②计算26的8次方：单击“查看”→“科学型”，即可切换到科学型计算器窗口。在科学型计算器的编辑栏中输入26。点击【x^y】按钮，输入8，得到计算结果，如图1-24所示。

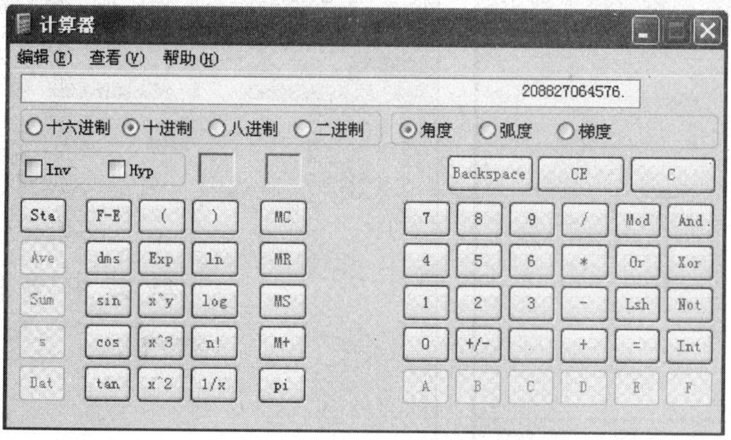

图1-24　科学型计算器窗口

(4)使用记事本输入文字并调整格式，如图1-25所示。

具体操作步骤

①单击“开始”→“所有程序”→“附件”→“记事本”命令，打开【无标题 - 记事本】窗口，如图 1-26 所示。

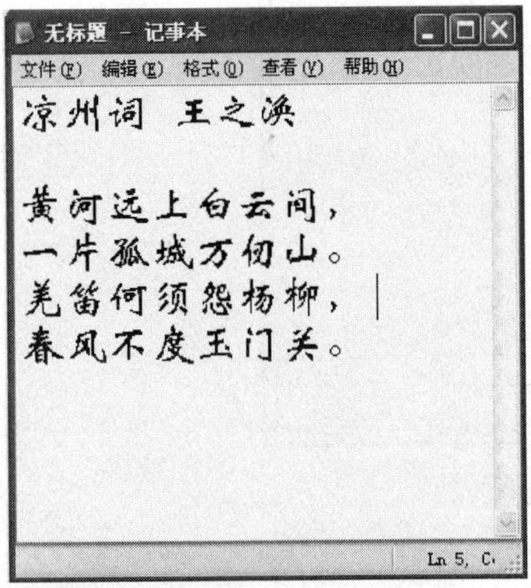

图 1-25 示意图

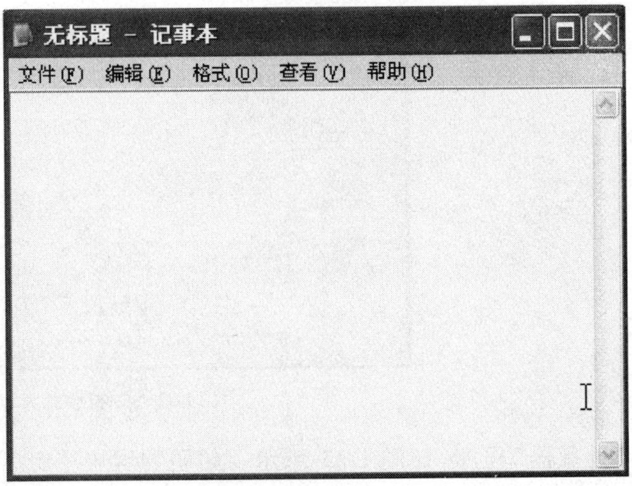

图 1-26 【记事本】窗口

②单击“格式”→“自动换行”选项，则窗口中的内容可以根据当前窗口的宽度自动换行。

③在记事本中输入如图 1-25 所示的文本内容，如图 1-27 所示。

④单击“文件”→“格式”→“字体”，调整字体为“华文新魏”，字号为“二号”，如图 1-28 所示。

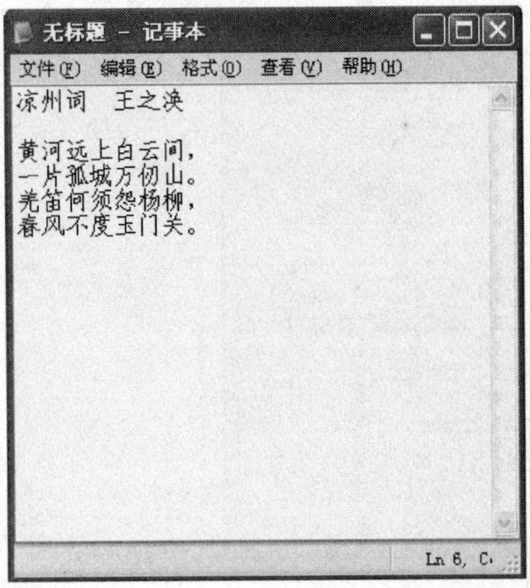

图 1-27 输入文本内容

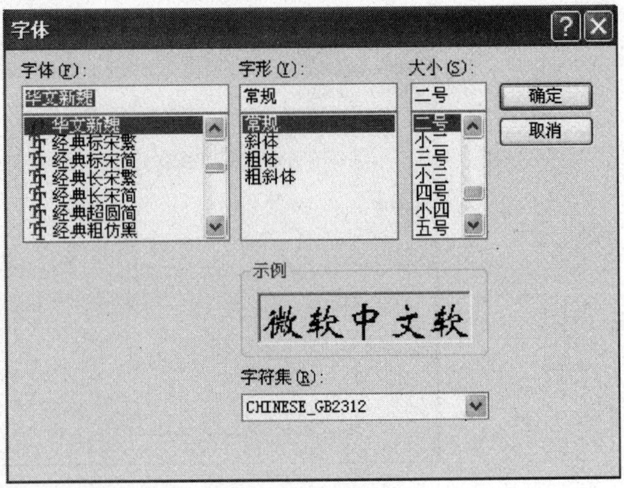

图 1-28 字体调整

⑤单击“文件”→“保存”，将文件命名为“记事本.txt”，保存到“我的文档”中。

实验4 系统设置

1. 实验目的

- 掌握控制面板。
- 掌握用户帐户管理。

2. 实验内容

- 启动控制面板。
- 建立和管理用户帐户。

3. 巩固练习及步骤

(1) 使用3种方法启动控制面板。

具体操作步骤

①方法1:使用【开始】菜单打开【控制面板】。单击"开始"→"控制面板"选项。

②方法2:使用【我的电脑】图标打开【控制面板】。在桌面上双击【我的电脑】图标,打开【我的电脑】窗口,在左侧的任务窗口中单击"控制面板"选项。

③方法3:使用【资源管理器】打开【控制面板】。在【资源管理器】窗口左侧的文件夹窗口中单击"控制面板"文件夹,即可进入【控制面板】窗口。打开的【控制面板】窗口如图1-29所示,此时为分类视图窗口。单击【控制面板】中的各分类选项,就可以查看或更改相应设置。单击左侧的"切换到经典试图"选项,可以以Windows 98经典视图的形式显示,如图1-30所示,双击各图标,即可打开各项设置对话框。

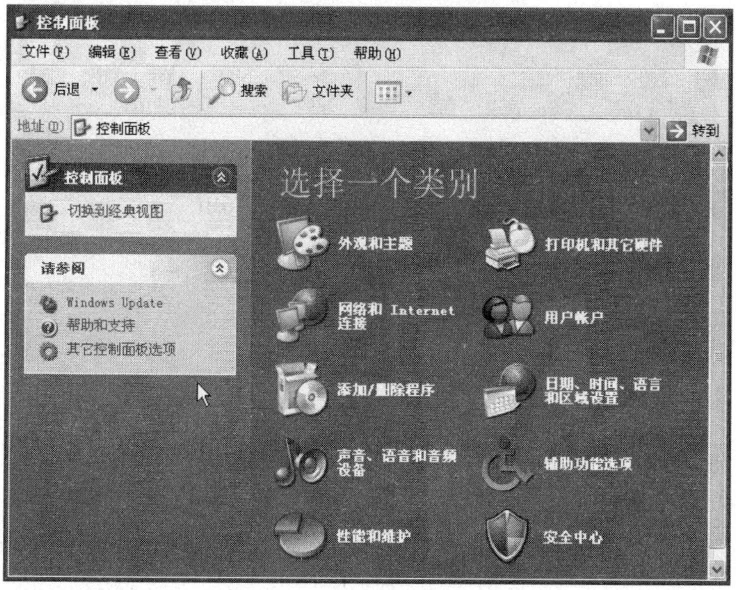

图1-29 【控制面板】窗口

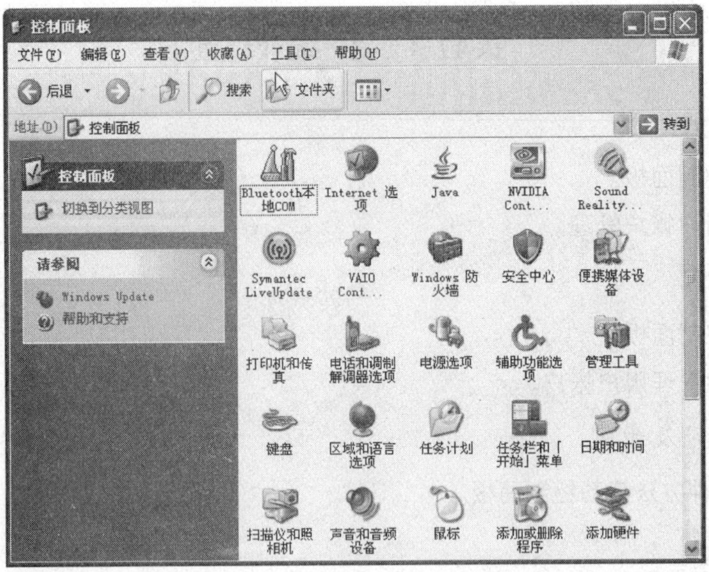

图 1-30 【控制面板】窗口——经典视图

(2)建立名为"蓝天"的管理员用户帐户,并设置密码。

具体操作步骤

①单击"开始"→"控制面板"→"用户帐户"命令,打开【用户帐户】窗口,如图 1-31 所示。

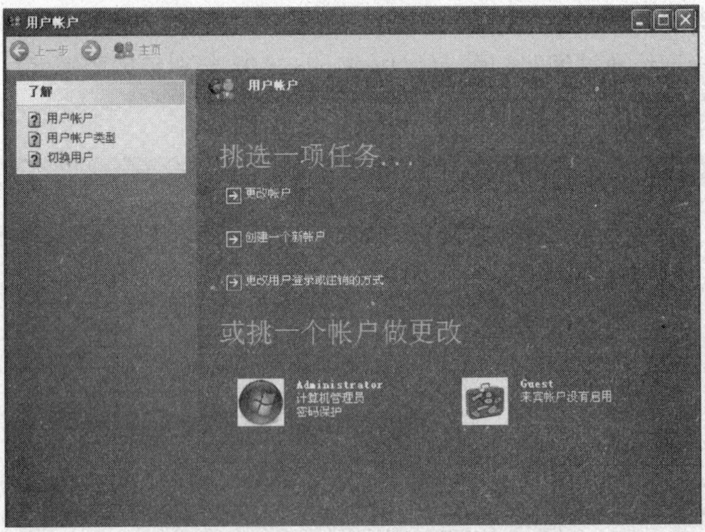

图 1-31 【用户帐户】窗口

②在【用户帐户】窗口中,选择"创建一个新帐户"选项,弹出【为新帐户起名】对话框,在对话框中相应位置填入新用户帐户的名字,然后单击【下一步】按钮,弹出【挑选一个帐户类型】窗口。

③选择"计算机管理员"选项,然后单击【创建帐户】按钮,在用户名称中输入"蓝天",并输入密码。

④完成用户的创建之后,在【用户帐户】窗口中将显示出新建用户的图标。

实验5　硬件和软件的安装

1. 实验目的

- 学习硬件的安装。
- 学习软件的安装。
- 学习添加 Windows XP 组件。
- 删除已安装的程序。

2. 实验内容

- 安装打印机。
- 安装应用程序。
- 添加 Internet 信息服务组件(IIS)。
- 删除应用程序。

3. 巩固练习及步骤

(1)安装本地打印机。

具体操作步骤

①首先连接好打印机与计算机之间的并行接口电缆，接通电源线，确保打印机与计算机之间的物理连接正确。如果在安装 Windows XP 以前，打印机已经连接在本地计算机上，Windows XP 在安装期间会自动识别并安装打印机驱动程序；如果在安装 Windows XP 之后再连接打印机，则需要安装打印机驱动程序。

②执行“开始”→“控制面板”→“打印机和传真”命令，打开【打印机和传真】窗口。

③执行“文件”→“添加打印机”命令，弹出【添加打印机向导】对话框，如图 1-32 所示。

④单击【下一步】按钮，打开【添加打印机向导】“本地或网络打印机”对话框，如图 1-33 所示。选择“连接到此计算机的本地打印机”选项，然后单击【下一步】按钮，打开【添加打印机向导】“选择打印机端口”对话框，如图 1-34 所示。

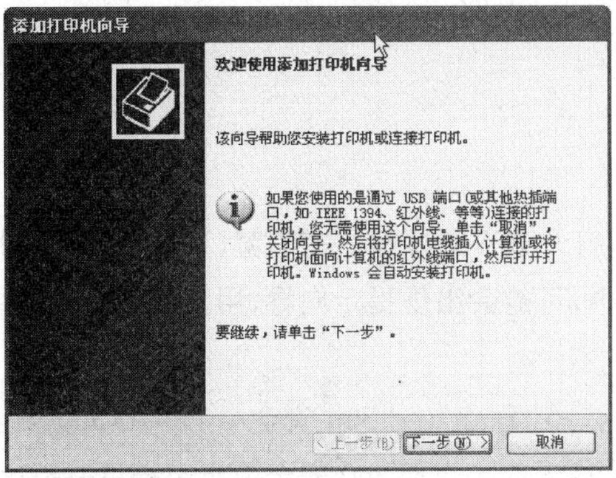

图 1-32　添加打印机对话框

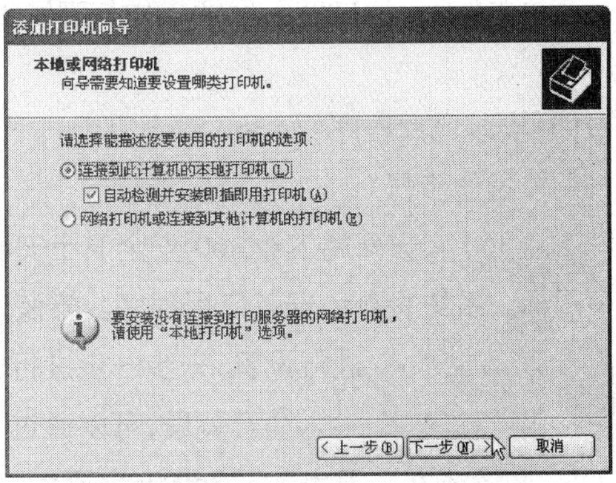

图 1-33　选择本地或网络打印机对话框

⑤选择打印机连接到的端口(一般为 LPT),单击【下一步】按钮,打开选择打印机类型对话框,如图 1-35 所示。在对话框中,选择打印机的制造商、型号。若随机带驱动盘,可以单击【从磁盘安装】按钮。然后单击【下一步】按钮,系统开始安装打印机程序。

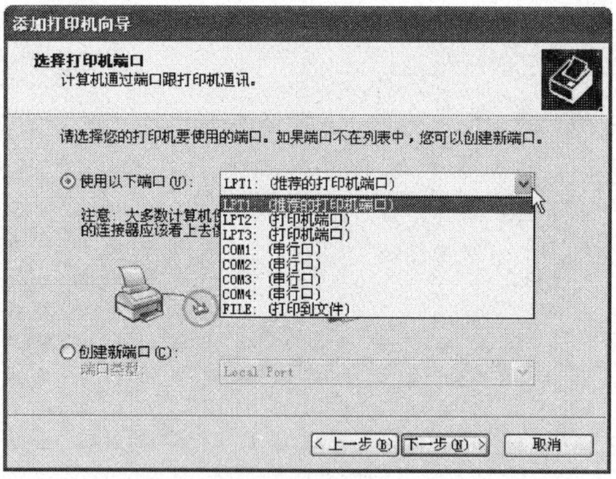

图 1-34　选择打印机端口对话框

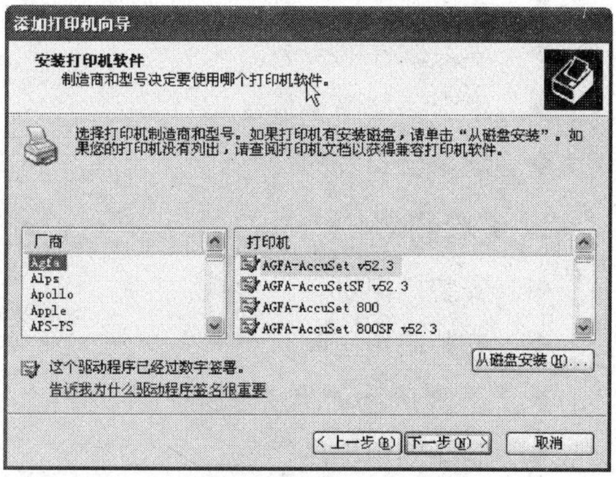

图 1-35　选择打印机类型对话框

⑥接下来【添加打印机向导】让用户选择“是否希望将这台打印机设为默认打印机”,选择【是】单选按钮,设为默认打印机。用户还可以选择“是否共享打印机”,如果共享,则网络上的其他计算机也可以使用该打印机。

(2)安装网络打印机。

具体操作步骤

①在如图 1-33 所示对话框中,选择“网络打印机或连接到其他计算机的打印机(E)”选项,然后单击【下一步】按钮,打开指定打印机对话框。

②输入打印机地址,可按【浏览打印机】单选按钮,从“网上邻居”中查找,或者直接指定打印机的路径和名称。

③单击【下一步】按钮,后续操作与安装本地打印机类似。

(3)安装应用程序(如 360 安全卫士)。

具体操作步骤

①从 360 官方网站下载 360 安全卫士安装包,打开该下载程序所在的窗口,直接双击应用程序图标。系统将自动安装应用程序。安装过程中,可能会出现提示向导,用户可以根据需要进行设置,一步一步进行安装。

图 1-36　360 安全卫士快捷方式图标

②安装后,可以通过“开始”→“程序”→“360 安全中心”→“360 安全卫士”→“360 安全卫士”命令,或者双击桌面 360 安全卫士图标打开程序,如图 1-36 所示。

(4)为系统添加 Internet 信息服务组件(IIS)。

具体操作步骤

①单击“开始”→“控制面板”命令,打开【控制面板】窗口。

②双击“添加或删除程序”图标,打开【添加或删除程序】窗口,如图 1-37 所示。

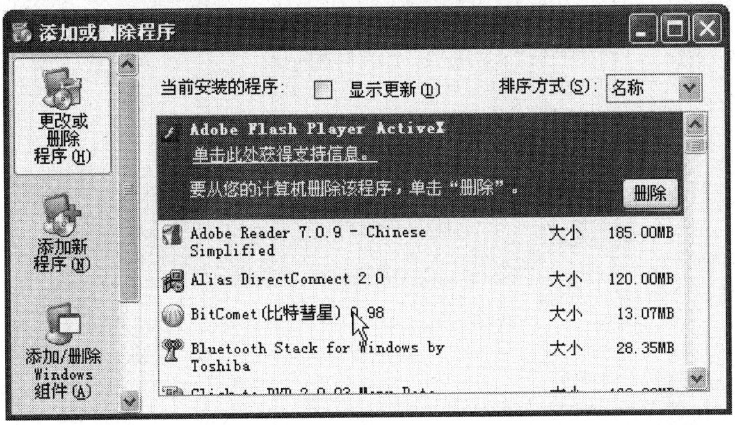

图 1-37 【添加或删除程序】窗口

③单击【添加/删除 Windows 组件】按钮,弹出【Windows 组件向导】对话框,如图 1-38 所示。

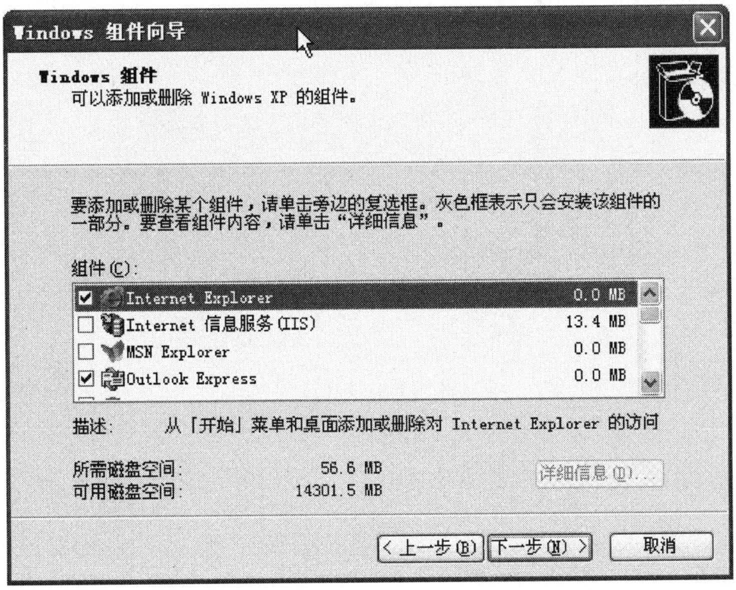

图 1-38 【Windows 组件向导】对话框

④在“组件”列表框中列出了所有 Windows 组件,将“Internet 信息服务(IIS)”复选框选中,单击【下一步】按钮,就可以安装相应的组件。

(5)删除计算机上某一程序(如QQ游戏程序)。

具体操作步骤

①在【添加或删除程序】窗口右侧的程序列表中,选中一个要删除的应用程序,如图1-39所示。

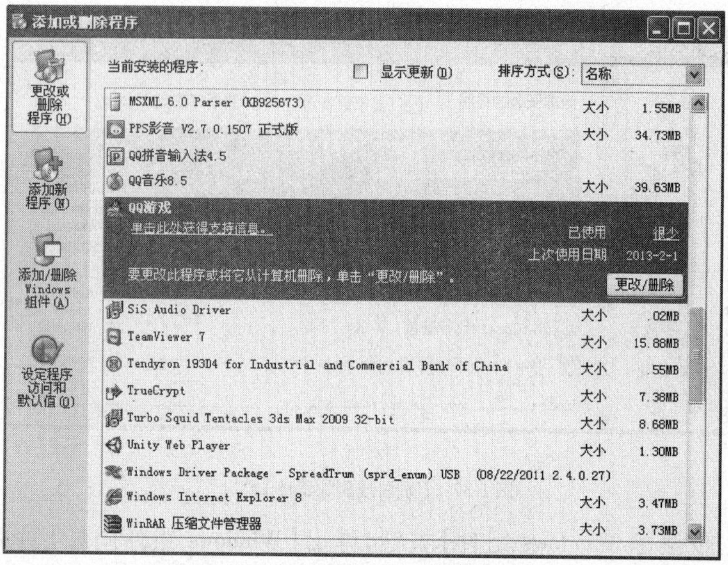

图1-39 【添加或删除程序】窗口

②单击【更改/删除】按钮,弹出【确认消息】对话框,如图1-40所示,单击【是】按钮,选中的应用程序即被删除。

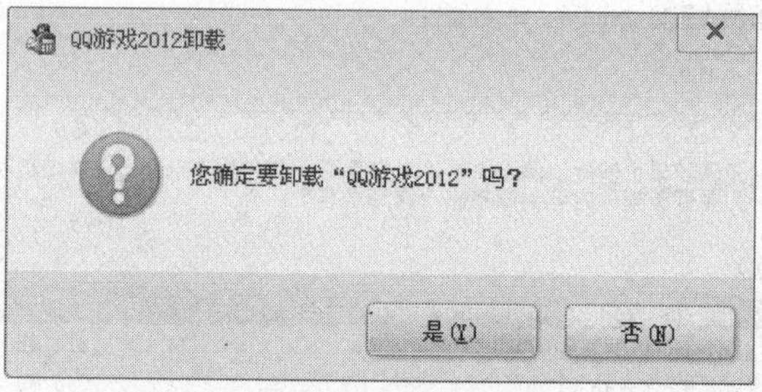

图1-40 【确认消息】对话框

第2章　文字处理软件应用

实验1　文字处理软件基本操作

1. 实验目的

- ◆ 掌握 Word 2007 的操作界面。
- ◆ 熟练掌握快速访问工具。
- ◆ 熟练掌握创建文档。
- ◆ 熟练掌握保存、关闭、打开文档。

2. 实验内容

- ◆ 新建文档。
- ◆ 保存文档。
- ◆ 关闭文档。
- ◆ 打开文档。

3. 巩固练习与步骤

1）认识 Word 2007 操作界面（见图 2-1）。

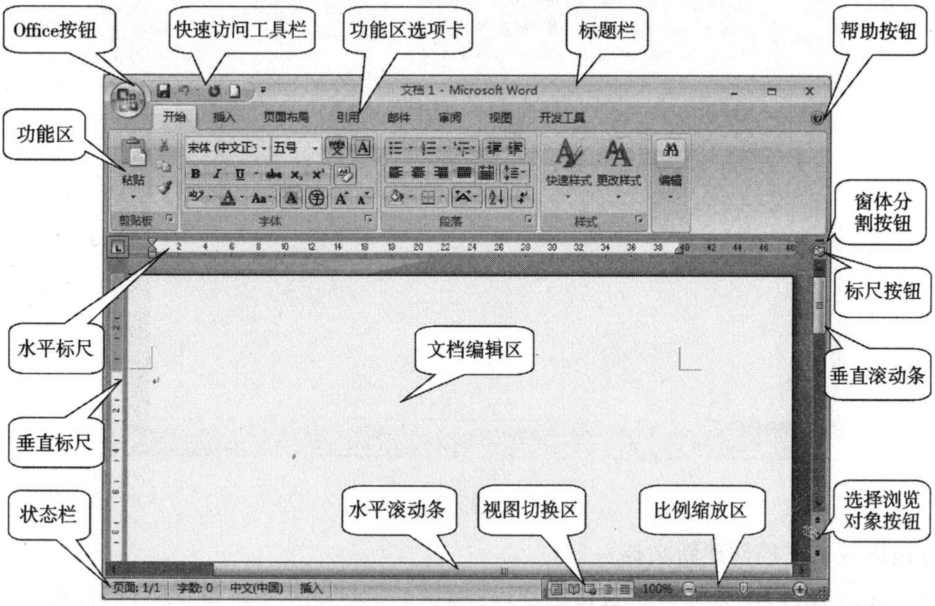

图 2-1　Word 2007 操作界面

2)新建文档

(1)创建空白文档

单击“开始”→“所有程序”→“Microsoft Office”→“Microsoft Office Word 2007”命令,启动Word 2007。启动后,将打开一个空白 Word 文档。单击 Office 按钮,在弹出的菜单中选择【新建】命令,打开【新建文档】对话框,如图 2-2 所示。选择【空白文档】选项,然后单击【创建】按钮,Word 2007 就可新建一个空白文档,如图 2-3 所示。

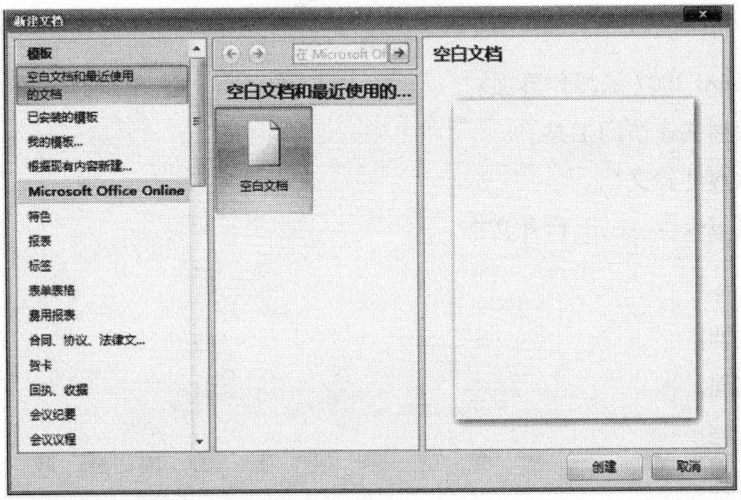

图 2-2 【新建文档】对话框

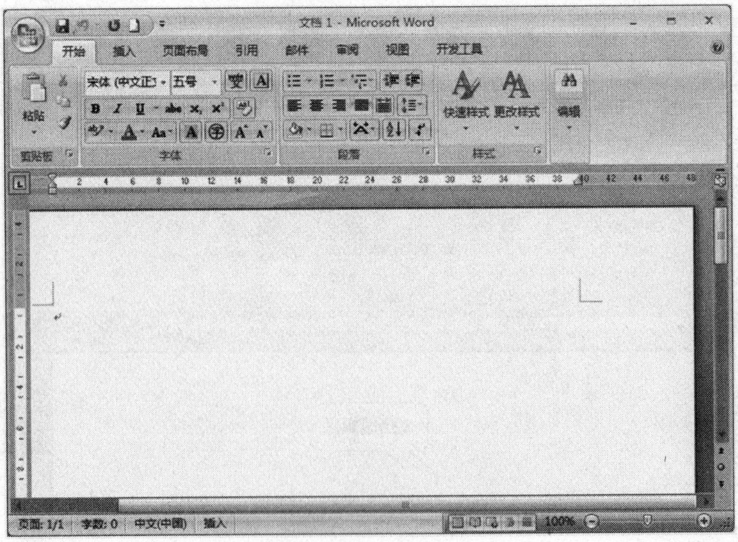

图 2-3 新建的空白文档

(2)根据现有文档创建新文档

单击 Office 按钮,在弹出的菜单中选择【新建】命令,打开【新建文档】对话框,如图 2-2 所示。在【新建文档】对话框中选择【根据现有文档新建】,如图 2-4 所示。选择新建文档所基于的已有文档，然后单击【新建】按钮，Word 2007 就可创建一个基于已有文档的新文档。

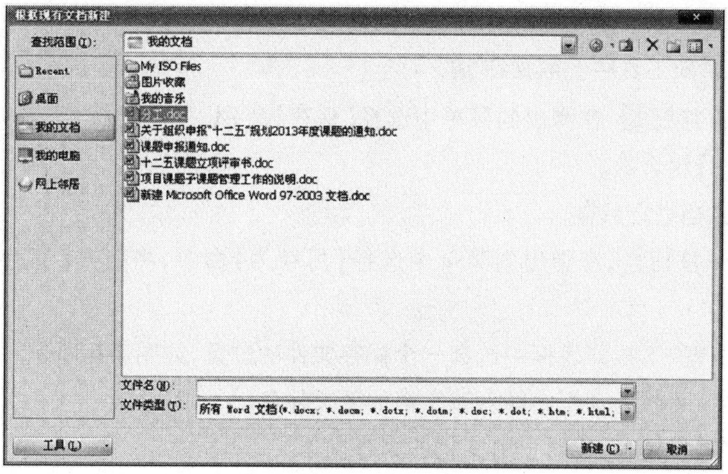

图 2-4　【根据现有文档新建】对话框

3）保存文档

（1）保存新建文档

①单击 Office 按钮，在弹出的菜单中选择【保存】命令，将打开【另存为】对话框，如图 2-5 所示。

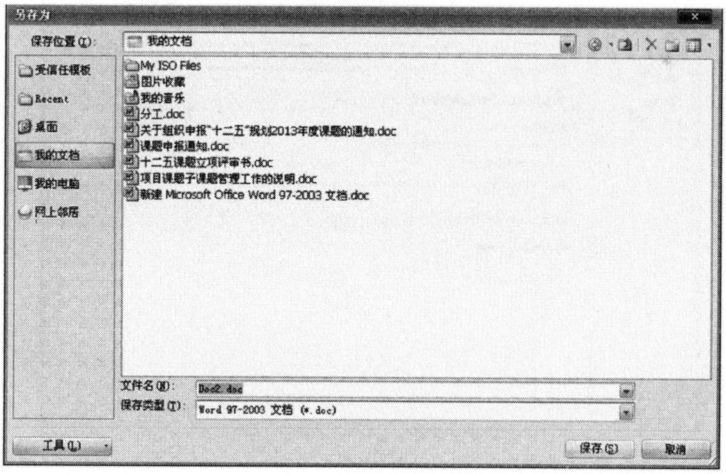

图 2-5　【另存为】对话框

②在“保存位置”下拉列表框中选择一个保存文件的位置，如图 2-6 所示。

③在“文件名”下拉列表框中输入文档的名称。若不输入，则 Word 会以文档开头的第一句话作为文件名进行保存。

④单击“保存”按钮，完成保存文档的操作。

图 2-6　“保存位置”下拉列表框

(2)对已有文档进行保存

保存已有文档可以使用下面3种方法中的任何一种:

①单击快速访问工具栏上的按钮。

②单击 Office 按钮,在弹出的菜单中选择【保存】命令。

③按【Ctrl + S】组合键。

(3)对已有文档进行另存

①单击 Office 按钮,在弹出的菜单中选择【另存为】命令,将打开【另存为】对话框,如图2-5所示。

②在"保存位置"下拉列表框中选择一个保存文件的位置,如图2-6所示。

③在"文件名"下拉列表框中输入该文档的新文件名。

④单击【保存】按钮,完成对已有文档的另存操作。

(4)自动保存文档

①单击 Office 按钮,在打开的菜单中单击【Word 选项】按钮,打开【Word 选项】对话框,在左侧列表框中选择"保存"选项,打开【保存】选项界面,如图2-7所示。

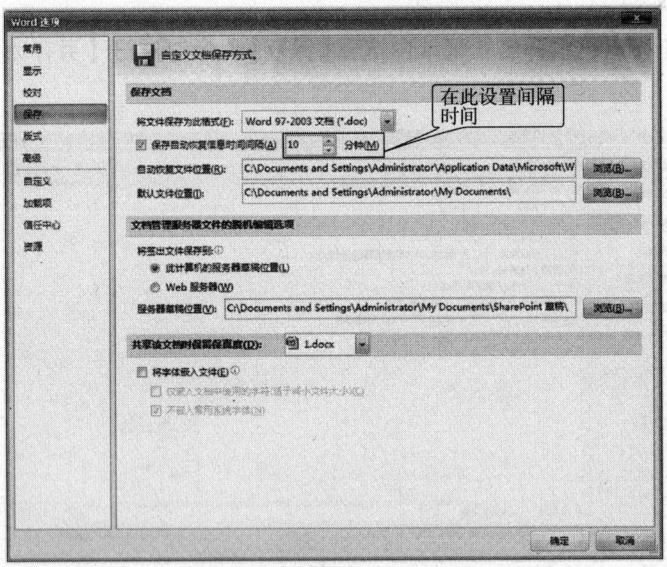

图2-7 【Word 选项】对话框的【保存】选项界面

②选中【保存文档】选项卡中的"保存自动恢复信息时间间隔"复选框,并在右侧的数值微调框中进行时间间隔的设置。

③单击【确定】按钮,完成自动保存功能的设置。

4)关闭文档

完成对文档的编辑与保存等工作后,就可以安全地将文档关闭了。关闭文档的常用方法如下：

①单击屏幕右上角标题栏右侧的【关闭】按钮 x 。

②按【Alt + F4】组合键。

③单击 Office 按钮，在弹出的菜单中选择【关闭】命令。

④单击快速访问工具栏中的【关闭】按钮。

5）打开文档

（1）直接打开已存在的文档

①单击 Office 按钮，在弹出的菜单中选择【打开】命令，打开【打开】对话框，如图 2-8 所示。

②在“查找范围”下拉列表框中选择该文件存放的位置。

③在文件列表中选择所需文档，可以选择一个或多个文档。

④选中文档后，单击【打开】按钮，即可打开所需文档。也可以直接双击所需文档，快速打开。

（2）使用文件清单打开文档

Word 2007 会把最近使用过的文档列在 Office 按钮菜单的右侧，如图 2-9 所示。单击 Office 按钮菜单右侧的文档名称就可以打开相应的文档。

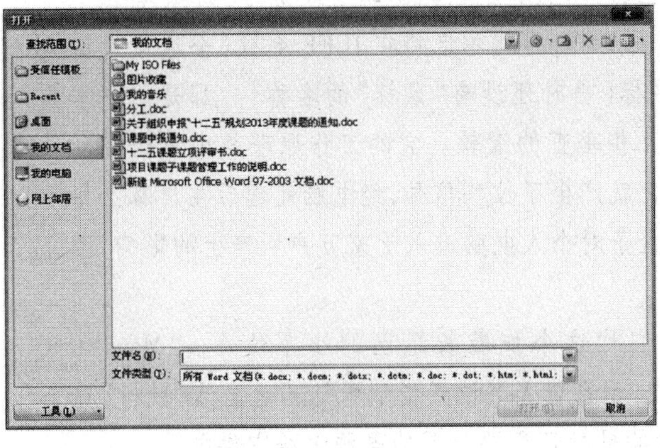

图 2-8　【打开】对话框

图 2-9　Office 按钮菜单右侧最近使用过的文档列表

实验 2　设置文档格式（1）

1. 实验目的

◆ 掌握 Word 2007 文档的新建和打开方法。

◆ 熟练掌握文档编辑的基本方法，包括插入点的移动、文本的输入、文本范围的选择、文本的复制和移动、文本的删除等。

◆ 熟练掌握查找、替换和定位的基本操作方法。

◆ 熟练掌握字符格式化的基本方法。

◆ 熟练掌握保存和退出文档的方法。

2. 实验内容

◆ 新建和打开文档。

◆ 选择文本。

◆ 移动或复制文本。

◆ 删除文本。

◆ 查找、替换和定位。

◆ 字符格式化。

◆ 保存 Word 2007 文档。

3. 巩固练习与步骤

(1)新建一个 Word 文档,输入以下内容。

道格·恩格尔巴特在20世纪60年代是美国“增益研究中心”的主持人,他希望电脑变成具备图形指示的人性化双向互动工具,便于人们使用。1963年,恩格尔巴特在自己建立的斯坦福研究所发展研究中心里,用木头和小铁轮制成了最初的“鼠标”。

经过反复修改和试验,1968年12月9日,恩格尔巴特在IEEE会议(全球最大的专业技术学会)上展示了世界上第一个鼠标(当时还没有“鼠标”的名称)。那是一个木质的小盒子,只有一个按钮,里面有两个互相垂直的滚轮。它的工作原理是由滚轮带动轴旋转,并使变阻器改变阻值,阻值的变化就产生了位移信号,经电脑处理后在屏幕上指示位置的移动。由于这个粗糙的木头小盒子对个人电脑进入千家万户所产生的影响,因此这一天被定为鼠标的诞生日。

在实验室中,恩格尔巴特和同事们称这个拖着长尾巴的小家伙——“Mouse(鼠标)”,尽管申请专利时使用的名字是“显示系统 *X-Y* 位置指示器”,不过显然“鼠标”这个名字更深入人心,一直沿用下来。当时的鼠标还需要外置的电源来给它供电。

文档设置要求如下:

● 将文档内容第二段落中的最后一句话复制到文档中的第三段落的最后面。

● 将文档中所有的“恩格尔巴特”替换为“道格·恩格尔巴特”。

● 进行各种视图的切换,观察文档格式的不同表现。

● 把文档以文件名“鼠标和它的‘生父’”保存到桌面上。

具体操作步骤

①新建一个 Word 文档，输入文档要求的文本内容。

②选定文档第二段落中的最后一句话——“由于这个粗糙的木头小盒子对个人电脑进入千家万户所产生的影响，因此这一天被定为鼠标的诞生日”。单击【开始】选项卡，在【剪贴板】选项组中，单击【复制】按钮，将光标移到文档第三段落的最后面，选择【开始】选项卡，在【剪贴板】选项组中，单击【粘贴】按钮。

③单击【开始】选项卡，在【编辑】选项组中，单击【替换】按钮，打开【查找和替换】对话框，如图 2-10 所示。在“查找内容”下拉列表框中输入“恩格尔巴特”，在“替换为”下拉列表框中输入“道格·恩格尔巴特”，单击【全部替换】按钮。

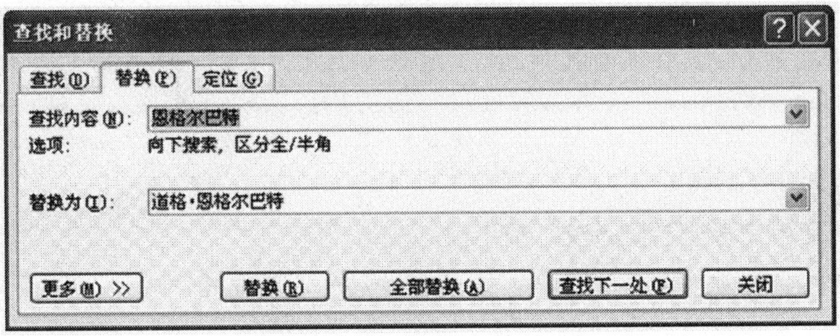

图 2-10　【查找和替换】对话框

④在屏幕的右下方有【视图切换区】按钮，点击各视图按钮观察文档格式的不同表现。

⑤单击 Office 按钮，在弹出的菜单中选择【保存】命令，打开【另存为】对话框，在“保存位置”下拉列表框中选择“桌面”，在文件名处输入“鼠标和它的‘生父’”。

⑥最后文档完成效果如“样张 1”所示。

样张 1：

鼠标和它的“生父”

道格·恩格尔巴特在 20 世纪 60 年代是美国“增益研究中心”的主持人，他希望电脑变成具备图形指示的人性化双向互动工具，便于人们使用。1963 年，道格·恩格尔巴特在自己建立的斯坦福研究所发展研究中心里，用木头和小铁轮制成了最初的“鼠标”。

经过反复修改和试验，1968 年 12 月 9 日，道格·恩格尔巴特在 IEEE 会议（全球最大的专业技术学会）上展示了世界上第一个鼠标（当时还没有“鼠标”的名称）。那是一个木质的小盒子，只有一个按钮，里面有两个互相垂直的滚轮。它的工作原理是由滚轮带动轴旋转，并使变阻器改变阻值，阻值的变化就产生了位移信号，经电脑处理后在屏幕上指示位置的移动。由于这个粗糙的木头小盒子对个人电脑进入千家万户所产生的影响，因此这一天被定为鼠标的诞生日。

在实验室中，道格·恩格尔巴特和同事们叫这个拖着长尾巴的小家伙——“Mouse（鼠标)”,尽管申请专利时使用的名字是“显示系统 *X-Y* 位置指示器”,不过显然“鼠标”这个名字更深入人心,一直沿用下来。当时的鼠标还需要外置的电源来给它供电。由于这个粗糙的木头小盒子对个人电脑进入千家万户所产生的影响,因此这一天被定为鼠标的诞生日。

(2)创建一个 Word 文档,输入下列文字,并按要求进行格式设置。

望庐山瀑布

日照香炉生紫烟,遥看瀑布挂前川,飞流直下三千尺,疑是银河落九天。

文档设置要求如下:

- 将标题设置为三号,仿宋,加粗,居中。
- 正文按每个逗号标点分一行,设置为四号,楷体,全部居中。
- 将正文部分各行的最后两个字加着重号。
- 正文第一行文字加下划线。
- 正文第二行文字加边框。
- 正文第三行文字设置为空心。
- 正文第四行文字设置为阴影。

具体操作步骤

①选择标题,单击【开始】选项卡。在【字体】选项组中,单击“字体”列表框右侧的下三角按钮,打开“字体”下拉列表框,在下拉列表框中选择“仿宋”字体;然后再单击“字号”列表框右侧的下三角按钮,打开“字号”下拉列表框,在下拉列表框中选择“三号”字号。单击【加粗】按钮 **B**。

②选择标题,单击【开始】选项卡。在【段落】选项组中,单击【居中】按钮。

③将光标移到正文第一个逗号处,按【回车】键,重复这样操作,将正文分成四行。选择正文部分,单击【开始】选项卡。在【字体】选项组中,单击“字体”列表框右侧的下三角按钮,打开“字体”下拉列表框,在下拉列表框中选择“楷体”字体;然后再单击“字号”列表框右侧的下三角按钮,打开“字号”下拉列表框,在下拉列表框中选择“四号”字号。

④选择正文部分,单击【开始】选项卡。在【段落】选项组中,单击【居中】按钮。

⑤选择正文中每一行文本中的最后两个字,单击【开始】选项卡。在【字体】选项组中,单击【字体对话框】按钮,打开【字体】对话框,如图 2-11 所示。在【所有文字】选项组中,单击“着重号(·)”列表框右侧的下三角按钮,打开“着重号(·)”下拉列表框,在下拉列表框中选

择“·”。单击【确定】按钮。

⑥选择正文中的第一行文本，单击【开始】选项卡。在【字体】选项组中，单击【下划线】按钮 U 。

⑦选择正文中的第二行文本，单击【开始】选项卡。在【字体】选项组中，单击【字符边框】按钮A。

⑧选择正文中的第三行文本，单击【开始】选项卡。在【字体】选项组中，单击【字体对话框】按钮，打开【字体】对话框，如图 2-11 所示。在【效果】选项组中，勾选“空心”。单击【确定】按钮。

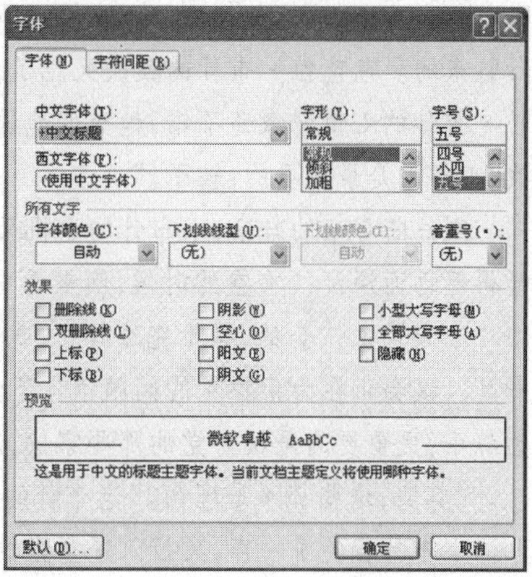

图 2-11 【字体】对话框

⑨选择正文中的第四行文本，单击【开始】选项卡。在【字体】选项组中，单击【字体对话框】按钮，打开【字体】对话框，如图 2-11 所示。在【效果】选项组中，勾选“阴影”。单击【确定】按钮。

⑩最后文档完成效果如“样张 2”所示。

样张 2：

望庐山瀑布

日照香炉生紫烟，

遥看瀑布挂前川，

飞流直下三千尺，

疑是银河落九天。

(3) 创建一个 Word 文档，输入下列文字，并按要求进行格式设置。

这些都不是理由

2004 年 4 月的一天傍晚，美国总统小布什的电话响了。电话是他的母亲芭芭拉·布什打来的。芭芭拉·布什的腿疾又犯了,正在得克萨斯州的医院里接受治疗。但是芭芭拉·布什的心情好像还不错,她爽朗地说:“没事,一点小毛病,过几天就好了。你别担心我,工作才是最重要的,孩子。”

刚挂断母亲的电话,小布什的手机又响了,这回是父亲老布什打来的。老布什的语调显得遥远而深沉:“有空的时候,回来看看你的母亲吧,她需要你。”

小布什说:“会的,等忙完这阵子,我就回来看您和母亲。您知道的,我最近真的抽不开身。议会正在为伊拉克的问题争论不休,非洲的援助基金也出了问题,还有阿富汗也颇为棘手,更重要的是反对党的那些家伙,总是暗暗拆我的台……”

“其实,这些都不是理由。”老布什的语调幽幽的,说完就挂了电话。

小布什苦笑了一声,又投入了紧张的工作中。

过了一会儿,小布什收到了一条短信,是老布什发来的:“你8岁那年,有一天夜里下着大雨,你发烧了。你母亲当时正在几十公里外的农场里。她赶回来看你,汽车在半路上抛了锚。我让她找个旅馆休息,第二天再回来。可是,你母亲在风雨中步行了3个多小时,夜里11点终于回到了家里。还有,你10岁那年,我正在非洲访问,你打来电话说:‘爸爸,你答应陪我过生日的。’于是,我中断了访问,回来陪你过生日。因为答应你的,我一定会做到。我说这么多,其实只是想告诉你,在爱与责任面前,所有的忙碌与阻碍,都不能成为理由!”

看着看着,小布什便满心愧疚。这几年,自己一直忙于工作,总是没有时间陪伴父母,但是自己却心安理得,并不觉得有丝毫亏欠。可是父母总会在自己最需要的时候,出现在自己的身边,他们从来没有任何借口与托词。

小布什简单地安排了一下工作,然后就带着夫人与两个女儿,坐上了专机,飞往得克萨斯。晚上9点40分,小布什满脸微笑,出现在了母亲芭芭拉·布什的病床前。芭芭拉·布什看着小布什与劳拉,双手搂着两个乖巧的孙女,灿烂地笑了。笑着笑着,芭芭拉·布什两眼就湿润了。

老布什沉静地站在窗外,一边温和地抽着雪茄,一边朝小布什竖起了大拇指。

第二天下午,小布什一家辞别父母回到了华盛顿。因为是私人活动,小布什将要为此承担10.8万美元的专机使用费,相当于小布什半年的工资,但小布什认为那值得!

一个人,无论平凡还是尊贵,在父母面前,他永远都是一个孩子。在父母需要的时候陪伴在他们的身边,这是每一个孩子应尽的基本义务。譬如忙碌,譬如生活与经济的压力,譬如时间的仓促与空间的阻隔,这些我们自认为十分充分的理由,在亲情与责任面前,其实根本不能称之为理由!

文档设置要求如下：

- 将标题设置为华文行楷，小二，红色，居中。
- 正文第一段落文本设置为楷体，小四，加下划线，倾斜。
- 正文第三段落文本设置为加粗。
- 正文第六段落首字下沉3行，下沉文字字体为隶书。
- 正文第七段落中的"满心愧疚"设为带圈字符，给"丝毫亏欠"加上拼音，将"借口与托词"五个字加上波浪线。
- 对正文第八段落中的"得克萨斯"进行字符提升降低操作，"得"字的字符位置提升5磅，"萨"字的字符位置下降5磅。
- 正文第八段落中首次出现的"芭芭拉·布什"加上双删除线。
- 正文最后段落文本设置为隶书，小四，绿色。
- 将正文最后段落的第一句话加宽字符间距1磅，最后一句话紧缩字符间距1磅。

具体操作步骤

①选择标题，单击【开始】选项卡。在【字体】选项组中，单击"字体"列表框右侧的下三角按钮，打开"字体"下拉列表框，在下拉列表框中选择"华文行楷"字体；然后再单击"字号"列表框右侧的下三角按钮，打开【字号】下拉列表框，在下拉列表框中选择"小二"字号。单击【字体颜色】按钮 A，选择"红色"。

②选择标题，单击【开始】选项卡。在【段落】选项组中，单击【居中】按钮。

③选择正文第一段落文本，单击【开始】选项卡。在【字体】选项组中，单击"字体"列表框右侧的下三角按钮，打开"字体"下拉列表框，在下拉列表框中选择"楷体"字体；然后再单击"字号"列表框右侧的下三角按钮，打开【字号】下拉列表框，在下拉列表框中选择"小四"字号。单击【下划线】按钮 U。单击【倾斜】按钮 I。

④选择正文第三段落文本，单击【开始】选项卡。在【字体】选项组中，单击【加粗】按钮 B。

⑤选择正文第六段落中的首字"过"，单击【插入】选项卡。在【文本】选项组中，单击【首字下沉】按钮，在打开的【首字下沉】对话框中进行相应的设置，如图2-12所示，"下沉行数"中输入"3"，"字体"下拉列表框中选择"隶书"，单击【确定】按钮。

⑥选择正文第七段落中的"满"字，单击【开始】选项卡。在【字体】选项组中，单击【带圈字符】按钮，在打开的【带圈字符】对话框中进行相应设置，如图2-13所示，在【样式】选项组中选择"增大圈号"，在【圈号】选项组中选择"○"，单击【确定】按钮。按照上面的方法，设置"心"、"愧"、"疚"三个字。

⑦选择正文第七段落中的"丝毫亏欠"四个字，单击【拼音指南】按钮。打开【拼音指南】对话框，单击【确定】按钮。

⑧选择正文第七段落中的“借口与托词”五个字，单击【开始】选项卡。在【字体】选项组中，单击【下划线】按钮 U 的右侧下三角按钮，在下拉列表框中选择“波浪线”。

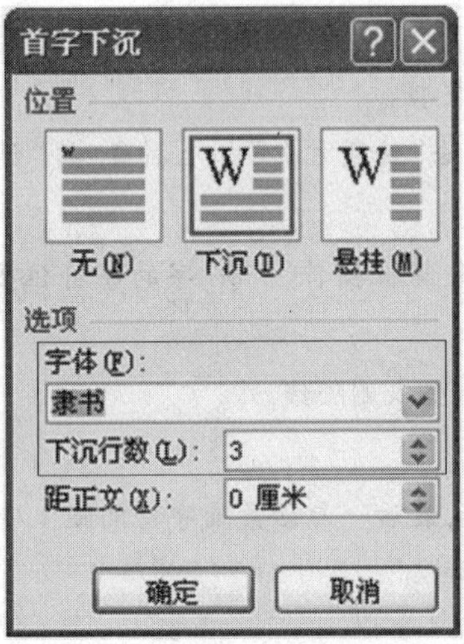

图 2-12 【首字下沉】对话框

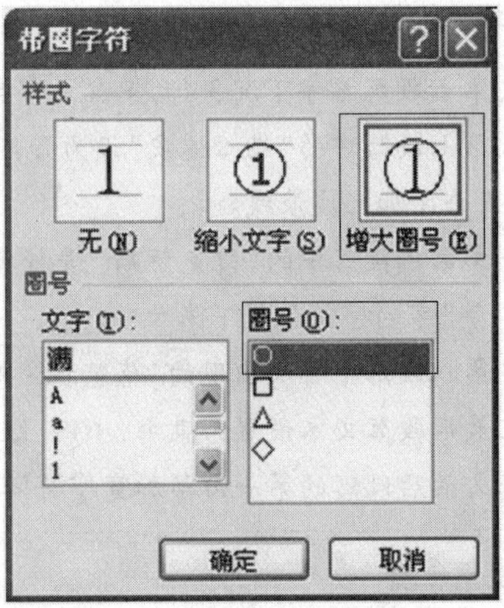

图 2-13 【带圈字符】对话框

⑨选择正文第八段落“得克萨斯”中的“得”字，单击【开始】选项卡。在【字体】选项组中，单击【字体对话框】按钮，打开【字体】对话框并进行相应设置，如图 2-14 所示。单击【字符间距】选项卡，在“位置”下拉列表框中选择“提升”，“磅值”设置为“5 磅”，单击【确定】按钮。再次选择“得克萨斯”中的“萨”字，单击【开始】选项卡。在【字体】选项组中，单击【字体对话框】按钮，打开【字体】对话框，单击【字符间距】选项卡，在“位置”下拉列表框中选择“降低”，“磅值”设置为“5 磅”，单击【确定】按钮。

⑩选择正文第八段落中首次出现的“芭芭拉·布什”，单击【开始】选项卡。在【字体】选项组中，单击【字体对话框】按钮，打开【字体】对话框，如图 2-11 所示。在【效果】选项组中，将“双删除线”勾选，单击【确定】按钮。

⑪选择正文最后段落的文本，单击【开始】选项卡。在【字体】选项组中，单击“字体”列表框右侧的下三角按钮，打开“字体”下拉列表框，在下拉列表框中选择“隶书”字体；然后单击“字号”列表框右侧的下三角按钮，打开“字号”下拉列表框，在下拉列表框中选择“小四”字号；最后单击【字体颜色】按钮 A，选择“绿色”。

⑫选择正文最后段落的第一句话“一个人，无论平凡还是尊贵，在父母面前，他永远都是一个孩子。”单击【开始】选项卡，在【字体】选项组中，单击【字体对话框】按钮，打开【字体】对话框并进行相应设置，如图 2-15 所示。单击【字符间距】选项卡，在“间距”下拉列表框中选择“加宽”，“磅值”设置为“1 磅”，单击【确定】按钮。按照同样的方法，设置正文最后段落的最后一句话。

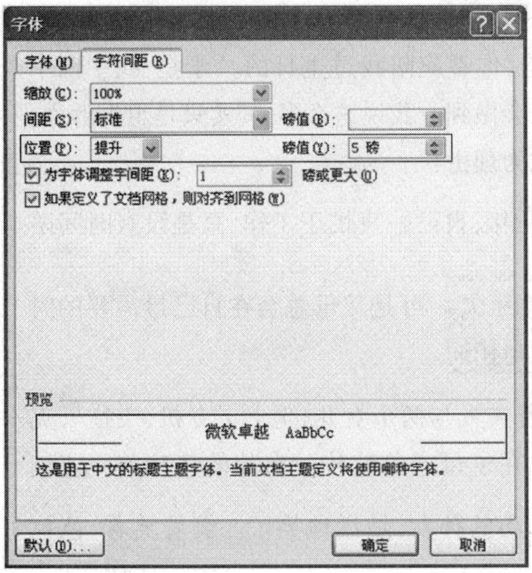

图2-14　字符位置设置

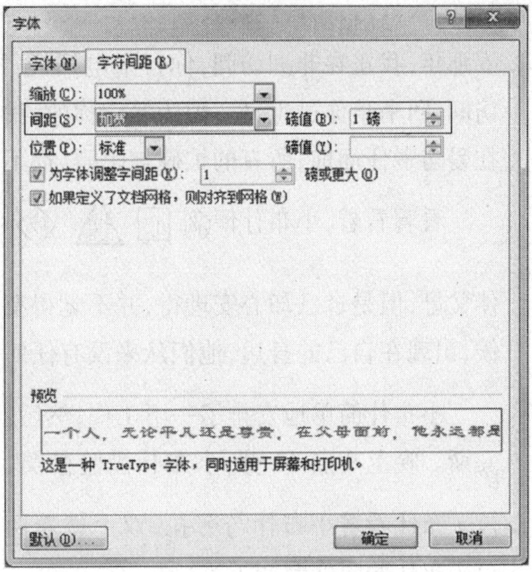

图2-15　字符间距设置

⑬最后文档完成效果如“样张3”所示。

样张3：

这些都不是理由

2004年4月的一天傍晚，美国总统小布什的电话响了。电话是他的母亲芭芭拉·布什打来的。芭芭拉·布什的腿疾又犯了，正在得克萨斯州的医院里接受治疗。但是芭芭拉·布什的心情好像还不错，她爽朗地说：“没事，一点小毛病，过几天就好了。你别担心我，工作才是最重要的，孩子。”

刚挂断母亲的电话，小布什的手机又响了，这回是父亲老布什打来的。老布什的语调显得遥远而深沉：“有空的时候，回来看看你的母亲吧，她需要你。”

小布什说：“会的，等忙完这阵子，我就回来看您和母亲。您知道的，我最近真的抽不开身。议会正在为伊拉克的问题争论不休，非洲的援助基金也出了问题，还有阿富汗也颇为棘手，更重要的是反对党的那些家伙，总是暗暗拆我的台……”

“其实，这些都不是理由。”老布什的语调幽幽的，说完就挂了电话。

小布什苦笑了一声，又投入了紧张的工作中。

过了一会儿，小布什收到了一条短信，是老布什发来的：“你8岁那年，有一天夜里下着大雨，你发烧了。你母亲当时正在几十公里外的农场里。她赶回来看你，汽车在半路上抛了锚。我让她找个旅馆休息，第二天再回来。可是，你母亲在风雨中步行了3个多小时，夜里11点终于回到了家里。还有，你10

岁那年，我正在非洲访问，你打来电话说：'爸爸，你答应陪我过生日的。'于是，我中断了访问，回来陪你过生日。因为答应你的，我一定会做到。我说这么多，其实只是想告诉你，在爱与责任面前，所有的忙碌与阻碍，都不能成为理由！"

看着看着，小布什便满心愧疚。这几年，自己一直忙于工作，总是没有时间陪伴父母，但是自己却心安理得，并不觉得有丝毫亏欠（sī háo kūi qiàn）。可是父母总会在自己最需要的时候，出现在自己的身边，他们从来没有任何借口与托词。

小布什简单地安排了一下工作，然后就带着夫人与两个女儿，坐上了专机，飞往得克萨斯。晚上9点40分，小布什满脸微笑，出现在了母亲~~芭芭拉·布什~~的病床前。芭芭拉·布什看着小布什与劳拉，双手搂着两个乖巧的孙女，灿烂地笑了。笑着笑着，芭芭拉·布什两眼就湿润了。

老布什沉静地站在窗外，一边温和地抽着雪茄，一边朝小布什竖起了大拇指。

第二天下午，小布什一家辞别父母回到了华盛顿。因为是私人活动，小布什将要为此承担10.8万美元的专机使用费，相当于小布什半年的工资，但小布什认为那值得！

一个人，无论平凡还是尊贵，在父母面前，他永远都是一个孩子。在父母需要的时候陪伴在他们的身边，这是每一个孩子应尽的基本义务。譬如忙碌，譬如生活与经济的压力，譬如时间的仓促与空间的阻隔，这些我们自认为十分充分的理由，在亲情与责任面前，其实根本不能称之为理由！

实验3 设置文档格式(2)

1. 实验目的

- 熟练掌握字符格式化的方法。
- 熟练掌握段落格式化的方法。
- 熟练掌握项目符号和编号的使用方法。
- 熟练掌握分栏的设置方法。

2. 实验内容

- 字符格式化。
- 段落格式化。
- 项目符号和编号。
- 分栏。

3. 巩固练习与步骤

(1)创建一个 Word 文档，输入下列文字，并按要求进行格式设置。

格言

如你想要拥有完美无瑕的友谊，可能一辈子找不到朋友。

把自己当傻瓜，不懂就问，你会学得更多。

因害怕失败而不敢放手一搏，永远不会成功。

漫无目的地生活，就像出海航行而没有指南针。

所谓的运气就是有准备而遇到了机会。

勇往直前吧，跌倒吧，你会从地上看到一个不同的世界。

对你现有的，要心存感激，这样你就会拥有更多。如果你念念不忘你没有的，你永远都不会满足。

文档设置要求如下：

- 将标题设置为三号，楷体，加粗，居中，字符缩放 200%，字符间距加宽 20 磅。
- 正文所有段落设置为首行缩进，缩进 2 个字符；各段落间距为 1 行。
- 正文第二段落设置为宋体，小四。
- 正文第四段落设置为黑体，小四，字符间距加宽 12 磅。
- 正文第六段落设置为宋体，五号，倾斜，加灰色底纹。
- 将正文第五段落中的“谓”字符位置降低 6 磅，“运”字符位置提升 6 磅，“遇”字符位置降低 3 磅，“到”字符位置降低 6 磅，“机”字符位置提升 3 磅，“会”字符位置提升 6 磅。

具体操作步骤

①选择标题，单击【开始】选项卡。在【字体】选项组中，单击“字体”列表框右侧的下三角按钮，打开“字体”下拉列表框，在下拉列表框中选择“楷体”字体；然后单击“字号”列表框右侧的下三角按钮，打开“字号”下拉列表框，在下拉列表框中选择“三号”字号。单击【加粗】按钮 B。

②选择标题，单击【开始】选项卡。在【段落】选项组中，单击【居中】按钮。

③选择标题，单击【开始】选项卡。在【字体】选项组中，单击【字体对话框】按钮，打开“字体”对话框，单击【字符间距】选项卡，“缩放”设置为“200%”，“间距”设置为“加宽”，“磅值”设置为“20 磅”，如图 2-16 所示，单击【确定】按钮。

④选择正文所有段落，单击【开始】选项卡。在【段落】选项组中，单击【段落对话框】按钮，打开【段落】对话框，单击【缩进和间距】选项卡，“特殊格式”选择“首行缩进”，“磅值”设置为“2 字符”，“段后”设置为“1 行”，如图 2-17 所示，单击【确定】按钮。

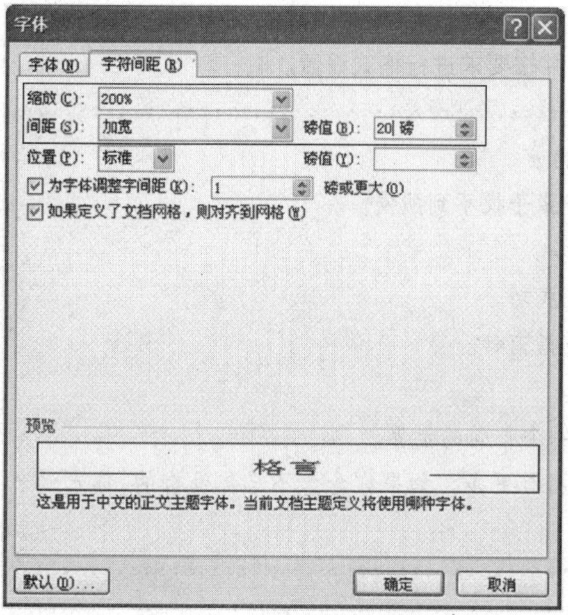

图 2-16　字符缩放、间距设置

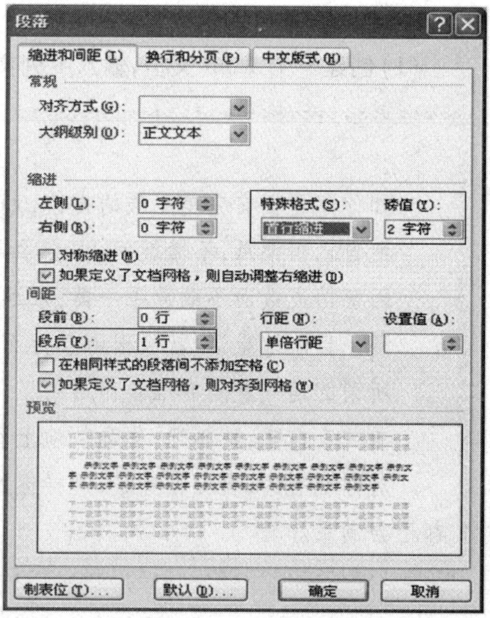

图 2-17　段落缩进和段后间距设置

⑤选择正文第二段落文本，单击【开始】选项卡。在“字体”选项组中，单击“字体”列表框右侧的下三角按钮，打开“字体”下拉列表框，在下拉列表框中选择“宋体”字体；然后单击“字号”列表框右侧的下三角按钮，打开“字号”下拉列表框，在下拉列表框中选择“小四”字号。

⑥选择正文第四段落文本，单击【开始】选项卡。在【字体】选项组中，单击【字体对话框】按钮，打开【字体】对话框，单击【字体】选项卡，“中文字体”选择“黑体”，“字号”选择“小四”，如图 2-18 所示，再单击【字符间距】选项卡，“间距”选择“加宽”，“磅值”设置为“12 磅”，如图 2-19 所示，单击【确定】按钮。

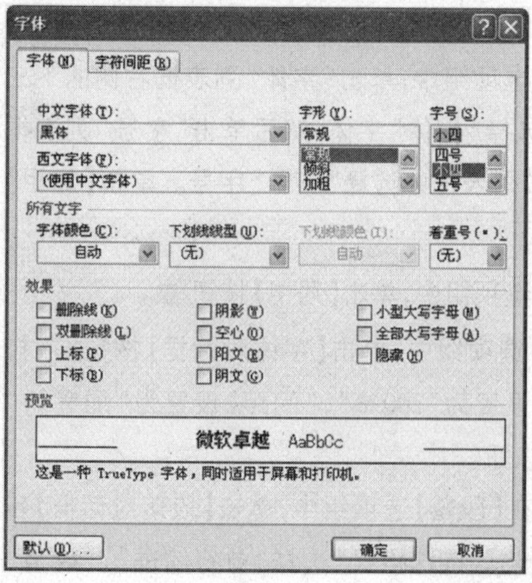

图 2-18　字体、字号设置

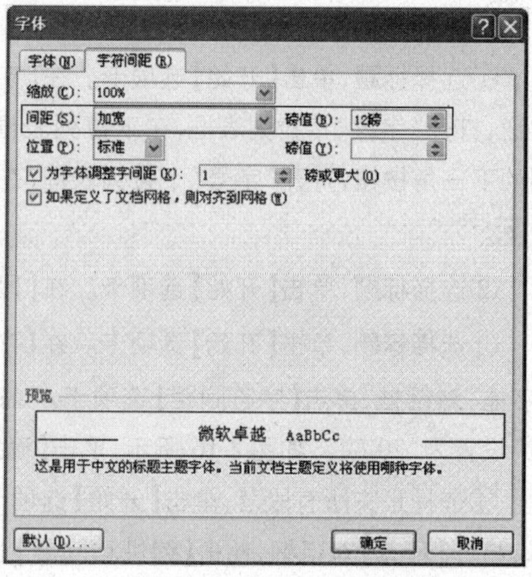

图 2-19　字符间距设置

⑦选择正文第六段落文本，单击【开始】选项卡。在【字体】选项组中，单击【字体】列表框右侧的下三角按钮，打开“字体”下拉列表框，在下拉列表框中选择“宋体”字体；然后单击“字号”列表框右侧的下三角按钮，打开“字号”下拉列表框，在下拉列表框中选择“五号”字号。单击【倾斜】按钮 ，单击【字符底纹】按钮 。

⑧选择正文第五段落中的“谓”字，单击【开始】选项卡。在【字体】选项组中，单击【字体对话框】按钮 ，打开【字体】对话框，单击【字符间距】选项卡，“位置”选择“降低”，“磅值”设置为“6磅”，如图2-20所示，单击【确定】按钮。“运”、“遇”、“到”、“机”、“会”五个字，也按同样的方法进行设置。

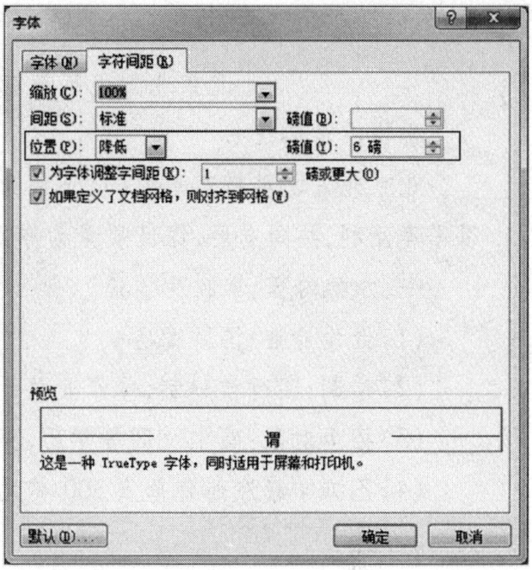

图2-20　字符位置设置

⑨最后文档完成效果如“样张4”所示。

样张4：

格　　言

如你想要拥有完美无瑕的友谊，可能一辈子找不到朋友。

把自己当傻瓜，不懂就问，你会学得更多。

因害怕失败而不敢放手一搏，永远不会成功。

漫无目的地生活，就像出海航行而没有指南针。

所谓的运气就是有准备而遇到了机会。

勇往直前吧，跌倒吧，你会从地上看到一个不同的世界。

对你现有的，要心存感激，这样你就会拥有更多。如果你念念不忘你没有的，你永远都不会满足。

(2)制作一份协议书,输入下列文字,并按要求进行格式设置。

北京北方之星教育学院与美国乐万家社区学院

合作办学协议书

北京北方之星教育学院(以下简称甲方)与美国乐万家社区学院(以下简称乙方)以平等互利,共同发展,保证质量为原则,拟订此协议书。

一、办学内容、学制及学费

(1)开设专业:国际商务。

(2)学制:实行学分制,本专业共计88学分,全日制教学。

(3)招生对象:高中及同等学历,英语达到相应水平。

(4)乙方学籍注册费每人300美元;每学分按330美元收费,按学年申请所修学分交费。

二、双方职责

甲方:办理招生、注册、收费等事务;提供教学所需的设施、设备及必要的生活设施;按乙方教学大纲、教学计划组织教学活动并负责学生的教育与管理。

乙方:负责合作项目在美方的注册及学生的学籍管理;提供教学计划、大纲及教材;对修满教学计划所规定的学分的学生,颁发大专学历证书和副学士学位证书;义务为甲方相关教学人员提供专业培训;对甲方教学过程与质量实行监督。

甲方:	乙方:
北京北方之星教育学院	美国乐万家社区学院
代表签字:	代表签字:
年　月　日	年　月　日

文档设置要求如下:

- 将标题第一行设置为楷体,四号,加粗,居中。
- 将标题第二行设置为楷体,小二,加粗,居中。
- 将所有正文文本设置为宋体、小四号字,首行缩进2个字符,行距为18磅。
- 小标题一、二,将其设置为黑体,小四,加粗。
- “甲方……”、“乙方……”两段文本,将其设置为左缩进2个字符,悬挂缩进3个字符,并将“甲方”、“乙方”四个字符设置为黑体,加粗。
- 协议书最后甲方、乙方落款、签字及日期四行文本依照“样张5”进行相应设置。

具体操作步骤

①选择标题“北京北方之星教育学院与美国乐万家社区学院”，单击【开始】选项卡。在【字体】选项组中，单击“字体”列表框右侧的下三角按钮，打开“字体”下拉列表框，在下拉列表框中选择“楷体”字体；然后单击“字号”列表框右侧的下三角按钮，打开“字号”下拉列表框，在下拉列表框中选择“四号”字号。单击【加粗】按钮 B。

②选择标题“北京北方之星教育学院与美国乐万家社区学院”，单击【开始】选项卡。在【段落】选项组中，单击【居中】按钮。

③选择标题“合作办学协议书”，单击【开始】选项卡。在【字体】选项组中，单击“字体”列表框右侧的下三角按钮，打开“字体”下拉列表框，在下拉列表框中选择“楷体”字体；然后单击“字号”列表框右侧的下三角按钮，打开“字号”下拉列表框，在下拉列表框中选择“小二”字号。单击【加粗】按钮 B。

④选择标题“合作办学协议书”，单击【开始】选项卡。在【段落】选项组中，单击【居中】按钮。

⑤选择正文所有文本，单击【开始】选项卡。在【字体】选项组中，单击“字体”列表框右侧的下三角按钮，打开“字体”下拉列表框，在下拉列表框中选择“宋体”字体；然后单击“字号”列表框右侧的下三角按钮，打开“字号”下拉列表框，在下拉列表框中选择“小四”字号。

⑥选择正文所有文本，单击【开始】选项卡。在【段落】选项组中，单击【段落对话框】按钮，打开【段落】对话框，单击【缩进和间距】选项卡，“特殊格式”选择“首行缩进”，“磅值”设置为“2 字符”，“行距”选择“固定值”，“设置值”设置为“18 磅”，如图 2-21 所示，单击【确定】按钮。

⑦选择小标题“一、办学内容、学制及学费”及“二、双方职责”，单击【开始】选项卡。在【字体】选项组中，单击“字体”列表框右侧的下三角按钮，打开“字体”下拉列表框，在下拉列表框中选择“黑体”字体；然后单击“字号”列表框右侧的下三角按钮，打开“字号”下拉列表框，在下拉列表框中选择“小四”字号。单击【加粗】按钮 B。

⑧选择“甲方……”、“乙方……”两段文本，单击【开始】选项卡。在【段落】选项组中，单击【段落对话框】按钮，打开【段落】对话框，单击【缩进和间距】选项卡，“左侧”设置为“2 字符”，“特殊格式”选择“悬挂缩进”，“磅值”设置为“3 字符”，如图 2-22 所示，单击【确定】按钮。

⑨选择文本“甲方”和“乙方”，单击【开始】选项卡。在【字体】选项组中，单击“字体”列表框右侧的下三角按钮，打开“字体”下拉列表框，在下拉列表框中选择“黑体”字体，单击【加粗】按钮 B。

⑩选择甲方、乙方落款、签字及日期四行文本，按“样张 5”进行相应设置。

⑪最后文档完成效果如“样张 5”所示。

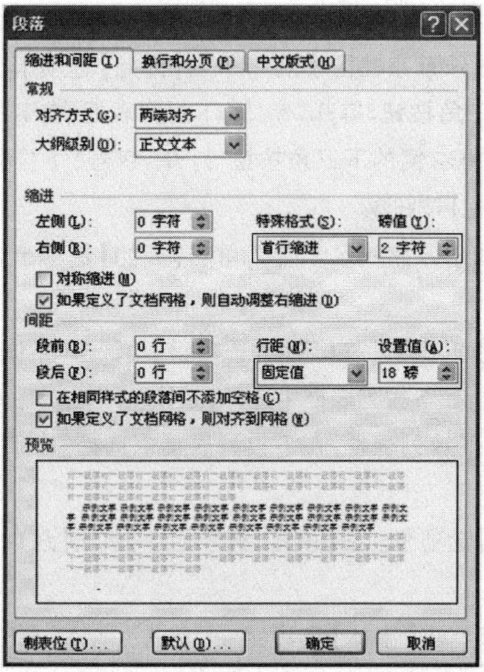

图 2-21　段落缩进行距设置

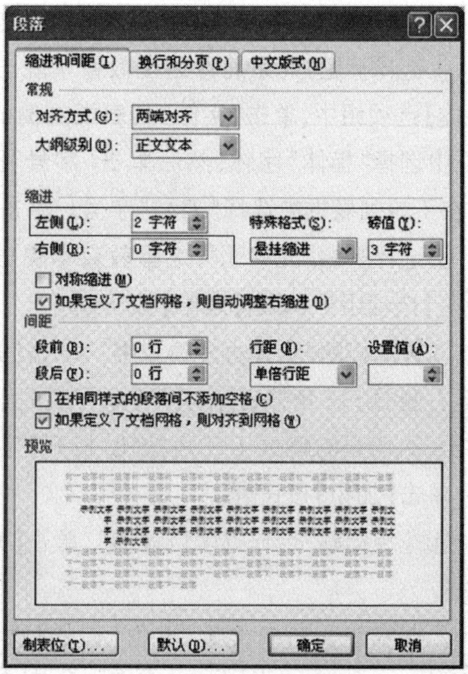

图 2-22　段落左缩进设置

样张 5：

北京北方之星教育学院与美国乐万家社区学院

合作办学协议书

北京北方之星教育学院(以下简称甲方)与美国乐万家社区学院(以下简称乙方)以平等互利,共同发展,保证质量为原则,拟订此协议书。

一、办学内容、学制及学费

(1)开设专业:国际商务。

(2)学制:实行学分制,本专业共计 88 学分,全日制教学。

(3)招生对象:高中及同等学历,英语达到相应水平。

(4)乙方学籍注册费每人 300 美元;每学分按 330 美元收费,按学年申请所修学分交费。

二、双方职责

甲方:办理招生、注册、收费等事务;提供教学所需的设施、设备及必要的生活设施;按乙方教学大纲、教学计划组织教学活动并负责学生的教育与管理。

乙方：负责合作项目在美方的注册及学生的学籍管理；提供教学计划、大纲及教材；对修满教学计划所规定的学分的学生，颁发大专学历证书和副学士学位证书；义务为甲方相关教学人员提供专业培训；对甲方教学过程与质量实行监督。

甲方：　　　　　　　　　　　　　　乙方：
北京北方之星教育学院　　　　　　　美国乐万家社区学院
代表签字：　　　　　　　　　　　　代表签字：
年　月　日　　　　　　　　　　　　年　月　日

(3)创建一个文档，输入下列文字，并按要求进行格式设置。

漂泊

人在他乡，每个人都有属于自己的故事，每个人的内心都隐藏着一片属于自己的海。走进每一位他乡人的心灵，都让我们完成一次生命的阅读，我渴望读懂每一个人，用心去感受不同的人性魅力。生活中许多人在寻找属于自己的镜子，其实，一个精神丰富的人便是一面镜子，“以人为镜”，可以让我们在一次一次叩问生命时，在顿悟的那一刻找到答案。

最真才是最美，漂泊者的那份真，让我们没有理由不感动。感动自己，也感动别人。他们真诚地敞开心扉，倾诉自己的生活点滴，苦与乐，悲与喜。普通漂泊者的脚步还将继续。

文档设置要求如下：

- 将标题“漂泊”设置为仿宋，小二，加粗，居中，红色，字符间距加宽12磅，段后间距2行。
- 将正文文本设置为楷体、小四号字，两端对齐，行距为1.5倍行距，首行缩进2个字符。
- 将正文第一段落分成不等宽两栏，设置为偏左的形式，加分隔线。
- 将正文第二段落第一句缩放为150%。

具体操作步骤

①选择标题“漂泊”，单击【开始】选项卡。在【字体】选项组中，单击“字体”列表框右侧的下三角按钮，打开“字体”下拉列表框，在下拉列表框中选择“仿宋”字体；然后单击“字号”列表框右侧的下三角按钮，打开“字号”下拉列表框，在下拉列表框中选择“小二”字号。单击【加粗】按钮 B。单击【字体颜色】按钮 A，选择“红色”。

②选择标题“漂泊”，单击【开始】选项卡。在【段落】选项组中，单击【居中】按钮。

③选择标题“漂泊”，单击【开始】选项卡。在【字体】选项组中，单击【字体对话框】按钮

，打开【字体】对话框，单击【字符间距】选项卡，“间距”选择“加宽”，“磅值”选择“12 磅”，如图 2-19 所示，单击【确定】按钮。

④选择标题“漂泊”，单击【开始】选项卡。在【段落】选项组中，单击【段落对话框】按钮，打开【段落】对话框，单击【缩进和间距】选项卡，“段后”设置为“2 行”，如图 2-23 所示，单击【确定】按钮。

⑤选择正文所有段落，单击【开始】选项卡。在【字体】选项组中，单击“字体”列表框右侧的下三角按钮，打开“字体”下拉列表框，在下拉列表框中选择“楷体”字体；然后单击“字号”列表框右侧的下三角按钮，打开“字号”下拉列表框，在下拉列表框中选择“小四”字号。

⑥选择正文所有段落，单击【开始】选项卡。在【段落】选项组中，单击【段落对话框】按钮，打开【段落】对话框，单击【缩进和间距】选项卡。在【常规】选项组中，“对齐方式”选择“两端对齐”；在【缩进】选项组中，“特殊格式”选择“首行缩进”，“磅值”设置为“2 字符”；在“间距”选项组中，“行距”选择为“1. 5 倍行距”，如图 2-24 所示，单击【确定】按钮。

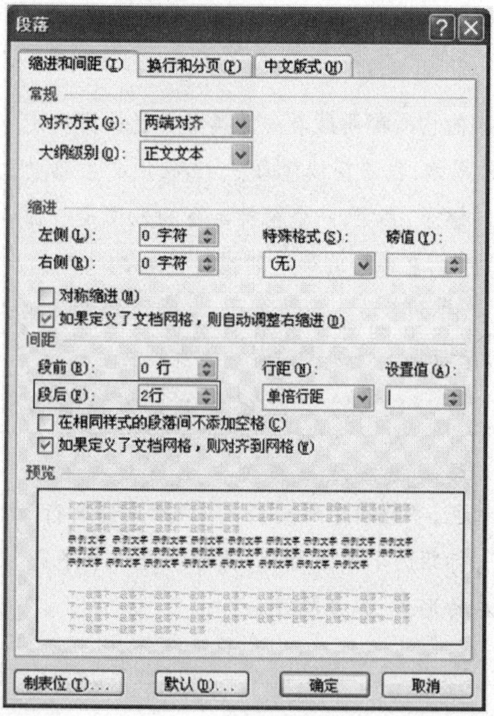

图 2-23　段后间距设置

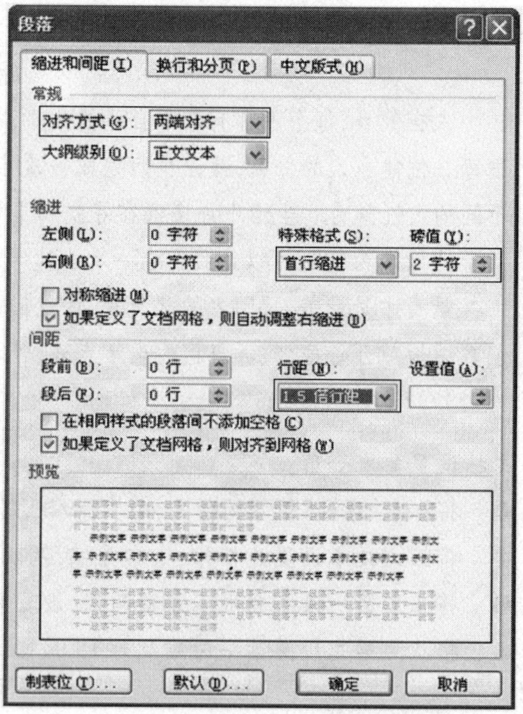

图 2-24　段落对齐方式、缩进、行距设置

⑦选择正文第一段落文本，单击【页面布局】选项卡，在【页面布局】选项组中，单击【分栏】按钮，打开下拉菜单，选择【更多分栏】命令，打开【分栏】对话框，在【预设】选项组中，选择“左”，勾选“分隔线”，“列数”设置为“2”，如图 2-25 所示，单击【确定】按钮。

⑧选择正文第二段落中的第一句“最真才是最美，漂泊者的那份真，让我们没有理由不感动。”，单击【开始】选项卡。在【字体】选项组中，单击【字体对话框】按钮，打开【字体】对话

框，单击【字符间距】选项卡，“缩放”设置为“150%”，如图 2-26 所示，单击【确定】按钮。

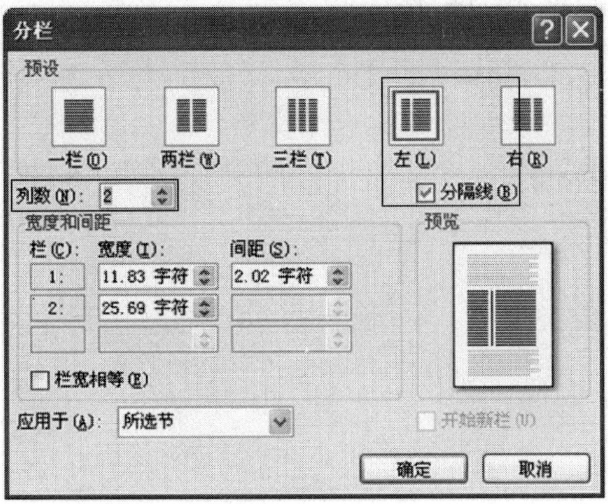

图 2-25　【分栏】对话框

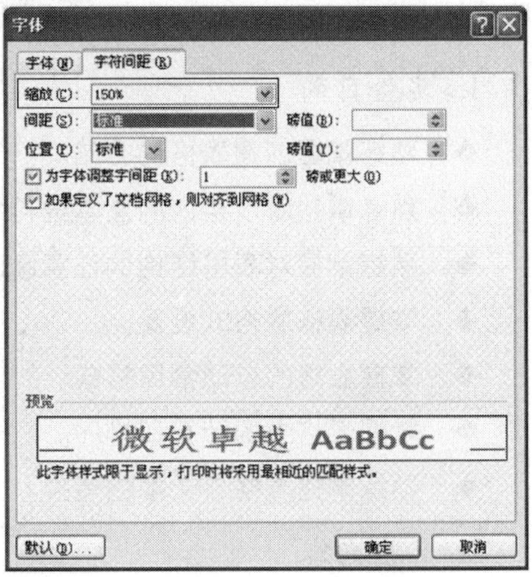

图 2-26　字符缩放设置

⑨最后文档完成效果如“样张 6”所示。

样张 6：

漂　　泊

人在他乡，每个人都有属于自己的故事，每个人的内心都隐藏着一片属于自己的海。走进每一位他乡人的心灵，都让我们完成一次生命的阅读，我渴望读懂每一个人，用心去感受不同的人性魅力。生活中许多人在寻找属于自己的镜子，其实，一个精神丰富的人便是一面镜子，“以人为镜”，可以让我们在一次一次叩问生命时，在顿悟的那一刻找到答案。

最真才是最美，漂泊者的那份真，让我们没有理由不感动。感动自己，也感动别人。他们真诚地敞开心扉，倾诉自己的生活点滴，苦与乐，悲与喜。普通漂泊者的脚步还将继续。

实验4　表格操作

1. 实验目的

- ◆ 熟练掌握创建表格的方法。
- ◆ 熟练掌握对表格内的文本进行编辑的方法。
- ◆ 熟练掌握对表格结构的任意修改。
- ◆ 掌握表格的格式设置。
- ◆ 掌握表格的自动套用格式。
- ◆ 掌握表格中的计算和排序。
- ◆ 熟练掌握表格与文本的转换。

2. 实验内容

- ◆ 创建表格。
- ◆ 在表格中输入文本。
- ◆ 修改表格的结构。
- ◆ 美化表格。
- ◆ 在表格中计算和排序。
- ◆ 转换表格与文本。

3. 巩固练习与步骤

(1)创建一个 Word 文档,完成如下操作。

表格设置要求如下:

- ● 插入一个5行6列的表格,设置列宽为2.5厘米,行高为1厘米。
- ● 表格线全部设置为蓝色,表格边框线设置为1.5磅实线,表内线设置为0.5磅实线,将第2行下框线设置为1.5磅实线。
- ● 将第1行的第2、3、4、5列合并成一个单元格,将第1列的第1、2行合并成一个单元格,将第1列的第3、4、5行合并成一个单元格,将第6列的第1、2行合并成一个单元格。
- ● 将第6列的第3、4、5行拆分成3行2列。

具体操作步骤

①确定在文档中插入表格的位置,并将光标移动至该处。

②单击【插入】选项卡,在【表格】选项组中单击【表格】按钮,就会出现如图2-27所示的"表格"下拉菜单。

③单击【插入表格】命令,打开【插入表格】对话框,如图2-28所示,在【表格尺寸】选项组中,"行数"设置为"5","列数"设置为"6",单击【确定】按钮。

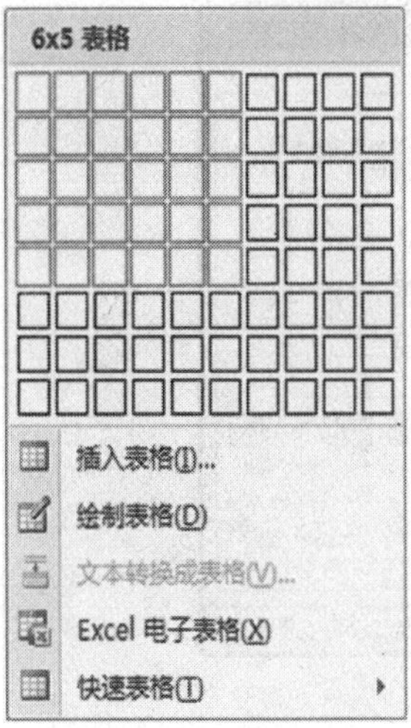

图 2-27 “表格”下拉菜单

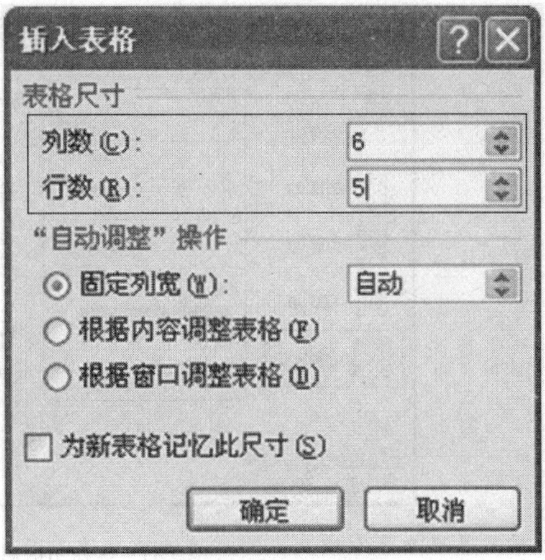

图 2-28 【插入表格】对话框

④选择整个表格，单击【布局】选项卡，在【表】选项组中单击【属性】按钮，打开【表格属性】对话框，如图 2-29 所示，单击【行】选项卡，在【尺寸】选项组中，勾选“指定高度”，将“指定高度”设置为“1 厘米”。单击【列】选项卡，在【字号】选项组中，勾选“指定宽度”，将“指定宽度”设置为“2. 5 厘米”，如图 2-30 所示，单击【确定】按钮。

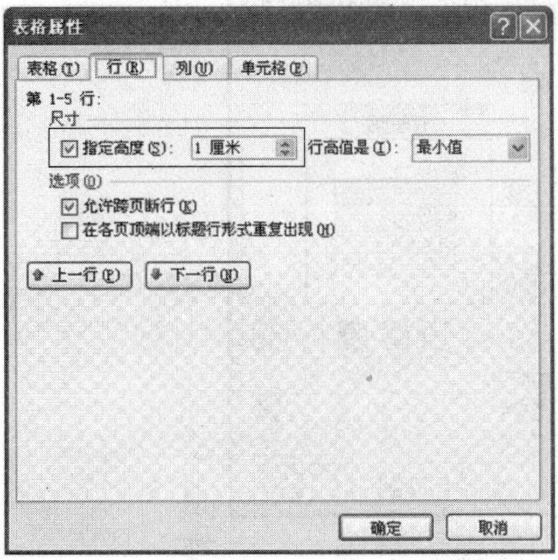

图 2-29 表格行高设置

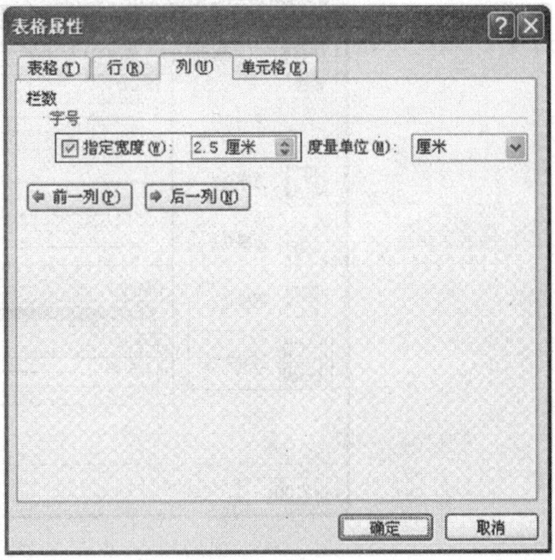

图 2-30 表格列宽设置

⑤选择整个表格，单击【设计】选项卡，在【表样式】选项组中，单击【边框】按钮 边框 右侧的下三角按钮，选择【边框和底纹】命令，打开【边框和底纹】对话框。单击【边框】选项卡，在【设置】选项组中选择“自定义”，在“样式”列表框中选择“实线”，在“颜色”列表框中选择“蓝色”，在“宽度”列表框中选择“0. 5 磅”；然后在“宽度”列表框中选择“1. 5 磅”，单击预览框中图示的外侧边框，如图 2-31 所示，单击【确定】按钮。

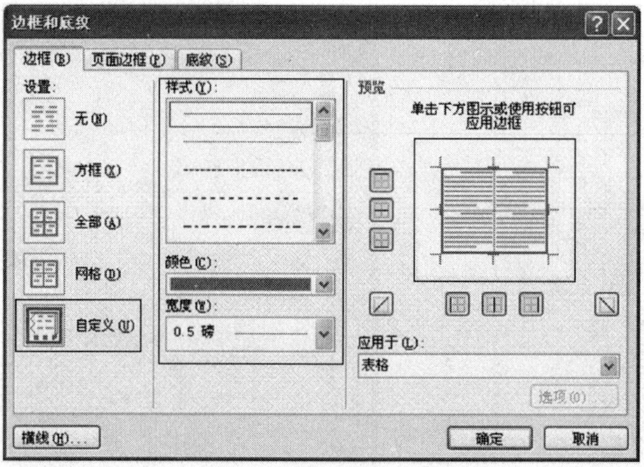

图 2-31　表格边框格式设置

⑥选择第 2 行所有单元格，单击【设计】选项卡，在【表样式】选项组中，单击【边框】按钮边框右侧的下三角按钮，选择【边框和底纹】命令，打开【边框和底纹】对话框。单击【边框】选项卡，在【设置】选项组中选择“自定义”，在“样式”列表框中选择“实线”，在“颜色”列表框中选择“蓝色”，在“宽度”列表框中选择“1.5 磅”，单击预览框中图示的下边框，如图 2-32 所示，单击【确定】按钮。

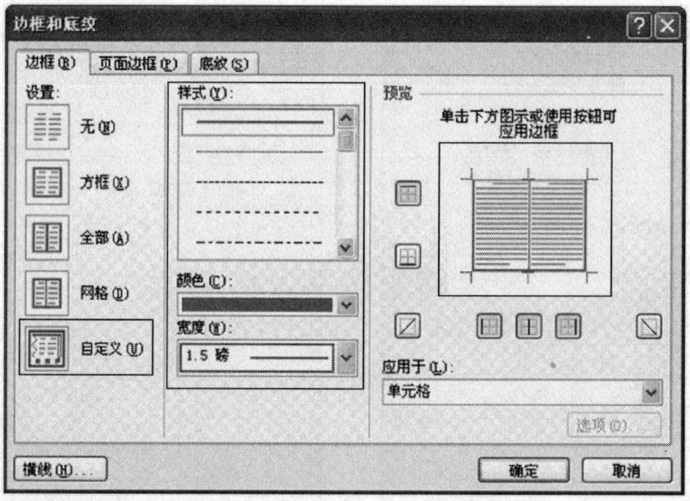

图 2-32　指定单元格边框格式设置

⑦选择第 1 行的第 2、3、4、5 列，单击【布局】选项卡，在【合并】选项组中，单击【合并单元格】按钮。

⑧选择第 1 列的第 1、2 行，单击【布局】选项卡，在【合并】选项组中，单击【合并单元格】按钮。

⑨选择第 1 列的第 3、4、5 行，单击【布局】选项卡，在【合并】选项组中，单击【合并单元格】按钮。

⑩选择第 6 列的第 1、2 行，单击【布局】选项卡，在【合并】选项组中，单击【合并单元格】按钮。

⑪选择第 6 列的第 3、4、5 行，单击【布局】选项卡，在【合并】选项组中，单击【拆分单元格】按钮。打开【拆分单元格】对话框，如图 2-33 所示，“列数”设置为“2”，“行数”设置为“3”，勾选“拆分前合并单元格”。

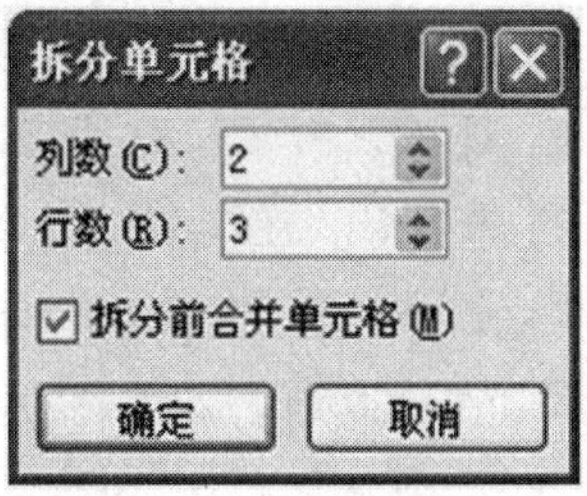

图 2-33　【拆分单元格】对话框

⑫最后制作好的表格如“样张 7”所示。

样张 7：

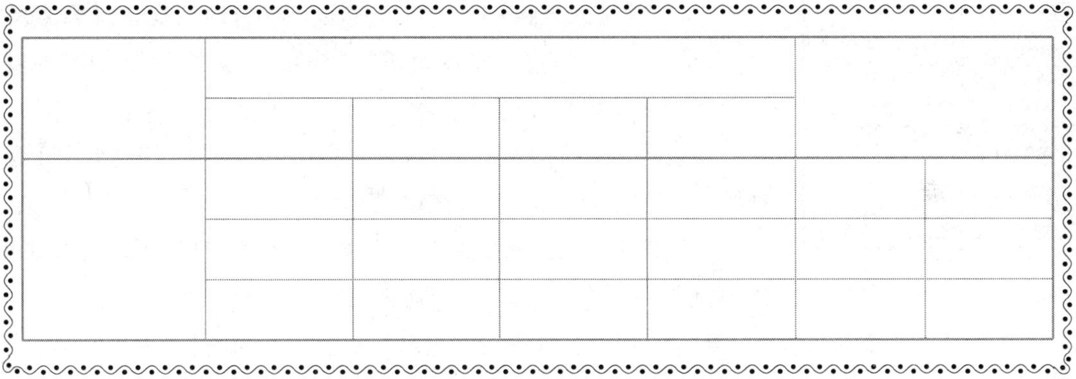

(2) 创建一个 Word 文档，完成如下操作。

制作一张“课程表”，表的样式如“样张 8”所示。

样张 8：

课程表

课程名称 星期 / 课节		一	二	三	四	五
上午	1	计算机	政治	国际金融	听力	赏析
	2	计算机	政治	国际金融	听力	赏析
	3	精读	听力	精读	语文	计算机
	4	精读	听力	精读	语文	计算机
中午		休息				
下午	5	体育	国际商法	语文	体育	语文
	6	体育	国际商法	语文	体育	语文
	7	班会	自习	自习	自习	

具体操作步骤

①将光标定位到要插入表格的位置，键入标题“课程表”，选择标题“课程表”，单击【开始】选项卡。在【字体】选项组中，单击“字体”列表框右侧的下三角按钮，打开“字体”下拉列表框，在下拉列表框中选择“隶书”字体；然后单击“字号”列表框右侧的下三角按钮，打开“字号”下拉列表框，在下拉列表框中选择“小二”字号。单击【加粗】按钮，单击【开始】选项卡。在【段落】选项组中，单击【居中】按钮。

②单击【插入】选项卡，在【表格】选项组中单击【表格】按钮，就会出现如图 2-27 所示的“表格”下拉菜单。

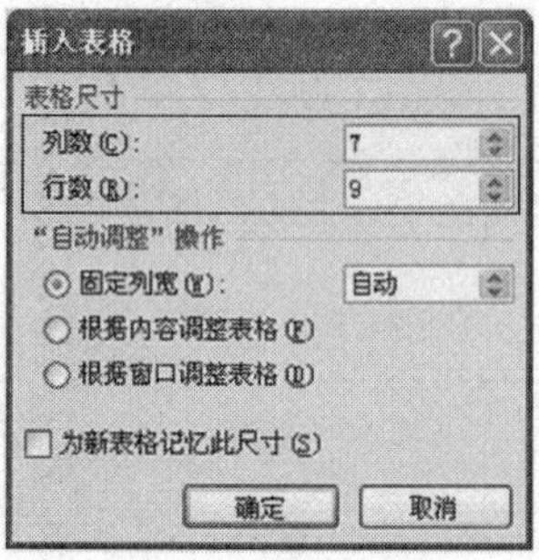

图 2-34 【插入表格】对话框

③单击【插入表格】命令，打开【插入表格】对话框，在【表格尺寸】选项组中，将“行数”设置为“9”，“列数”设置为“7”，如图 2-34 所示，单击【确定】按钮。

④选择第 1 行的第 1、2 列，单击【布局】选项卡，在【合并】选项组中，单击【合并单元格】按钮。

⑤选择第 1 列的第 2、3、4、5 行，单击【布局】选项卡，在【合并】选项组中，单击【合并单元格】按钮。

⑥选择第 6 行的第 1、2 列，单击【布局】选项卡，在【合并】选项组中，单击【合并单元格】按钮。

⑦选择第 6 行的第 3、4、5、6、7 列，单击【布局】选项卡，在【合并】选项组中，单击【合并单元格】按钮。

⑧选择第 1 列的第 7、8、9 行，单击【布局】选项卡，在【合并】选项组中，单击【合并单元格】按钮。

⑨选择整个表格，单击【设计】选项卡，在【表样式】选项组中，单击【边框】按钮右侧的下三角按钮，单击【边框和底纹】命令，打开【边框和底纹】对话框。单击【边框】选项卡，在【设置】选项组中选择“自定义”，在“样式”列表中选择一种自己喜欢的线条样式，在“颜色”列表中选择“紫色”，在“宽度”列表中选择适当宽度，单击【确定】按钮。

⑩选择第 1 行所有单元格，单击【设计】选项卡，在【表样式】选项组中，单击【边框】按钮右侧的下三角按钮，单击【边框和底纹】命令，打开【边框和底纹】对话框。单击【边框】选项卡，在【设置】选项组中选择“自定义”，在“样式”列表中选择“双实线”，在“颜色”列表中选择“橙色”，在“宽度”列表中选择“0. 5 磅”，单击预览框中图示的下边框，如图 2-35 所示，单击【确定】按钮。

⑪选择第 2 列所有单元格，单击【设计】选项卡，在【表样式】选项组中，单击【边框】按钮右侧的下三角按钮，单击【边框和底纹】命令，打开【边框和底纹】对话框。单击【边框】选项卡，在【设置】选项组中选择“自定义”，在“样式”列表中选择“双实线”，在【颜色】列表中选择“橙色”，在“宽度”列表中选择“0. 5 磅”，单击预览框中图示的右边框，如图 2-36 所示，单

击【确定】按钮。

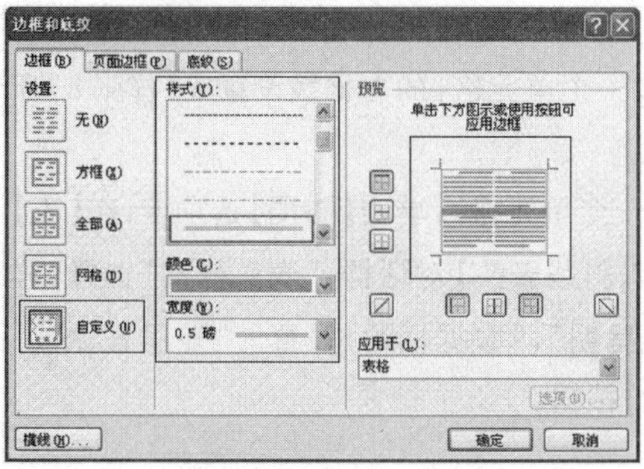

图 2-35　【边框和底纹】对话框

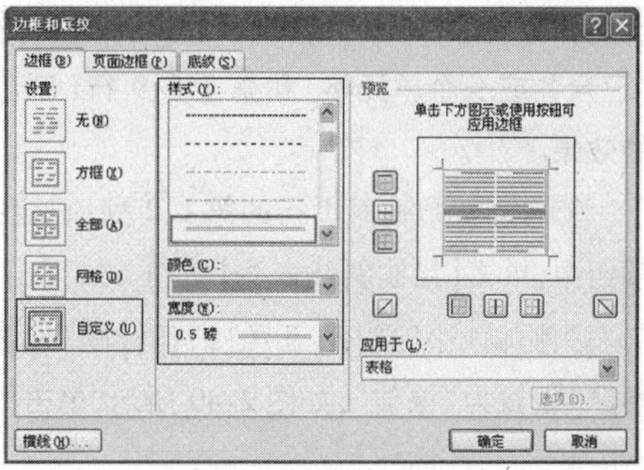

图 2-36　【边框和底纹】对话框

⑫选择第 1 行的第 3、4、5、6、7 列，单击【设计】选项卡，在【表样式】选项组中，单击【边框】按钮右侧的下三角按钮，单击【边框和底纹】命令，打开【边框和底纹】对话框。单击【边框】选项卡，在【设置】选项组中选择“自定义”，在“样式”列表中选择“点线”，在“颜色”列表中选择“橙色”，在“宽度”列表中选择“0.5 磅”，单击预览框中图示的内部竖框线，如图 2-37 所示，单击【确定】按钮。

⑬选择第 2 列的第 2、3、4、5 行，单击【设计】选项卡，在【表样式】选项组中，单击【边框】按钮右侧的下三角按钮，单击【边框和底纹】命令，打开【边框和底纹】对话框。单击【边框】选项卡，在【设置】选项组中选择“自定义”，在“样式”列表中选择“点线”，在“颜色”列表中选择“橙色”，在“宽度”列表中选择“0.5 磅”，单击预览框中图示的内部横框线，如图 2-38 所示，单击【确定】按钮。依照相同的方法，将第 2 列的第 7、8、9 行的内部横框线设置成“样张 8”所示的效果。

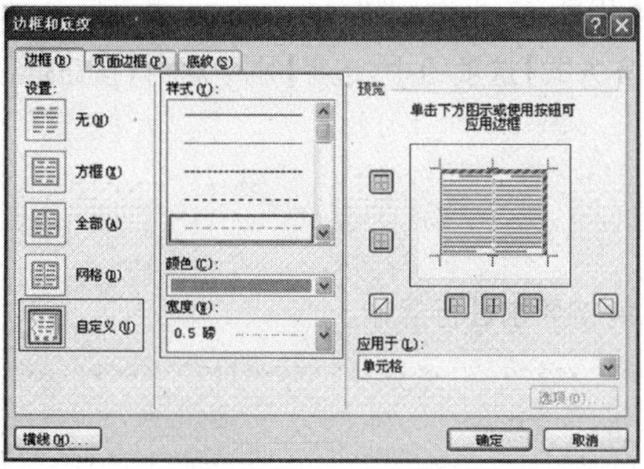

图 2-37　【边框和底纹】对话框

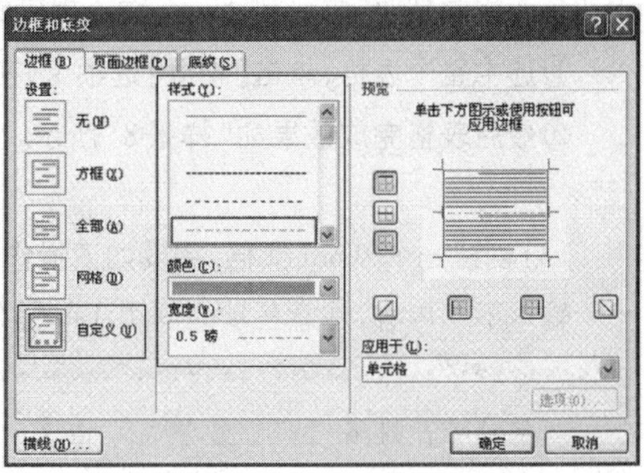

图 2-38　【边框和底纹】对话框

⑭选择第 6 行第 1、2 列（已合并成一个单元格），单击【设计】选项卡，在【表样式】选项组中，单击【边框】按钮右侧的下三角按钮，单击【边框和底纹】命令，打开【边框和底纹】对话框。单击【边框】选项卡，在【设置】选项组中选择“自定义”，在“样式”列表中选择“波浪

线”，在“颜色”列表中选择“蓝色”，在“宽度”列表中选择“0.75 磅”，单击预览框中图示的上框线和下框线，如图 2-39 所示，单击【确定】按钮。依照同样的方法，将第 1 列的第 2、3、4、5 行（已合并成一个单元格）和第 7、8、9 行（已合并成一个单元格）的右框线设置成“样张 8”所示的效果。

⑮将光标放在第 1 行的第 1、2 列（已合并成一个单元格），单击【布局】选项卡，在【表】选项组中，单击【绘制斜线表头】按钮，弹出【插入斜线表头】对话框，“表头样式”选择“样式二”，“字体大小”选择“五号”，“行标题”设置为“星期”，“数据标题”设置为“课程名称”，“列标题”设置为“课节”，如图 2-40 所示，单击【确定】按钮。

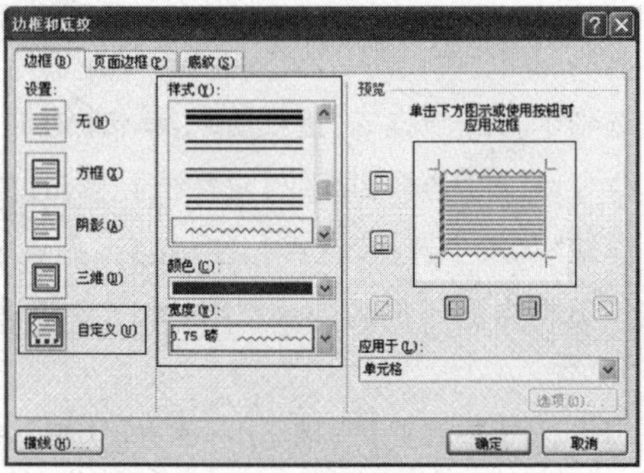

图 2-39 【边框和底纹】对话框

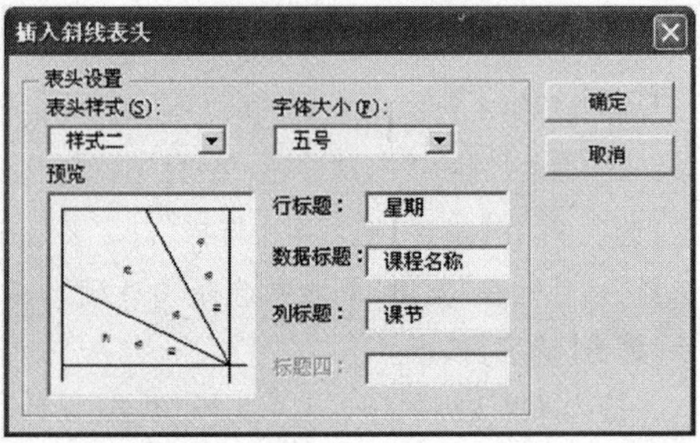

图 2-40 【插入斜线表头】对话框

⑯选择第 6 行第 1、2 列（已合并成一个单元格），单击【设计】选项卡，在【表样式】选项组中，单击【底纹】按钮 底纹，选择一种你喜欢的颜色。

⑰按照步骤⑯的方法，设置其他单元格的底纹颜色，颜色任意。

⑱在单元格中按照“样张 8”所示，输入相应的文本内容。

⑲选中整个表格，单击【布局】选项卡，在【对齐方式】选项组中，选择【水平居中】按钮。

⑳最后表格完成效果如“样张 8”所示。

（3）创建一个 Word 文档，完成如下操作。

输入下列内容，注意各项之间用 Tab 键分隔，并按要求进行操作。

学号	姓名	数学	语文	英语	总分
01	杨晓宇	78	89	60	
02	兰堃	88	96		
03	赵辉	99	87	90	
04	柏琴声	67	89	66	

表格设置要求如下：

- 将文档中的数据转换为5行6列的表格。
- 在最后一列的后面增加一列，“平均分”列；将表格的第5列拆分成两列，增加“俄语”列。记录兰堃的俄语成绩为98分。
- 在第一行上面插入行高为1.2厘米、横跨表格各列的标题行“学生成绩表”。
- 将表格中各列的宽度平均分布。
- 设置表格外框线为1.5磅蓝色实线，内侧框线为0.5磅蓝色实线。
- 计算出各学生的总分、平均分。
- 表格中输入的文本内容水平，垂直，居中。

具体操作步骤

①输入文档要求的文本内容，选择要转换成表格的文本。

②单击【插入】选项卡，在【表格】选项组中，单击【表格】按钮，在“表格”下拉菜单中选择【文本转换成表格】命令。打开【将文本转换成表格】对话框，“列数”设置为“6”，在【文字分隔位置】选项组中，选中“制表符”，如图2-41所示。

③选择表格最后一列，也就是第6列，单击【布局】选项卡，在【行和列】选项组中，单击【在右侧插入】按钮。在此时的第1行第7列输入“平均分”。选择此时表格的第5列，单击【布局】选项卡，在【合并】选项组中，单击【拆分单元格】按钮，弹出【拆分单元格】对话框，“列数”设置为“2”，不要勾选“拆分前合并单元格”，如图2-42所示。此时在表格的第1行第6列输入“俄语”，在表格的第6列第3行输入“98”。

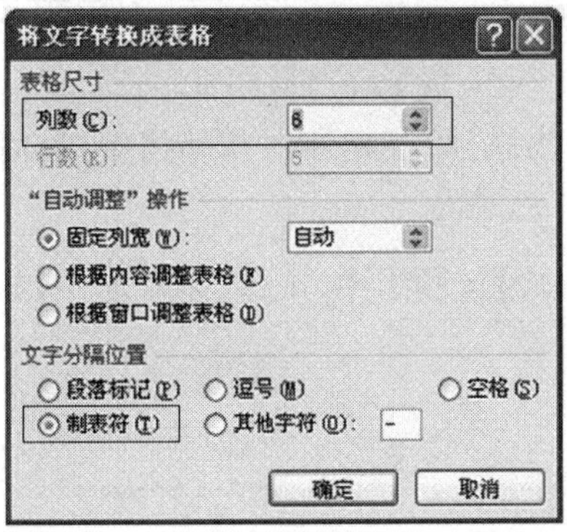

图2-41　【将文本转换成表格】对话框

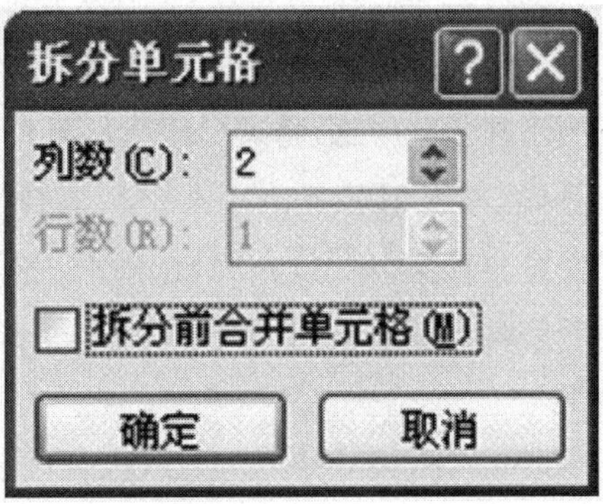

图2-42　【拆分单元格】对话框

④选择表格的第1行所有单元格，单击【布局】选项卡，在【行和列】选项组中，单击【在上方插入】按钮。选择刚刚插入的这一行，单击【布局】选项卡，在【合并】选项组中，单击【合并单元格】按钮，在这个单元格中输入“学生成绩表”。选择这一行，单击【布局】选项卡，在【单元格大小】选项组中，“高度”改为“1.2厘米”。

⑤选择整个表格，单击【布局】选项卡，在【单元格大小】选项组中，单击【分布列】按

钮 分布列。

⑥选择整个表格，单击【设计】选项卡，在【表样式】选项组中，单击【边框】按钮 边框 右侧的下三角按钮，单击【边框和底纹】命令，打开【边框和底纹】对话框。单击【边框】选项卡，在【设置】选项组中选择“自定义”，在“样式”列表中选择“实线”，在“颜色”列表中选择“蓝色”，在“宽度”列表中选择“0.5 磅”，然后再次在“宽度”列表中选择“1.5 磅”，单击预览框中图示的外侧边框，如图 2-31 所示，单击【确定】按钮。

⑦将光标置于 G3 单元格中，选择【布局】选项卡，在【数据】选项组 中，单击【公式】按钮，打开“公式”对话框，在“公式”文本框中输入“ =SUM(C3:E3)”，如图 2-43 所示，单击【确定】按钮。

⑧按照步骤⑦的方法，将其他学生的总分计算出来，填到相应的单元格中，最后得出的总分数值如“样张 9”所示。

⑨将光标置于 H3 单元格，选择【布局】选项卡，在【数据】选项组 中，单击【公式】按钮，打开“公式”对话框，在【公式】文本框中输入“ =AVERAGE(C3:E3)”，如图 2-44 所示，单击【确定】按钮。

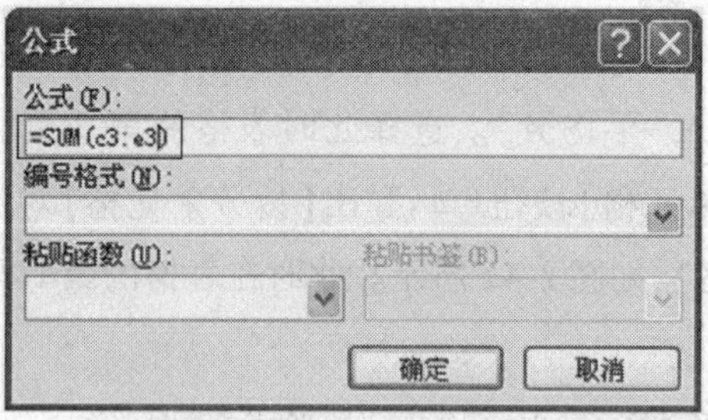

图 2-43 【公式】对话框

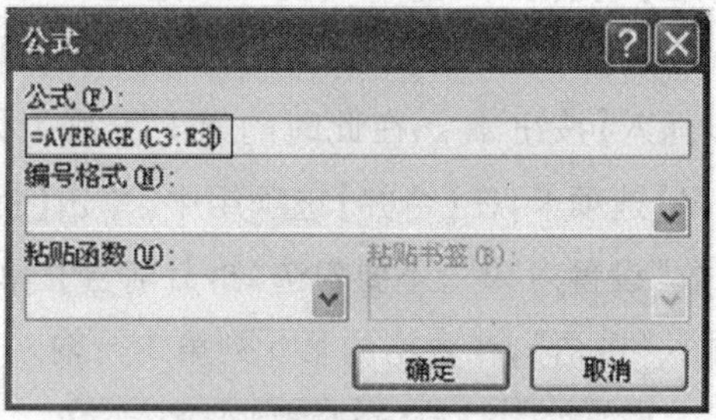

图 2-44 【公式】对话框

⑩按照步骤⑨的方法，将其他学生的平均分计算出来，填到相应的单元格中，最后得出的平均分数值如“样张 9”所示。

⑪选择整个表格，单击【布局】选项卡，在【对齐方式】选项组中，选择【水平居中】按钮。

⑫最后表格完成效果如“样张 9”所示。

样张 9：

学生成绩表							
学号	姓名	数学	语文	英语	俄语	总分	平均分
01	杨晓宇	78	89	60		227	75.67
02	兰堃	88	96		98	282	94
03	赵辉	99	87	90		276	92
04	柏琴声	67	89	66		222	74

实验5　绘制图形

1. 实验目的

- 掌握绘制基本图形的方法。
- 掌握编辑图形的方法。
- 熟练掌握艺术字的使用。
- 熟练掌握 SmartArt 图形。

2. 实验内容

- 利用绘图工具绘制基本图形。
- 修改、装饰图形。
- 插入艺术字。
- 修改艺术字对象。
- 使用 SmartArt 制作组织结构图。
- 修改和装饰 SmartArt 插图。

3. 巩固练习与步骤

(1)用绘图工具绘制图形,如"样张10"所示。

样张10:

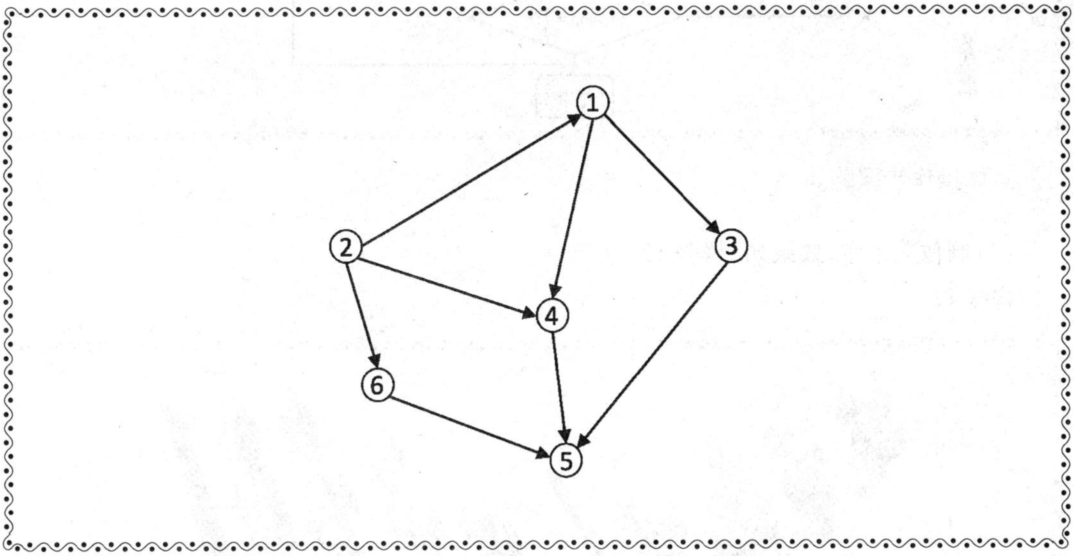

具体操作步骤略。

(2)用绘图工具绘制程序流程图,如"样张11"所示。

样张 11：

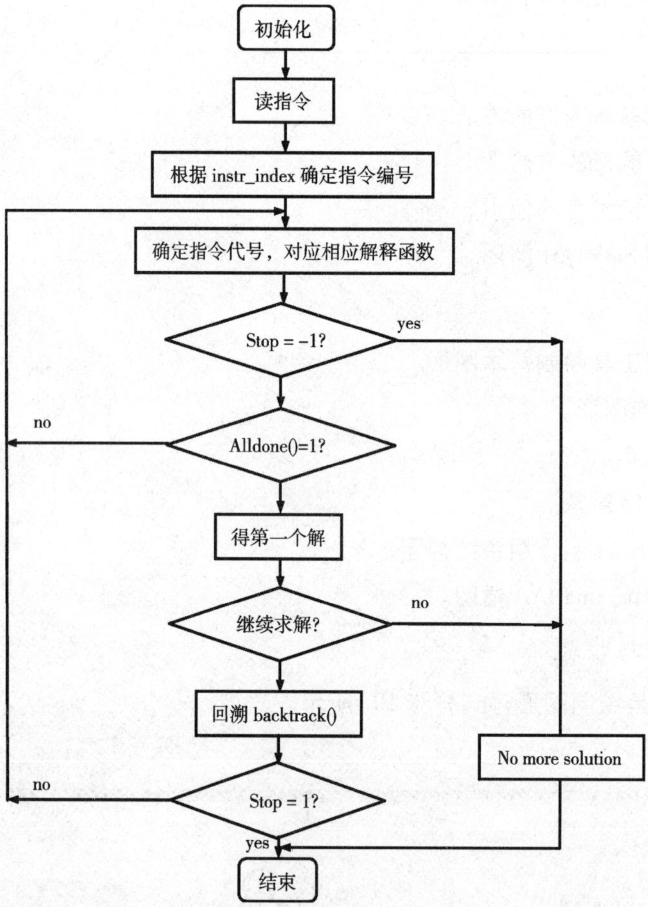

具体操作步骤略。

(3) 制作艺术字，效果如“样张 12”所示。

样张 12：

具体操作步骤

①在要插入艺术字的位置单击，将光标放于此。

②在【插入】选项卡的【文本】选项组中，单击【艺术字】按钮，打开【艺术字】样式库，如图 2-45 所示。单击所需要的艺术字样式，这里选择“艺术字样式 28”。

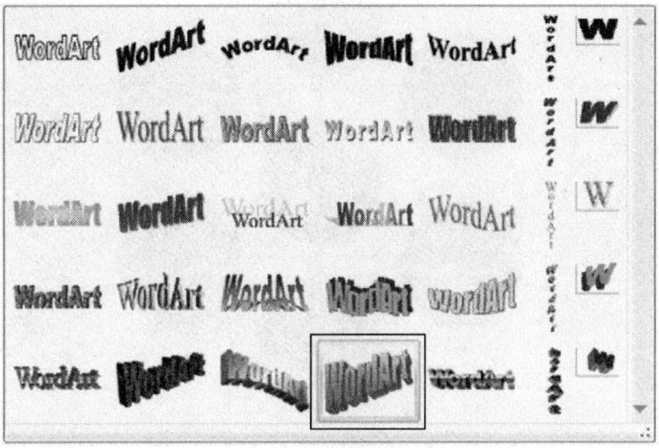

图 2-45　【艺术字】样式库

③在打开的【编辑艺术字文字】对话框中进行相应设置，如图 2-46 所示，“字体”选择“华文行楷”，“字号”选择“36”，加粗，“文本内容”输入“万事如意！心想事成！”。

④单击【确定】按钮。

⑤选定艺术字，单击【格式】选项卡，在【艺术字样式】选项组中，单击【更改形状】按钮 更改形状，在弹出的“艺术字形状”下拉菜单中，单击“左牛角形”，如图 2-47 所示。

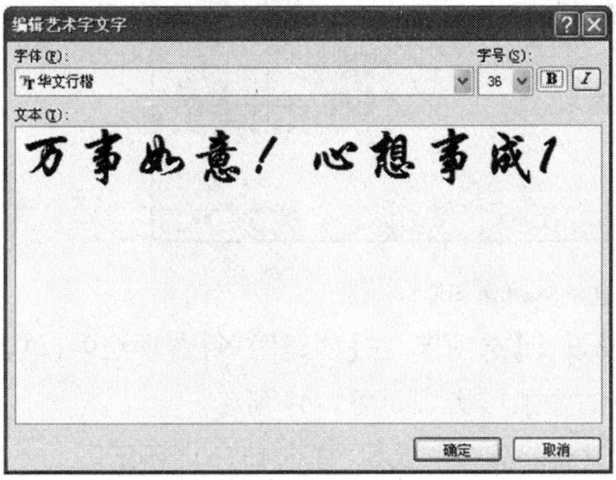

图 2-46　【编辑艺术字文字】对话框

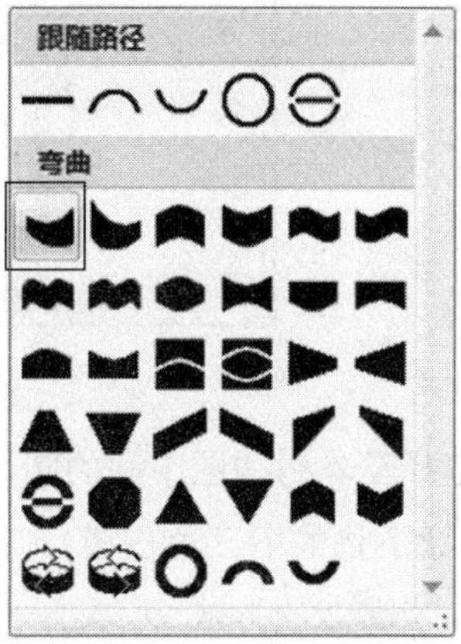

图 2-47　“艺术字形状”下拉菜单

⑥选定艺术字，利用鼠标拖动艺术字周围控制块，作进一步调整。

⑦最后艺术字完成效果如“样张 12”所示。

(4)制作两个结构图,效果如“样张 13(a)”、“样张 13(b)”所示。

样张 13(a):

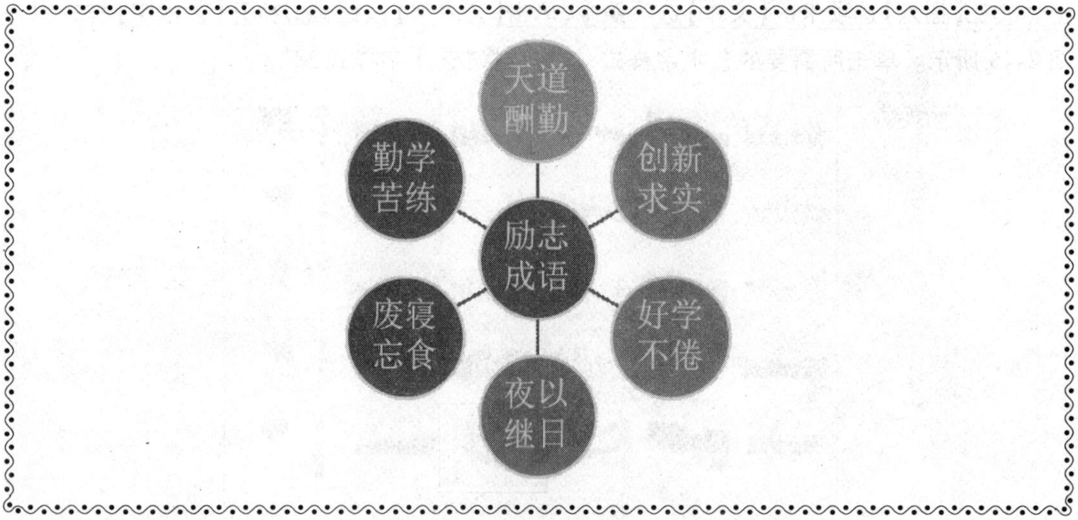

具体操作步骤

①单击【插入】选项卡,在【插图】选项组中,单击【SmartArt】按钮,打开【选择 SmartArt 图形】对话框,在图形类型列表中选择“循环”中的“基本射线图”,如图 2-48 所示,单击【确定】按钮。

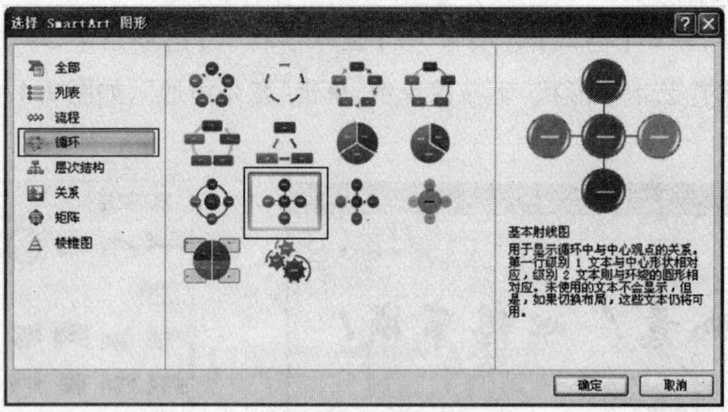

图 2-48 【选择 SmartArt 图形】对话框

②选择基本射线图中间的圆形,单击【设计】选项卡,在【创建图形】选项组中,单击【添加形状】按钮下边的下三角按钮,选择“在下方添加形状”,如图 2-49 所示。

③按步骤②的方法,再添加一个圆形分支。具体形式如“样张 13(a)”所示。

④选择基本射线图,单击【设计】选项卡,在【SmartArt 样式】选项组中,单击【更改颜色】按钮下方的下三角按钮,打开“更改颜色”下拉列表框,选择【彩色】选项组中的“强调文字颜色 3-4”,如图 2-50 所示。

⑤在各个文本框中按照“样张 13(a)”输入相应的文本内容。

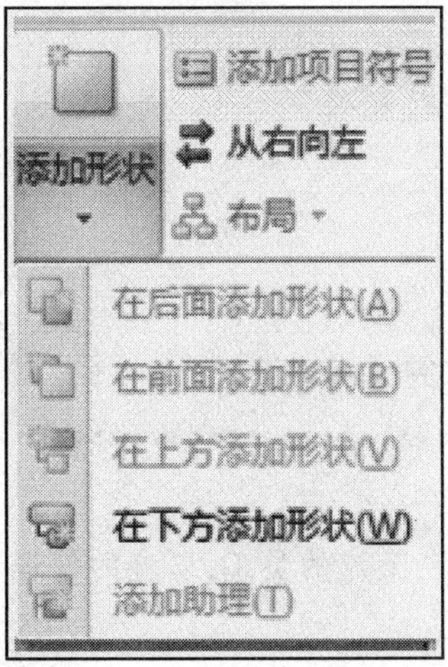

图2-49　【添加形状】按钮及其下拉菜单

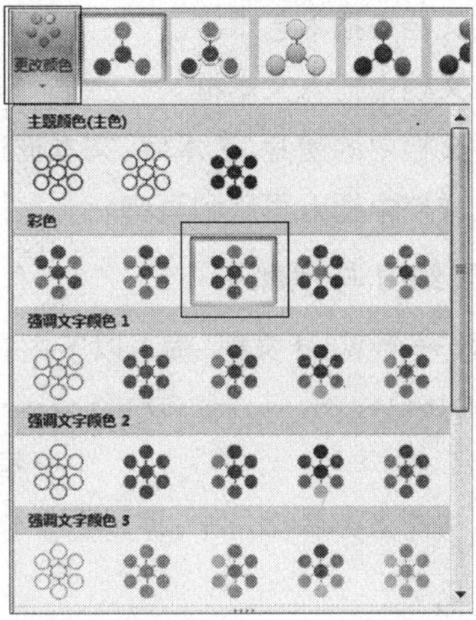

图2-50　【更改颜色】按钮及其下拉列表框

⑥最后结构图完成效果如“样张13(a)”所示。

样张13(b)：

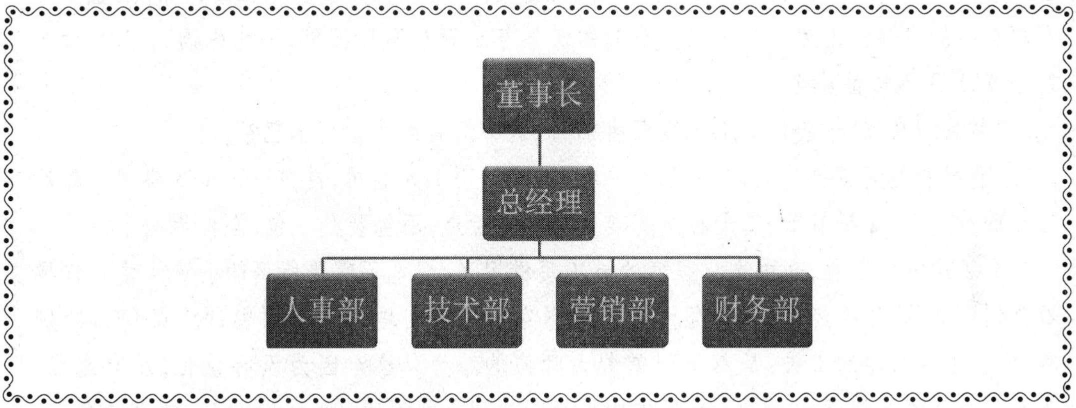

请依照“样张13(a)”的方法做出“样张13(b)”。

实验6　图文混排(1)

1. 实验目的

- ◆ 熟练掌握在文档中插入剪贴画的方法。
- ◆ 熟练掌握编辑剪贴画的方法。
- ◆ 熟练掌握文本框的使用。
- ◆ 熟练掌握修饰文本框的方法。
- ◆ 熟练掌握插入页眉、页脚和页码的方法。

2. 实验内容

- ◆ 在文档中插入剪贴画。

- ◆ 在文档中插入艺术字。
- ◆ 在文档中插入文本框。
- ◆ 对文档中的图片、艺术字、文本框进行修饰。
- ◆ 在文档中插入页眉和页脚。

3. 巩固练习与步骤

(1)创建一个Word文档,输入以下内容,并按要求完成格式设置。

流程第一人第二

朋友从麦当劳餐厅出来,讲起麦当劳的成功经验:三流的员工,二流的管理者,一流的流程。

所谓"三流的员工",是指不要求员工素质太高,高中毕业就可以。什么叫"一流的流程"?做任何事情都讲流程。比如打扫厕所,有手册规定操作流程分几步;选店址,有操作流程讲一二三四怎么做。我问:"你怎么做汉堡?"他说:"做饭得讲流程,中餐不行。你看广东菜和淮扬菜厨师,个个相当于博士水平。我们为什么不要求那么高的学历,也不要求那么高的本事?因为我有流程。我们的汉堡怎么做?两片面包,一片牛肉饼,1/8盎司芝士酱,1/3盎司番茄酱。"

"打住,1/8盎司芝士酱,1/3盎司番茄酱,这个没有办法量化了吧?"

"我早都想好你会这么问,我们有一把枪,挤一下1/8盎司,再挤一下1/3盎司。然后三片酸黄瓜、三片鲜黄瓜、二十粒洋葱碎粒……要带走,用包装纸一包,全世界一个味。"

有了这样的流程,高中文化程度的员工足够用了,根本不需要所谓的一流人才。你再看我们中餐馆,能否经营好,全凭大师傅的做菜水准。而培养一个中餐的大师傅又特别难,没有十年八年的工夫,是熬不到掌勺大师傅的。为什么?因为没有量化,没有流程。我有一个朋友是德国人,他说,最恐怖的就是听中国大师傅说话——盐少许,味精适量,油七成热,炸八成熟。他把头都快想破了也想不出来,但对中国人来说,这全凭感觉。因为不讲究流程,不讲究量化,所以,中餐难以复制,难以复制就必然导致难有稳定的质量,同时,没有复制也就没有规模。

这就是我的观点:如果想让你的员工少犯错误,宁肯相信流程,也不要相信人;如果想要你的企业长久经营,宁可依靠流程,也不要依靠人。

文档设置要求如下:

- ● 将标题"流程第一人第二"设置为黑体,小三,加粗,居中,并加红色底纹、线宽1.5磅的边框;正文部分的文字设置为宋体,小四。
- ● 将标题段的段后间距设置为1.5行,正文各段的段后间距设置为0.5行。正文各段设置为首行缩进2个字符。

- 将正文各段中出现的“流程”两个字，设为倾斜加粗。
- 将正文第五段分为等宽的两栏，加分隔线。
- 将正文各段出现的“麦当劳”三个字设置为带圈字符。
- 在第五段后面插入一个横排文本框，内容为“我们需要流程”，并给文本框加边框，边框颜色为绿色，边框线条为 1.75 磅。文本框中填充适当颜色，文本框中文本为黑体，小四。文本框位置居中。
- 为文档加页眉和页脚，页眉设置为“流程第一”，页脚设置为“ ＊ ＊ ＊ ＊ ＊ ＊ ”。

具体操作步骤

①选择标题“流程第一人第二”，单击【开始】选项卡。在【字体】选项组中，单击“字体”列表框右侧的下三角按钮，打开“字体”下拉列表框，在下拉列表框中选择“黑体”字体；然后单击“字号”列表框右侧的下三角按钮，打开“字号”下拉列表框，在下拉列表框中选择“小三”字号。单击【加粗】按钮。单击【开始】选项卡，在【段落】选项组中，单击【居中】按钮。

②选择标题“流程第一人第二”，在【段落】选项组中，单击【边框线】按钮右边的下三角按钮，在其下拉列表框中选择【边框和底纹】命令。打开【边框和底纹】对话框，单击【边框】选项卡，在【设置】选项组中选择“方框”，在“样式”列表框中选择“实线”，在“颜色”列表框中选择“黑色”，在“宽度”列表框中选择“1.5 磅”，在“应用于”下拉列表框中选择“文字”，如图 2-51 所示。单击【底纹】选项卡，在“填充”下拉列表框中选择“红色”，在“应用于”下拉列表框中选择“文字”，如图 2-52 所示。单击【确定】按钮。

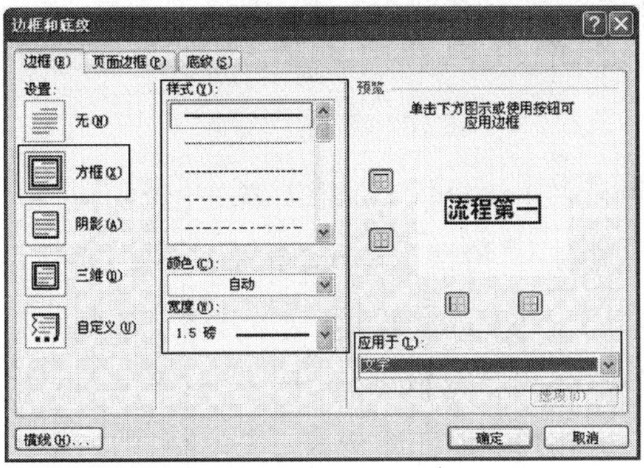

图 2-51 【边框和底纹】对话框

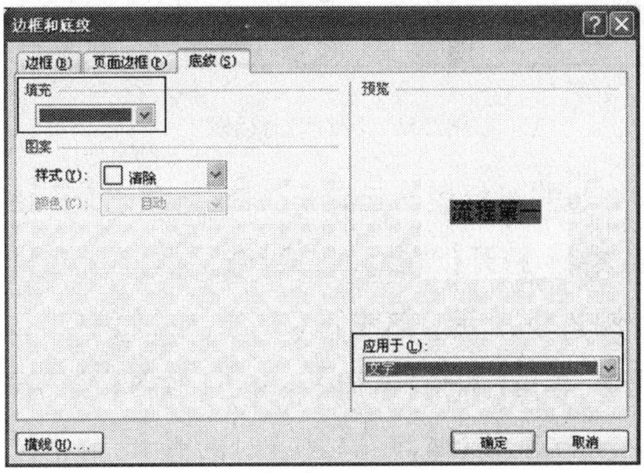

图 2-52 【边框和底纹】对话框

③选择正文所有文本，单击【开始】选项卡。在【字体】选项组中，单击“字体”列表框右侧的下三角按钮，打开“字体”下拉列表框，在下拉列表框中选择“宋体”字体；然后单击“字号”列表框右侧的下三角按钮，打开“字号”下拉列表框，在下拉列表框中选择“小四”字号。

④选择正文所有文本，单击【开始】选项卡。在【段落】选项组中，单击【段落对话框】按钮，打开【段落】对话框，单击【缩进和间距】选项卡，在【缩进】选项组中，“特殊格式”选择“首行缩进”，“磅值”设置为“2 字符”。在【间距】选项组中，“段后”设置为“0.5 行”，如图 2-53 所

示。单击【确定】按钮。

⑤选择标题，单击【开始】选项卡。在【段落】选项组中，单击【段落对话框】按钮，打开【段落】对话框，单击【缩进和间距】选项卡，在【间距】选项组中，“段后”设置为“1.5 行”，如图 2-54 所示。单击【确定】按钮。

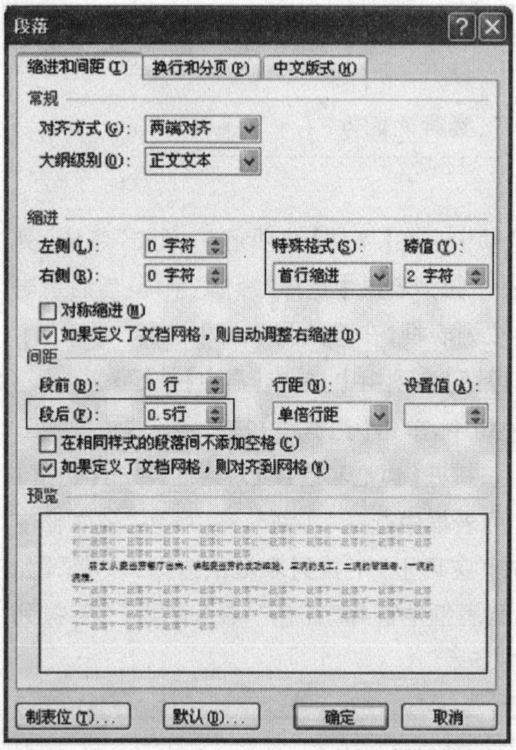

图 2-53 【段落】对话框

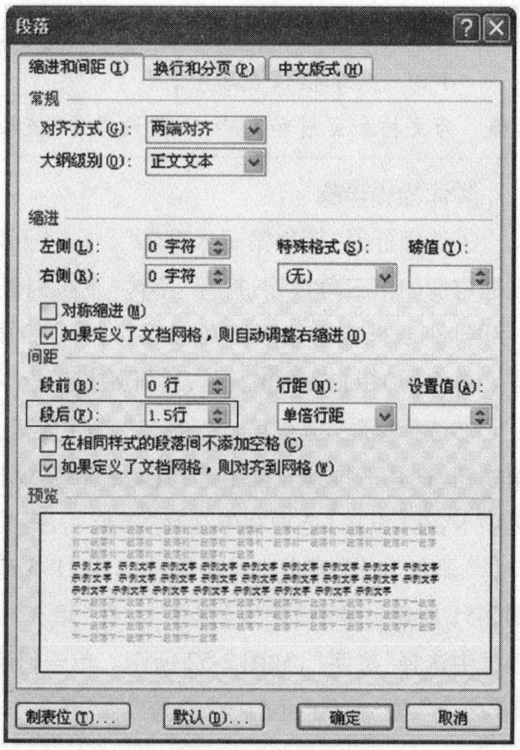

图 2-54 【段落】对话框

⑥将光标置于正文开头部分，单击【开始】选项卡，在【编辑】选项组中，单击【查找】按钮，打开【查找和替换】对话框，在“查找内容”中输入“流程”，单击【查找下一处】按钮，如图 2-55 所示。这时正文的第一处“流程”成反白显示。单击【开始】选项卡，在【字体】选项组中，单击【加粗】按钮，单击【倾斜】按钮。这时在【剪贴板】选项组中，双击【格式刷】按钮，在【查找和替换】对话框中，单击【查找下一处】按钮，正文的第二处“流程”成反白

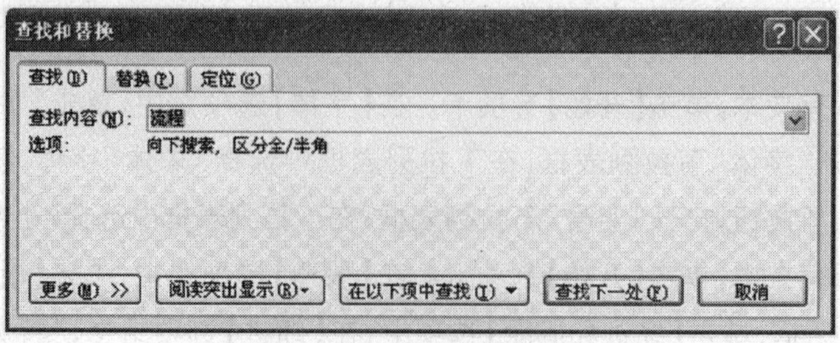

图 2-55 【查找和替换】对话框

显示。将鼠标移动到查找的第二处“流程”文本处，选中“流程”两个字符。如此重复上面的步骤，将正文所有“流程”二字的格式设置完成。

⑦选择正文第五段落文本，单击【页面布局】选项卡，在【页面布局】选项组中，单击【分栏】按钮，打开下拉菜单，选择【更多分栏】命令，打开【分栏】对话框，在【预设】选项组中，选择“两栏”，勾选“分隔线”，勾选“栏宽相等”，“列数”设置为“2”，如图2-56所示，单击【确定】按钮。

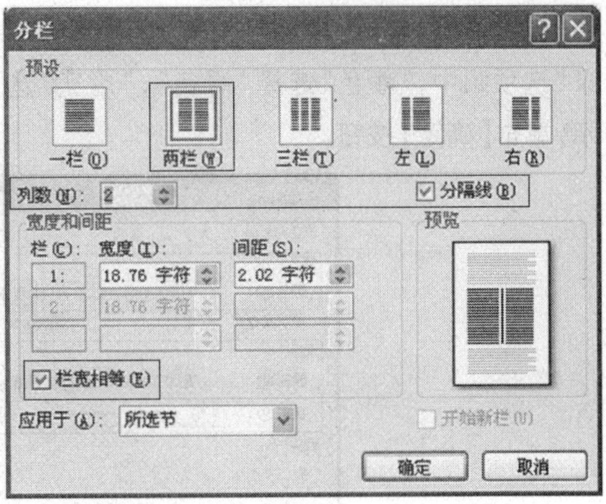

图2-56　【分栏】对话框

⑧将光标置于正文开头部分，单击【开始】选项卡，在【编辑】选项组中，单击【查找】按钮，打开【查找和替换】对话框，在“查找内容”中输入“麦当劳”，单击【查找下一处】按钮，如图2-57所示。这时正文的第一处“麦当劳”成反白显示。选择“麦”字，单击【开始】选项卡，在【字体】选项组中，单击【带圈字符】按钮，打开【带圈字符】对话框，在【样式】选项组中选择“增大圈号”，在【圈号】选项组中选择“○”，如图2-58所示，单击【确定】按钮。按照同样的方法，设置“当”、“劳”为带圈字符。在

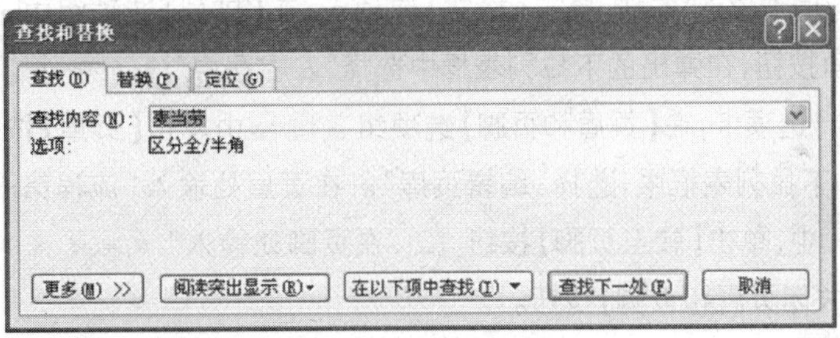

图2-57　【查找和替换】对话框

【查找和替换】对话框中，单击【查找下一处】按钮。这时正文的第二处“麦当劳”成反白显示。依照上面的方法，进行依次设置。这样就将正文所有“麦当劳”三字的格式设置完成。

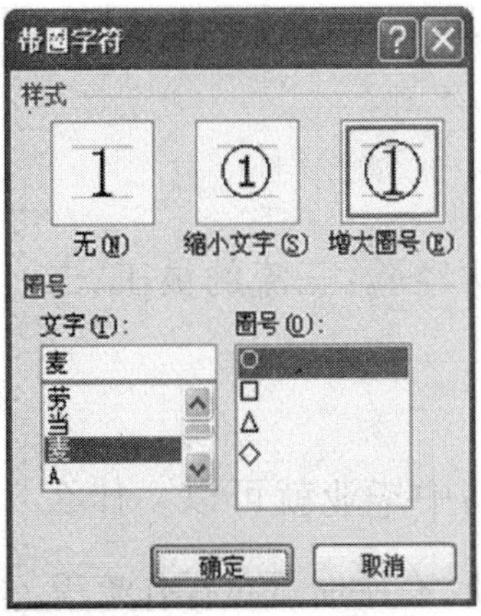

图2-58　【带圈字符】对话框

⑨将光标置于要插入文本框的位置，选择【插入】选项卡，在【文本】选项组中，单击【文本框】按钮，打开下拉菜单，选择“简单文本框”。在文本框内输入“我们需要流程”，选择文本框内的文本“我们需要流程”，单击【开始】选项卡。在【字体】选项组中，单击“字体”列表框右侧的下三角按钮，打开“字体”下拉列表框，在下拉列表框中选择“黑体”字体；然后单击“字号”列表框右侧的下三角按钮，打开“字号”下拉列表框，在下拉列表框中选择“小四”字号。选择文本框，单击【格式】选

项卡,在【文本框样式】选项组中单击【设置自选图形格式】对话框按钮,打开【设置文本框格式】对话框,单击【颜色与线条】选项卡,在【填充】选项组中,“颜色”选择“浅绿色”,在“线条”选项组中,“颜色”选择“绿色”,“虚实”选择“实线”,“粗细”选择“1.75 磅”,如图 2-59 所示,单击【确定】按钮。

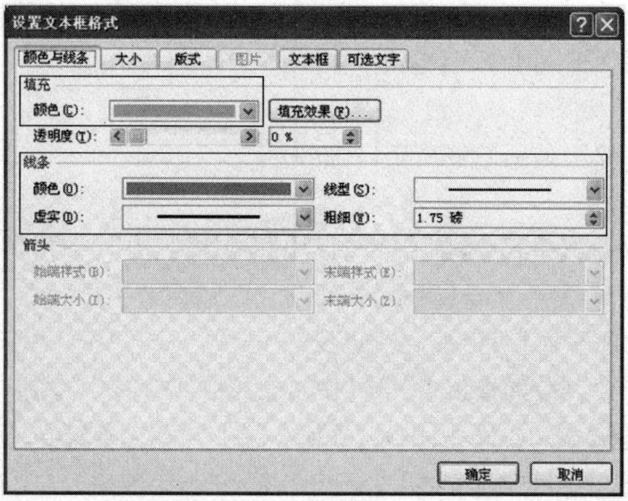

图 2-59 【设置文本框格式】对话框

⑩选中步骤⑦所做的文本框,单击【格式】选项卡,在【排列】选项组中,单击【对齐】按钮下方的下三角按钮,在弹出的下拉列表框中选择“左右居中”。

⑪单击【插入】选项卡,在【页眉和页脚】选项组中单击【页眉】按钮下方的下三角按钮,在弹出的下拉列表框中,选择“编辑页眉”。在页眉处输入“流程第一”。在【导航】选项组中,单击【转至页脚】按钮,在页脚处输入“ * * * * * * ”。在【关闭】选项组中,单击【关闭页眉和页脚】按钮。

⑫最后文档完成效果如“样张 14”所示。

样张 14:

流程第一人第二

朋友从麦当劳餐厅出来,讲起麦当劳的成功经验:三流的员工,二流的管理者,一流的*流程*。

所谓“三流的员工”,是指不要求员工素质太高,高中毕业就可以。什么叫“一流的*流程*”?做任何事情都讲*流程*。比如打扫厕所,有手册规定操作*流程*

分几步；选店址，有操作*流程*讲一二三四怎么做。我问：“你怎么做汉堡？”他说：“做饭得讲*流程*，中餐不行。你看广东菜和淮扬菜厨师，个个相当于博士水平。我们为什么不要求那么高的学历，也不要求那么高的本事？因为我有*流程*。我们的汉堡怎么做？两片面包，一片牛肉饼，1/8 盎司芝士酱，1/3 盎司番茄酱。”

“打住，1/8 盎司芝士酱，1/3 盎司番茄酱，这个没有办法量化了吧？”

“我早都想好你会这么问，我们有一把枪，挤一下 1/8 盎司，再挤一下 1/3 盎司。然后三片酸黄瓜、三片鲜黄瓜、二十粒洋葱碎粒……要带走，用包装纸一包，全世界一个味。”

有了这样的*流程*，高中文化程度的员工足够用了，根本不需要所谓的一流人才。你再看我们中餐馆，能否经营好，全凭大师傅的做菜水准。而培养一个中餐的大师傅又特别难，没有十年八年的工夫，是熬不到掌勺大师傅的。为什么？因为没有量化，没有*流程*。我有一个朋友是德国人，他说，最恐怖的就是听中国大师傅说话——盐少许，味精适量，油七成热，炸八成熟。他把头都快想破了也想不出来，但对中国人来说，这全凭感觉。因为不讲究*流程*，不讲究量化，所以，中餐难以复制，难以复制就必然导致难有稳定的质量，同时，没有复制也就没有规模。

我们需要流程

这就是我的观点：如果想让你的员工少犯错误，宁肯相信*流程*，也不要相信人；如果想要你的企业长久经营，宁可依靠*流程*，也不要依靠人。

(2)创建一个 Word 文档,输入以下内容,文档最后效果如"样张 15"所示。

得愚人得天下

幸运女神坐在华丽的宝座上,仆人们围绕在她身边。这时,两个人进殿求她帮助。第一个人,请幸运女神让他能够获得聪明与谨慎者的喜欢。旁观诸人互使眼色,说:"当心,不然世界就是他的了。"幸运女神面色凝重,准其所请。第二个人上前,所求相反。他想在无知与愚蠢之人中间意气风发。众人闻此古怪的请求,莫不哄笑。只有幸运女神面露微笑,准其所请。两人心满意足,连声感激,告辞而去。幸运女神望着众人不解的神情说道:"你们认为,他们两人哪个聪明? 第一个? 你们大错特错。他是个愚夫,既不知道自己求什么,也成就不了什么事。第二个人清楚自己所为何来。在世界上,无人可敌的将是他。"众人听了她的话更加疑惑。于是,女神再次说话:"世上智者寥寥无几,一国之中,也难找出几个。无知之辈却众多,愚人无数,得到他们支持的人将会统治世界。"

具体操作步骤

①选择标题,单击【开始】选项卡。在【字体】选项组中,单击【字体对话框】按钮,打开【字体】对话框,选择【字体】选项卡,"中文字体"选择"方正姚体","字号"选择"三号","字形"选择"倾斜",勾选"阳文",如图 2-60 所示。

图 2-60 【字体】对话框

②选择标题，单击【开始】选项卡，在【段落】选项组中，单击【居中】按钮。

③选择正文第一个字“幸”，单击【插入】选项卡，在【文本】选项组中，单击【首字下沉】按钮，在打开的【首字下沉】对话框中进行相应的设置，【下沉行数】中输入“3”，【字体】下拉列表框中设置为“楷体”，如图2-61所示，单击【确定】按钮。

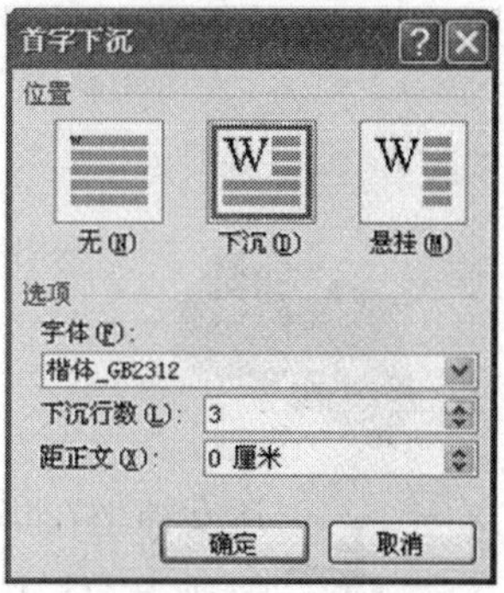

图2-61 【首字下沉】对话框

④选择正文所有文本，单击【页面布局】选项卡，在【页面布局】选项组中，单击【分栏】按钮，打开下拉菜单，选择【更多分栏】命令，打开【分栏】对话框，在【预设】选项组中，选择“三栏”，勾选“分隔线”，勾选“栏宽相等”，“列数”设置为“3”，如图2-62所示，单击【确定】按钮。

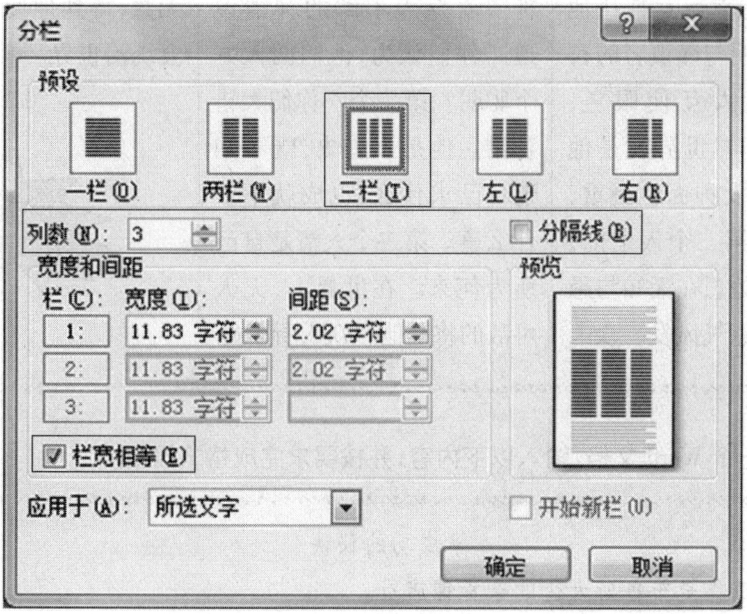

图2-62 【分栏】对话框

⑤制作“启迪”艺术字，样式任意，插入到文档合适的位置。

⑥插入剪贴画。在文档中确定好插入点的位置，单击【插入】选项卡，在【插图】选项组中，单击【剪贴画】按钮，打开【剪贴画】任务窗格，将鼠标指针移动到所需要的剪贴画上，单击剪贴画右侧的下三角按钮，在弹出的菜单中，单击【插入】命令。

⑦按照步骤⑥的方法，再插入两个剪贴画。

⑧可根据自己喜好，设计一个自选图形，插入到文档合适的位置。

⑨最后文档完成效果如“样张15”所示。

样张15：

得愚人得天下

幸运女神坐在华丽的宝座上，仆人们围绕在她身边。这时，两个人进殿求她帮助。第一个人，请幸运女神让他能够获得聪明与谨慎者的喜欢。旁观诸人互使眼色，说："当心，不然世界就是他的了。"幸运女神面色凝重，准其所请。第二个人上前，所求相反。他想在无知与愚蠢之人中间意气风发。众人闻此古怪的请求，莫不哄笑。只有幸运女神面露微笑，准其所请。两人心满意足，连声感激，告辞而去。幸运女神望着众人不解的神情说道："你们认为，他们两人哪个聪明？第一个？你们大错特错。他是个愚夫，既不知道自己求什么，也成就不了什么事。第二个人清楚自己所为何来。在世界上，无人可敌的将是他。"众人听了她的话更加疑惑。于是，女神再次说话："世上智者寥寥无几，一国之中，也难找出几个。无知之辈却众多，愚人无数，得到他们支持的人将会统治世界。"

(3) 创建一个Word文档，输入以下内容，并按要求完成格式设置。

成功的秘诀

她的第一份工作是布鲁斯大街的杂货铺店员。

史蒂夫先生是这家杂货铺的老板，他正准备招募一个新伙计。几十个年轻人看到广告后应征而来，但是最终进入候选名单的只有三个：16岁的小伙子卡尔、27岁的男子汉马克和15岁的女孩奥普拉。史蒂夫先生精心设计了一道决赛考题。他交给每人一瓶新款香奈尔洗发露，要求他们把它送到住在彼得大街414号的苏珊拉女士那里。

没过多久，卡尔将电话打到店里，询问是不是把门牌号记错了，那里只有413号而没有什么414号。马克回来时，报告说彼得大街414号是一家猫狗诊所，苏珊拉女士从前居住的是414-1/2号，但现在已经不知道搬到哪里去了。

奥普拉花费的时间比前两个人要长一些。与马克一样，奥普拉也发现苏珊拉女士已经搬走了，但是她设法打听到了她的新住址并赶到了那里。苏珊拉女士不记得订购过这款洗发露了,但是当奥普拉向她介绍完这种新产品独特的功能和低廉的价格后,苏珊拉女士动心了,当场付钱收货。最后是谁被录用了呢?当然是只有15岁的女孩奥普拉。她没有让任何借口妨碍自己完成工作,没有让任何障碍阻挡她前行的脚步。

奥普拉·温弗瑞,后来她成为著名脱口秀主持人,身价达24亿美元。她说:"我的成功秘诀,就是用最不平常的努力做好最平常的事。"

文档设置要求如下:

- 将标题设置为黑体,三号,加粗,居中。
- 将正文所有段落设置为首行缩进2个字符,1.5倍行距。
- 将正文设置为仿宋,小四。
- 将第四段落分为不相等的两栏(偏右),加分隔线。
- 将最后段落改为斜体。
- 在文档中插入一个剪贴画,文字环绕方式为"衬于文字下方",安排在文档合适的位置上。
- 在文档中随意插入几个自选图形,安排在文档合适的位置上。

具体操作步骤

①选择标题"成功的秘诀",单击【开始】选项卡。在【字体】选项组中,单击"字体"列表框右侧的下三角按钮,打开"字体"下拉列表框,在下拉列表框中选择"黑体"字体;然后单击"字号"列表框右侧的下三角按钮,打开"字号"下拉列表框,在下拉列表框中选择"三号"字号。单击【加粗】按钮,单击【开始】选项卡,在【段落】选项组中,单击【居中】按钮。

②选择正文所有段落,单击【开始】选项卡。在【段落】选项组中,单击【段落对话框】按钮,打开【段落】对话框,单击【缩进和间距】选项卡,"特殊格式"选择"首行缩进","磅值"设置为"2字符","行距"设置为"1.5倍行距",如图2-63所示,单击【确定】按钮。

③选择正文所有文本,单击【开始】选项卡。在【字体】选项组中,单击"字体"列表框右侧的下三角按钮,打开"字体"下拉列表框,在下拉列表框中选择"仿宋"字体;然后单击"字号"列表框右侧的下三角按钮,打开"字号"下拉列表框,在下拉列表框中选择"小四"字号。

④选择正文第四段落文本,单击【页面布局】选项卡,在【页面布局】选项组中,单击【分栏】按钮,打开下拉菜单,选择【更多分栏】命令,打开【分栏】对话框,在【预设】选项组中,选择"右",勾选"分隔线","列数"设置为"2",如图2-64所示,单击【确定】按钮。

⑤选择正文最后段落,单击【开始】选项卡,在【字体】选项组中,单击【倾斜】按钮。

⑥插入剪贴画。在文档中确定好插入点的位置,单击【插入】选项卡,在【插图】选项组中,单击【剪贴画】按钮,打开【剪贴画】任务窗格,将鼠标指针移动到所

需要的剪贴画上，单击剪贴画右侧的下三角按钮，在弹出的菜单中，单击【插入】命令。调整图片为合适大小，"文字环绕方式"设置为"衬于文字下方"。

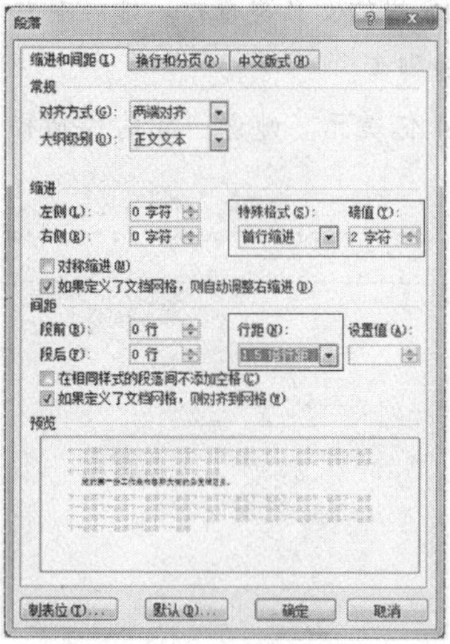

图 2-63 【段落】对话框

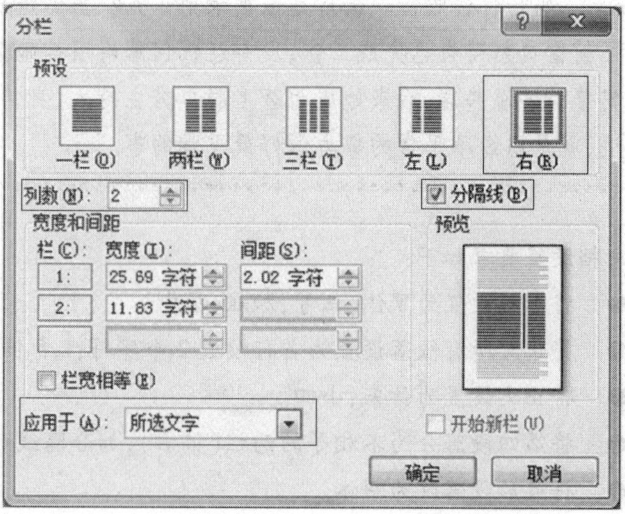

图 2-64 【分栏】对话框

⑦插入自选图形。在文档中确定好插入点的位置，单击【插入】选项卡，在【插图】选项组中，单击【形状】按钮，根据喜好选择几个自选图形，调整好图形大小和位置。

⑧最后文档完成效果如"样张 16"所示。

样张 16：

成功的秘诀

她的第一份工作是布鲁斯大街的杂货铺店员。

史蒂夫先生是这家杂货铺的老板，他正准备招募一个新伙计。几十个年轻人看到广告后应征而来，但是最终进入候选名单的只有三个：16 岁的小伙子卡尔、27 岁的男子汉马克和 15 岁的女孩奥普拉。史蒂夫先生精心设计了一道决赛考题。他交给每人一瓶新款香奈尔洗发露，要求他们把它送到住在彼得大街 414 号的苏珊拉女士那里。

没过多久，卡尔将电话打到店里，询问是不是把门牌号记错了，那里只有413号而没有什么414号。马克回来时，报告说彼得大街414号是一家猫狗诊所，苏珊拉女士从前居住的是414-1/2号，但现在已经不知道搬到哪里去了。

奥普拉花费的时间比前两个人要长一些。与马克一样，奥普拉也发现苏珊拉女士已经搬走了，但是她设法打听到了她的新住址并赶到了那里。苏珊拉女士不记得订购过这款洗发露了，但是当奥普拉向她介绍完这种新产品独特的功能和低廉的价格后，苏珊拉女士动心了，当场付钱收货。最后是谁被录用了呢？当然是只有15岁的女孩奥普拉。她没有让任何借口妨碍自己完成工作，没有让任何障碍阻挡她前行的脚步。

奥普拉·温弗瑞，后来她成为著名脱口秀主持人，身价达24亿美元。她说："我的成功秘诀，就是用最不平常的努力做好最平常的事。"

实验7 图文混排(2)

1. 实验目的

◆ 熟练掌握在文档中插入数学公式的方法。

◆ 进一步熟练掌握图文混排的方法。

2. 实验内容

◆ 在文档中插入数学公式。

◆ 练习图文混排。

3. 巩固练习与步骤

(1)创建一个Word文档，如"样张17"所示。

样张 17：

- $\log_a\left(\frac{m}{n}\right) = \log_a m - \log_a n$
- $x = \frac{-b \pm \sqrt{b^2 - 4ac}}{2a}$
- $\begin{cases} 21x + 3y + z = 25 \\ 6x - 12y + 3z = -3 \\ x + y + 2z = 4 \end{cases}$

具体操作步骤

①将光标放置到要插入数学公式的位置，选择【插入】选项卡，在【符号】选项组中，单击【公式】按钮下面的下三角按钮，打开“公式”下拉菜单，如图 2-65 所示。在“公式”下拉菜单中，单击【插入新公式】命令，选择【设计】选项卡，在【结构】选项组中，单击【极限和对数】按钮的下三角按钮，打开“极限和对数”下拉菜单，依次输入第一个公式中的内容。

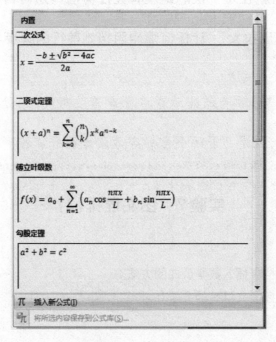

图 2-65 【公式】下拉菜单

②将光标放置到要插入数学公式的位置，选择【插入】选项卡，在【符号】选项组中，单击【公式】按钮下面的下三角按钮，打开“公式”下拉菜单，在内置公式中选择“二次公式”，这样第二个公式就出现在文档中了。

③将光标放置到要插入数学公式的位置，选择【插入】选项卡，在【符号】选项组 π Ω 中，单击【公式】按钮 π 下面的下三角按钮，打开“公式”下拉菜单。单击【插入新公式】命令，选择【设计】选项卡，在【结构】选项组 $\frac{x}{y}$ e^x $\sqrt[n]{x}$ $\int_{-x}^{x}$ $\sum_{i=0}^{n}$ {()} sinθ ä $\lim_{n\to\infty}$ △ [10/01] 中，单击【括号】按钮 {()} 下方的下三角按钮，打开“括号”下拉菜单，选择“事例和堆栈”中的“事例(三条件)”，依次在小框中输入第三个公式中的内容。

④最后文档完成效果如“样张 17”所示。

(2)创建一个 Word 文档，输入以下内容，并按要求完成格式设置。

没人替你埋单

有朋友从美国回来。大概有十多年，他没有吃过正宗的家乡菜，于是找饭店为他接风。相谈甚洽，宾主尽兴，但是，到了结账的时候，却闹得有些不愉快。

当着他妻子和孩子的面，他拿出钱，非要 AA 制。我感觉无论如何也不能接受，一向随和的他却执意要如此。回宾馆的路上，我很不悦。他问我：“是不是觉得 AA 制没有给你面子?”

我没有隐瞒，点了点头。

他说，那我讲个故事给你听。在康斯威星一所中学里，有两个孩子出去爬山，一个中国孩子，一个美国孩子。他们选择的山比较危险，因为风化，时常有岩石坍塌。这两个孩子很不幸地在下山的时候遇到了坍塌。结果，两个孩子分别被困在了巨大的岩石与碎石的两边。那个美国孩子被碎石砸伤左腿，一动就痛彻心扉，他判断，自己是骨折了。

天很快就要黑下来，如果到了夜里，寒冷和饥饿会夺去他们的生命。于是，那个美国孩子开始尝试着，用手支撑着自己的身体，慢慢地向岩石堆上爬去，他受伤的腿上的血迹染红了岩石。快要爬上最大的那块岩石的时候，他的伤腿碰到岩石的棱角，剧痛让他的双手无法抓住岩石，他又掉落下来。

伤上加伤的美国孩子几乎绝望了，躺在岩石堆里，大口大口地喘气。但是十几分钟后，他因为寒冷而开始感觉到麻木的身体提醒他，必须要出去。

经过几次努力，这个美国孩子成功了。

没有人能想像，这个孩子是如何坚持爬回小镇的，他向别人冷静地讲述了遇到危险的地点和时间，而且说有一个中国孩子很可能还在那里。经过检查，这个美国孩子左腿胫骨骨折，在从岩石上掉落下来的时候，肋骨受到撞击，也折断了两根，身上碰撞出来的伤口和淤青不计其数。

大人们把他送医院，然后去救援那个中国孩子。那个中国孩子被找到的时候，寒冷和恐惧已经让他奄奄一息，大人们再晚来一会儿，他很可能就会失去生命。

这时，我忽然发现朋友的孩子羞得满面通红。突然，孩子像是下定了什么决心，对我说：“叔叔，那个中国孩子就是我。”

"那个美国孩子为什么比他坚强,你知道吗?"朋友忽然问我,我摇摇头。朋友说:"其实说起来,原因简单得让人无法置信,只因为美国人从孩子很小的时候,出去吃饭都是AA制,他们每个人都会告诉孩子一个必须AA制的理由,那就是无论什么事情,人生里没有人替你埋单,就算你的父母、挚友也不会。所以,这个美国孩子知道,要活下去必须靠自己,无论有多么危险。而中国孩子则受到过太多的帮助,遇到危险,哪怕不行动就会丧失生命,他也习惯性地等待着别人的救助。"

我决定回去把这个故事告诉我的孩子。我要告诉他,虽然有些时候,钱不是问题,帮助他也不是问题,但是,没有人会替他埋单。

文档设置要求如下:

- 将标题设置为华文行楷,小二,居中。
- 将正文所有段落文本设置为楷体,小四。
- 将所有段落设置为首行缩进2个字符,1.5倍行距。
- **在倒数第二段落的后面(倒数第一段落的前面)插入一个横排的文本框,文本框中输入:"'没有人替你埋单',这么简单的一句话,让我思忖良久。"对该文本框进行修饰,加上填充颜色等。**
- 将第四段落中的"康斯威星"四个字,进行合并字符操作。
- 将最后段落文本加粗,倾斜。
- 在文档合适位置加上几个适合文章内容的剪贴画。
- 在文档合适位置加上几个适合文章内容的自选图形。

具体操作步骤

①选择标题文本,单击【开始】选项卡。在【字体】选项组中,单击"字体"列表框右侧的下三角按钮,打开"字体"下拉列表框,在下拉列表框中选择"华文行楷"字体;然后单击"字号"列表框右侧的下三角按钮,打开"字号"下拉列表框,在下拉列表框中选择"小二"字号。单击【开始】选项卡,在【段落】选项组中,单击【居中】按钮 。

②选择正文所有文本,单击【开始】选项卡。在【字体】选项组中,单击"字体"列表框右侧的下三角按钮,打开"字体"下拉列表框,在下拉列表框中选择"楷体"字体;然后单击"字号"列表框右侧的下三角按钮,打开"字号"下拉列表框,在下拉列表框中选择"小四"字号。

③选择正文所有段落,单击【开始】选项卡。在【段落】选项组中,单击【段落对话框】按钮 ,打开【段落】对话框,单击【缩进和间距】选项卡,"特殊格式"选择"首行缩进","磅值"设置为"2字符","行距"设置为"1.5倍行距",如图2-63所示,单击【确定】按钮。

④将光标置于要插入文本框的位置,单击【插入】选项卡,在【文本】选项组中,单击【文本

框】按钮下方的下三角按钮，在下拉菜单中选择“绘制文本框”命令，此时光标变成一个“+”，画一个你所需要大小的文本框，并在该文本框内输入题目要求的文字内容。确定文本框在选中状态下，单击【格式】选项卡，在【文本框样式】选项组中，单击【形状填充】按钮 形状填充 ，选择“黄色”，单击【形状轮廓】按钮 形状轮廓 ，打开【形状轮廓】按钮的下拉菜单，如图 2-66 所示。在该菜单中选择【粗细】命令，对文本框轮廓线的粗细进行适当的设置。然后设置一下文本框的阴影，在【阴影效果】选项组中，单击【阴影效果】按钮的下三角按钮，打开【阴影效果】按钮的下拉菜单，如图 2-67 所示。对文本框的阴影效果进行适当的设置。

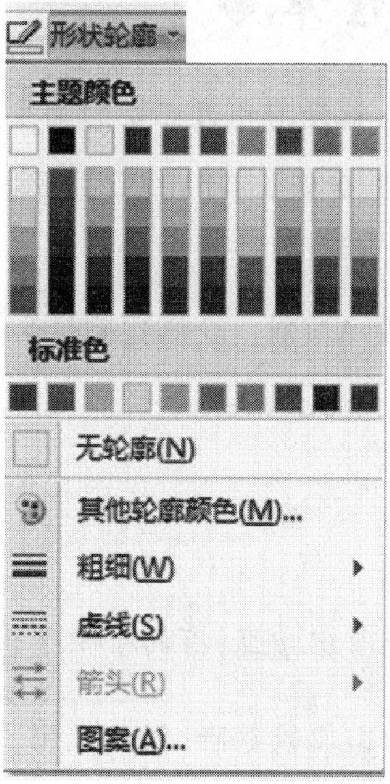

图 2-66　【形状轮廓】按钮及其下拉菜单

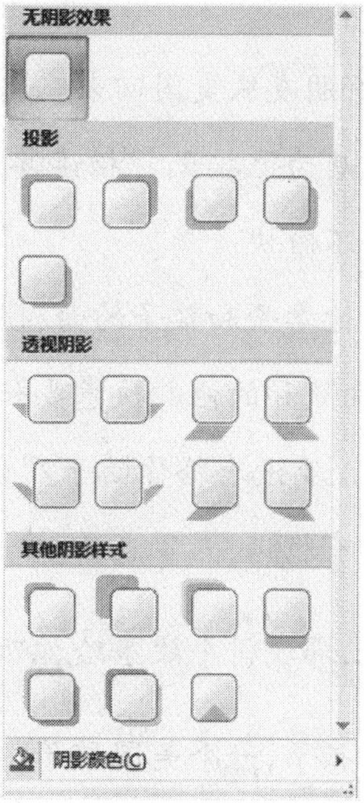

图 2-67　【阴影效果】按钮的下拉菜单

⑤将文档第四段落中的“康斯威星”四个字选中，单击【开始】选项卡。在【段落】选项组中，单击【中文版式】按钮右侧的下三角按钮，打开其下拉菜单，如图 2-68 所示。选择“合并字符”命令，打开【合并字符】对话框，如图 2-69 所示，单击【确定】按钮。

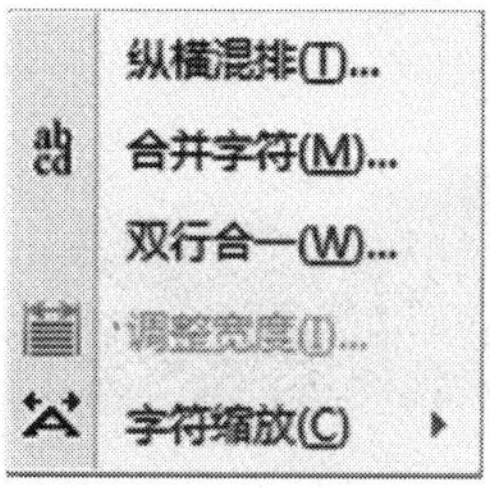

图 2-68　【中文版式】按钮的下拉菜单

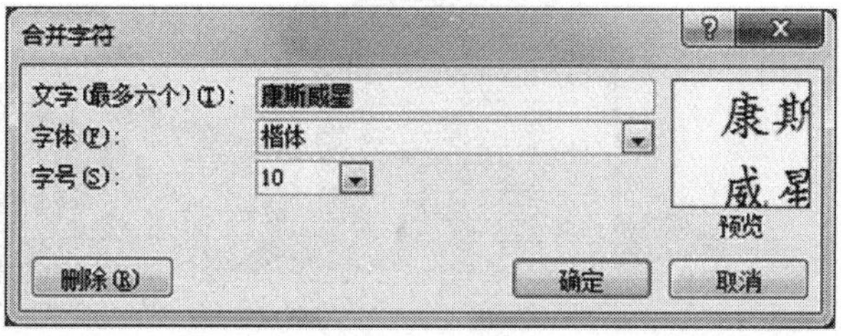

图 2-69　【合并字符】对话框

⑥选择文档正文最后一个段落，单击【开始】选项卡。在【字体】选项组中，单击【加粗】按

钮 **B**，单击【倾斜】按钮 *I*。

⑦将光标置于要插入剪贴画的位置，插入几个适合的剪贴画。

⑧将光标置于要插入自选图形的位置，插入几个适合的自选图形。

⑨最后文档完成效果如“样张 18”所示。

样张 18：

◆没人替你埋单◆

有朋友从美国回来。大概有十多年，他没有吃过正宗的家乡菜，于是找饭店为他接风。相谈甚洽，宾主尽兴，但是，到了结账的时候，却闹得有些不愉快。

当着他妻子和孩子的面，他拿出钱，非要 AA 制。我感觉无论如何也不能接受，一向随和的他却执意要如此。回宾馆的路上，我很不悦。他问我：“是不是觉得 AA 制没有给你面子？”

我没有隐瞒，点了点头。

他说，那我讲个故事给你听。在康斯威星一所中学里，有两个孩子出去爬山，一个中国孩子，一个美国孩子。他们选择的山比较危险，因为风化，时常有岩石坍塌。这两个孩子很不幸地在下山的时候遇到了坍塌。结果，两个孩子分别被困在了巨大的岩石与碎石的两边。那个美国孩子被碎石砸伤左腿，一动就痛彻心扉，他判断，自己是骨折了。

天很快就要黑下来，如果到了夜里，寒冷和饥饿会夺去他们的生命。于是，那个美国孩子开始尝试着，用手支撑着自己的身体，慢慢地向岩石堆上爬去，他受伤的腿上的血迹染红了岩石。快要爬上最大的那块岩石的时候，他的伤腿碰到岩石的棱角，剧痛让他的双手无法抓住岩石，他又掉落下来。

伤上加伤的美国孩子几乎绝望了，躺在岩石堆里，大口大口地喘气。但是十几分钟后，他因为寒冷而开始感觉到麻木的身体提醒他，必须要出去。

经过几次努力，这个美国孩子成功了。

没有人能想像，这个孩子是如何坚持爬回小镇的，他向别人冷静地讲述了遇到危险的地点和时间，而且说有一个中国孩子很可能还在那里。经过检查，这个美国孩子左腿胫骨骨折，在从岩石上掉落下来的时候，肋骨受到撞击，也折断了两根，身上碰撞出来的伤口和淤青不计其数。

大人们把他送医院，然后去救援那个中国孩子。那个中国孩子被找到的时候，寒冷和恐惧已经让他奄奄一息，大人们再晚来一会儿，他很可能就会失去生命。

这时，我忽然发现朋友的孩子羞得满面通红。突然，孩子像是下定了什么决心，对我说："叔叔，那个中国孩子就是我。"

"那个美国孩子为什么比他坚强，你知道吗？"朋友忽然问我，我摇摇头。朋友说："其实说起来，原因简单得让人无法置信，只因为美国人从孩子很小的时候，出去吃饭都是AA制，他们每个人都会告诉孩子一个必须AA制的理由，那就是无论什么事情，人生里没有人替你埋单，就算你的父母、挚友也不会。所以，这个美国孩子知道，要活下去必须靠自己，无论有多么危险。而中国孩子则受到过太多的帮助，遇到危险，哪怕不行动就会丧失生命，他也习惯性地等待着别人的救助。"

"没有人替你埋单"，这么简单的一句话，让我思忖良久。

我决定回去把这个故事告诉我的孩子。我要告诉他，虽然有些时候，钱不是问题，帮助他也不是问题，但是，没有人会替他埋单。

第 3 章　电子表格处理软件应用

实验 1　电子表格处理软件基础操作

1. 实验目的

◆　熟练掌握启动和退出 Excel 2007 的方法。

◆　熟悉 Excel 2007 窗口的构成，掌握控制 Excel 2007 窗口的方法。

◆　熟悉 Excel 2007 工作表的工作区范围、命令菜单、工具栏和快捷菜单。

◆　掌握对工作簿的基本操作。

◆　熟练掌握对工作表的基本操作。

◆　熟练掌握数据自动填充功能。

2. 实验内容

◆　新建工作簿。

◆　保存工作簿。

◆　对 Excel 2007 工作表、行、列、单元格的基本操作。

◆　在工作表中使用数据自动填充功能。

3. 巩固练习及步骤

(1)新建四个工作簿文档，并以“A 区新生名单 . xlsx”、“B 区新生名单 . xlsx”、“C 区新生名单 . xlsx”、“D 区新生名单 . xlsx”文件名保存到【我的文档】文件夹中。输入数据如图 3-1、图 3-2、图 3-3、图 3-4 所示。

具体要求如下：

● 新建一个工作簿文档，并以“新生名单. xlsx”文件名保存到【我的文档】文件夹中。将“A 区新生名单. xlsx”中的数据复制到“新生名单. xlsx”工作簿中的 sheet1 工作表中，将 sheet1 工作表名称修改为“A 区新生名单”。将“B 区新生名单. xlsx”中的数据复制到“新生名单. xlsx”工作簿中的 sheet2 工作表中，将 sheet2 工作表名称修改为“B 区新生名单”。将“C 区新生名单. xlsx”中的数据复制到“新生名单. xlsx”工作簿中的 sheet3 工作表中，将 sheet3 工作表名称修改为“C 区新生名单”。

● 在“新生名单. xlsx”工作簿中插入一个新工作表 sheet4。将“D 区新生名单. xlsx”中的数据复制到“新生名单. xlsx”工作簿中的 sheet4 工作表中，并将其工作表名称修改为“D 区新生名单”。

- 将“D 区新生名单”工作表移动到“A 区新生名单”和“B 区新生名单”工作表之间。
- 将“A 区新生名单”中，姓名“樊颖”的记录删除。
- 在“B 区新生名单”中新增一条记录“陈红，女，1992 -4 -20，会计，80，88，85”，放在“邹健民”之前。
- 最后的效果如“样张 1”所示。

样张 1：

	A	B	C	D	E	F	G	H
1	学生编号	姓名	性别	出生年月	报考专业	语文	数学	外语
2	1	李家乐	男	1993-1-23	计算机	90	78	93
3	2	付坤	男	1991-12-9	会计	91	88	87
4	3	李宝乐	男	1992-8-24	会计	96	98	67
5	4	张晓晓	女	1992-10-20	计算机	86	80	98
6	5	陈红	女	1992-4-20	会计	80	88	85
7	6	邹健民	男	1992-11-1	会计	98	78	86
8	7	金颖	女	1993-12-6	会计	90	96	79
9	8	郑洁	女	1992-6-2	计算机	89	88	90
10	9	梁小伟	男	1992-5-18	计算机	89	85	88
11	10	王景明	男	1993-2-7	计算机	84	90	89

A区新生名单　D区新生名单　B区新生名单　C区新

	A	B	C	D	E	F	G	H
1	学生编号	姓名	性别	出生年月	报考专业	语文	数学	外语
2	1	王力	男	1992-11-22	金融	96	87	87
3	2	杨立波	男	1992-9-8	旅游	90	89	97
4	3	刘岩	男	1992-8-2	园林	83	98	88
5	4	王冬	男	1992-2-17	金融	95	80	87
6	5	樊颖	女	1991-1-5	金融	78	96	76
7	6	殷晨希	男	1993-9-5	旅游	90	78	89
8	7	党馨喆	男	1992-3-4	旅游	84	87	90
9	8	宋阳阳	女	1992-6-23	旅游	79	89	95
10	9	宋润泽	男	1993-11-25	园林	80	98	78
11	10	王旭东	男	1992-12-2	金融	85	90	89

Sheet1　Sheet2　Sheet3

图 3-1　A 区新生名单. xlsx

	A	B	C	D	E	F	G	H
1	学生编号	姓名	性别	出生年月	报考专业	语文	数学	外语
2	1	李家乐	男	1993-1-23	计算机	90	78	93
3	2	付坤	男	1991-12-9	会计	91	88	87
4	3	李宝乐	男	1992-8-24	会计	96	98	67
5	4	张晓晓	女	1992-10-20	计算机	86	80	98
6	5	邹健民	男	1992-11-1	会计	98	78	86
7	6	金颖	女	1993-12-6	会计	90	96	79
8	7	郑洁	女	1992-6-2	计算机	89	88	90
9	8	梁小伟	男	1992-5-18	计算机	89	85	88
10	9	王景明	男	1993-2-7	计算机	84	90	89

Sheet1　Sheet2　Sheet3

图 3-2　B 区新生名单. xlsx

	A	B	C	D	E	F	G	H
1	学生编号	姓名	性别	出生年月	报考专业	语文	数学	外语
2	1	赵博成	男	1992-9-7	机电一体化	90	98	78
3	2	刘丹丹	女	1993-6-8	电子技术	89	95	80
4	3	陆峰	男	1991-12-26	电子技术	78	90	89
5	4	陈文丽	女	1992-6-9	电器工程	90	96	78
6	5	曹可盈	女	1992-10-7	机电一体化	88	91	80
7	6	孟小明	男	1992-2-21	电子技术	86	88	92
8	7	张悦	女	1993-1-19	电子技术	80	90	89
9	8	李文峰	男	1992-11-28	电子技术	94	89	87
10	9	邱泽成	男	1992-2-23	电器工程	84	95	94
11	10	李扬	女	1993-4-5	电器工程	79	94	98

Sheet1 Sheet2 Sheet3

图 3-3　C 区新生名单. xlsx

	A	B	C	D	E	F	G	H
1	学生编号	姓名	性别	出生年月	报考专业	语文	数学	外语
2	1	李小颖	女	1991-12-9	装饰	90	87	90
3	2	张新锐	男	1992-9-7	工民建	91	98	85
4	3	童雪	女	1992-12-6	装饰	98	82	92
5	4	欧阳雪峰	男	1992-3-17	工民建	89	95	79
6	5	潘丽丽	女	1992-11-11	装饰	90	79	90
7	6	李鑫	男	1993-2-9	工民建	86	90	90
8	7	王璐瑶	女	1991-12-3	装饰	92	88	96
9	8	赵晶晶	女	1992-6-7	装饰	90	87	93
10	9	付家强	男	1992-6-2	装饰	96	95	83

Sheet1 Sheet2 Sheet3

图 3-4　D 区新生名单. xlsx

具体操作步骤

①启动 Excel 2007，按照图 3-1 格式输入数据。

②单击【快速访问工具栏】中的【保存】按钮，弹出【另存为】对话框，如图 3-5 所示。在窗口左侧的预设位置列表中，单击【我的文档】文件夹图标，在【文件名】下拉列表中输入“A 区新生名单”，单击 保存(S) 按钮。

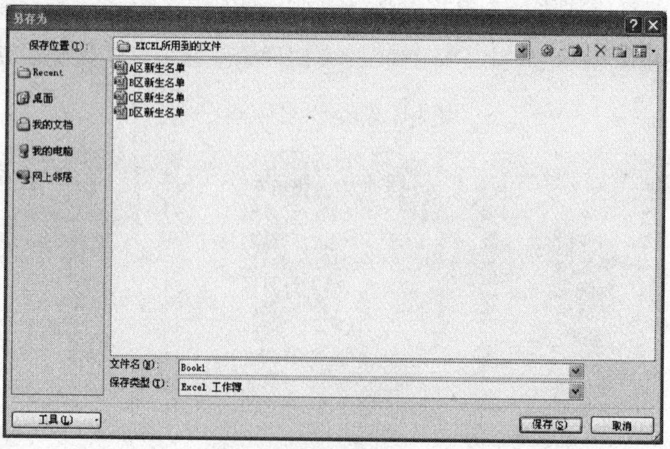

图 3-5　【另存为】对话框

③单击【快速访问工具栏】中的【新建】按钮，新建一个工作簿。按照图 3-2 格式输入数据。再单击【快速访问工具栏】中的【保存】按钮，弹出【另存为】对话框，如图 3-5 所示。在窗口左侧的预设位置列表中，单击【我的文档】文件夹图标，在【文件名】下拉列表中输入“B 区新生名单”，单击 保存(S) 按钮。

④新建“C 区新生名单 . xlsx”和“D 区新生名单 . xlsx”工作簿的方法同步骤③。分别按照图 3-3、图 3-4 格式输入数据。

⑤单击【快速访问工具栏】中的【新建】按钮，新建一个工作簿。再单击【快速访问工具栏】中的【保存】按钮，弹出【另存为】对话框，如图 3-5 所示。在窗口左侧的预设位置列表中，单击【我的文档】文件夹图标，在【文件名】下拉列表中输入“新生名单”，单击 保存(S) 按钮。

⑥单击【快速访问工具栏】中的【打开】按钮，弹出【打开】对话框，如图 3-6 所示。单击窗口左侧预设位置列表中的【我的文档】文件夹图标，在窗口中央的文件列表中，单击“A 区新生名单”文件图标，然后按住【shift】键的同时，单击“B 区新生名单”和“C 区新生名单”文件图标，单击 打开(O) 按钮，即可同时打开这三个文档。

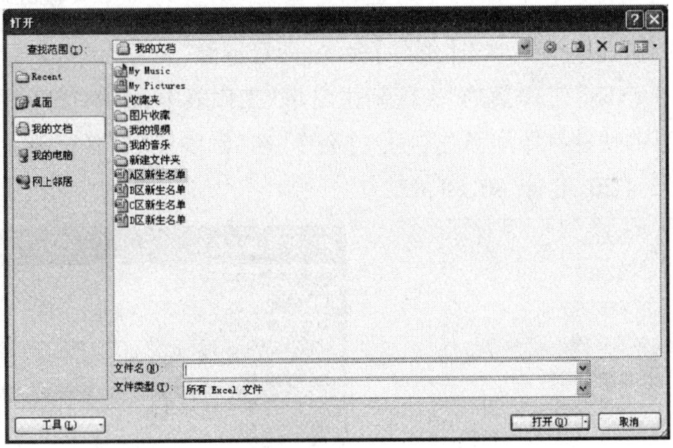

图 3-6 【打开】对话框

⑦单击“A 区新生名单 . xlsx”工作簿的 sheet1 工作表中的【工作表选择】按钮，选择整个工作表。

⑧在右键快捷菜单中选择【复制】命令。

⑨在“新生名单 . xlsx”工作簿的 sheet1 工作表中，单击 A1 单元格。

⑩在右键快捷菜单中选择【粘贴】命令。

⑪用同样的方法(同步骤⑦、⑧、⑨、⑩)将“B 区新生名单 . xlsx”、“C 区新生名单 . xlsx”工作簿的 sheet1 工作表中的数据分别复制到“新生名单 . xlsx”工作簿的 sheet2、sheet3 工作表中。

⑫在“新生名单 . xlsx”工作簿中，右键单击 sheet1 工作表标签，在弹出的快捷菜单中选择

【重命名】命令，输入工作表名称“A 区新生名单”后按回车键或单击工作表的其他区域。

⑬用同样的方法(同步骤⑫)将“新生名单.xlsx”工作簿的 sheet2、sheet3 工作表标签分别重命名为“B 区新生名单”和“C 区新生名单”。

⑭在“新生名单.xlsx”工作簿中，单击【插入工作表】按钮，插入一张空白工作表 sheet4，右键单击 sheet4 工作表标签，在弹出的快捷菜单中选择【重命名】命令，输入工作表名称“D 区新生名单”后按回车键或单击工作表的其他区域。

⑮单击【快速访问工具栏】中的【打开】按钮，弹出【打开】对话框，如图 3-6 所示。单击窗口左侧预设位置列表中的【我的文档】文件夹图标，在窗口中央的文件列表中，单击“D 区新生名单”文件图标，单击 打开(O) 按钮。

⑯单击“D 区新生名单.xlsx”工作簿的 sheet1 工作表中的【工作表选择】按钮，选择整个工作表。在右键快捷菜单中选择【复制】命令。在“新生名单.xlsx”工作簿的“D 区新生名单”工作表中，单击 A1 单元格。在右键快捷菜单中选择【粘贴】命令。

⑰在“新生名单.xlsx”工作簿中，右键单击“D 区新生名单”工作表标签，弹出快捷菜单，如图 3-7 所示。单击【移动或复制工作表】命令，弹出【移动或复制工作表】对话框，如图 3-8 所示，选择“B 区新生名单”，单击【确定】按钮。

⑱在“新生名单.xlsx”工作簿的“A 区新生名单”工作表中，选中“樊颖”所在的行，右键单击这一行，在弹出的快捷菜单中单击【删除】命令，即可删除“樊颖”这条记录。

⑲在“新生名单.xlsx”工作簿的“A 区新生名单”工作表中，选中“邹健民”所在的行，右键单击这一行，在弹出的快捷菜单中单击【插入】命令，在“邹健民”这条记录上面插入一行，依次输入“陈红，女，1992-4-20，会计，80，88，85”。

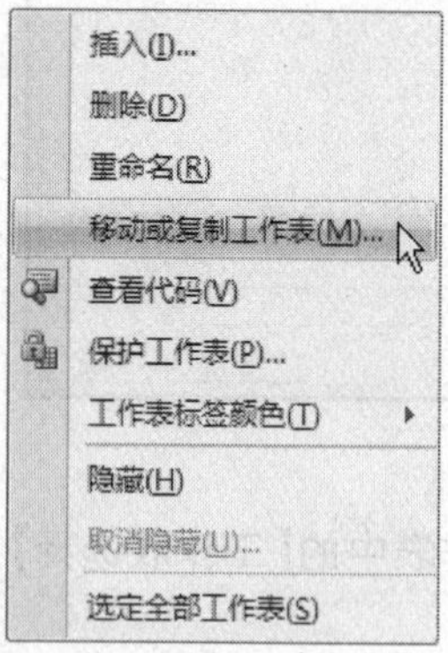

图 3-7　工作表标签快捷菜单

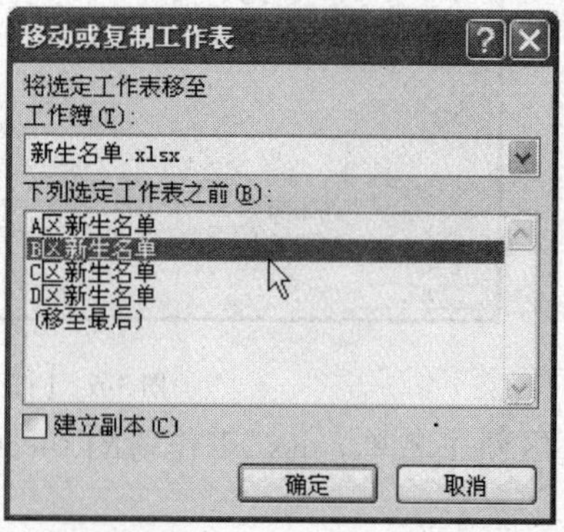

图 3-8　【移动或复制工作表】对话框

(2)新建一个工作簿文档，并以“值日表”文件名保存到【我的文档】文件夹中。

具体要求如下：

- 输入的“时间”、“学号”用数据自动填充功能输入，其中“学号”以文本的形式进行输入。
- 最后的效果如“样张 2”所示。

样张 2：

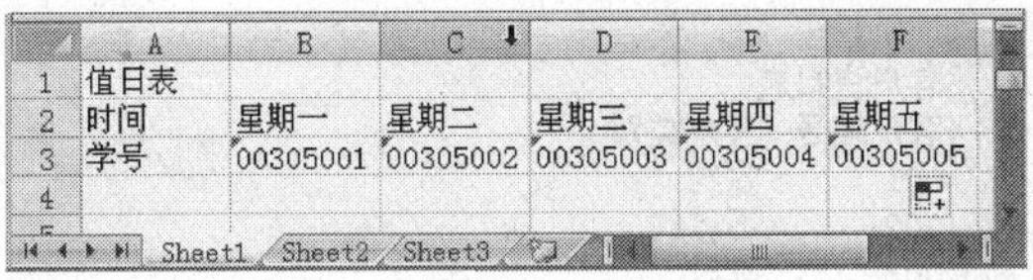

具体操作步骤

①单击【快速访问工具栏】中的【新建】按钮，新建一个工作簿。再单击【快速访问工具栏】中的【保存】按钮，弹出【另存为】对话框，如图 3-5 所示。在窗口左侧的预设位置列表中，单击【我的文档】文件夹图标，在【文件名】下拉列表中输入“值日表”，单击【保存(S)】按钮。

②在 A1 单元格中输入“值日表”，在 A2 单元格中输入“时间”，在 B2 单元格中输入“星期一”，再用鼠标拖动 B2 右下角的填充柄向右进行序列填充，如图 3-9 所示。

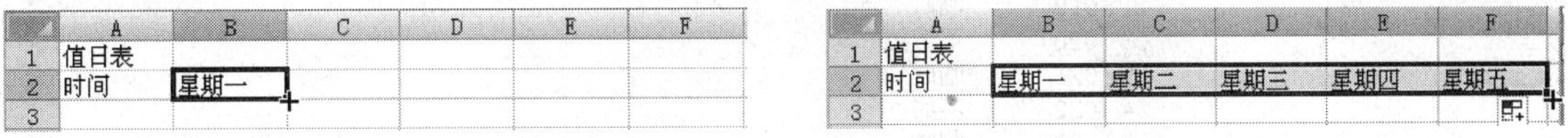

图 3-9　“时间”运用填充柄向右进行序列填充

③在 A3 单元格中输入“学号”，在 B3 单元格中输入“'00305001”，按【Enter】键，如图 3-10 所示。

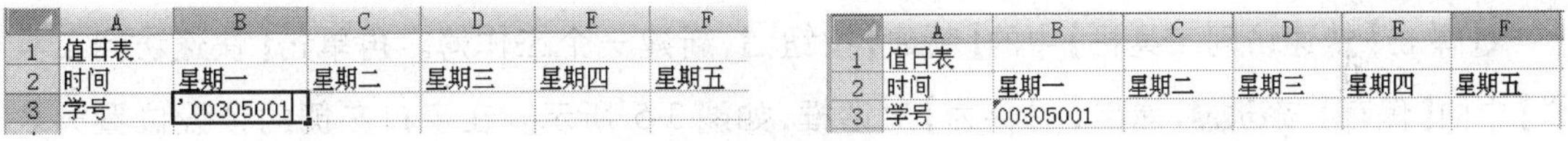

图 3-10　“学号”以文本形式输入

④用鼠标拖动 B3 右下角的填充柄向右进行序列填充，如图 3-11 所示。

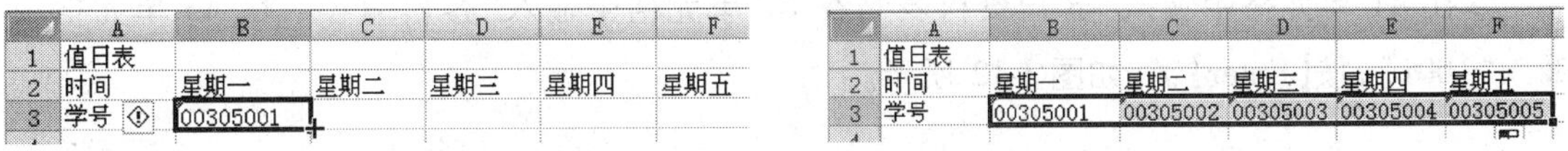

图 3-11　“学号”运用填充柄向右进行序列填充

(3) 新建一个工作簿文档，并以“客户资料表”文件名保存到【我的文档】文件夹中。

具体要求如下：

- “客户编号”以文本的形式运用数据自动填充功能输入。
- “客户类别”运用快捷键输入。
- 最终的效果如“样张 3”所示。

样张 3：

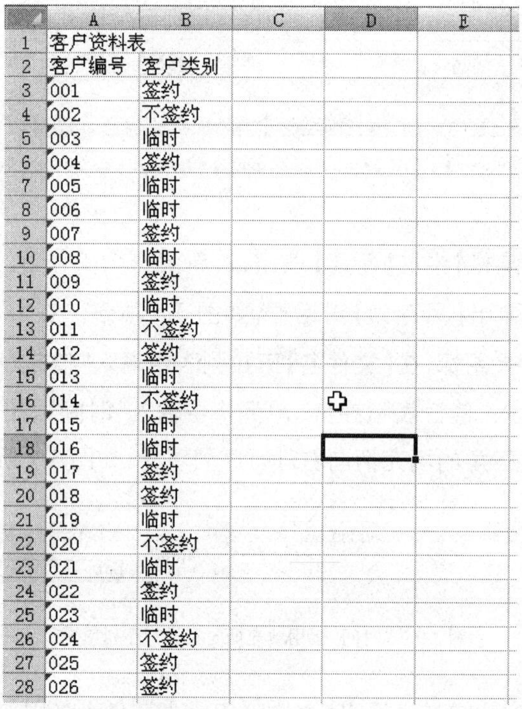

	A	B	C	D	E
1	客户资料表				
2	客户编号	客户类别			
3	001	签约			
4	002	不签约			
5	003	临时			
6	004	签约			
7	005	临时			
8	006	临时			
9	007	签约			
10	008	临时			
11	009	签约			
12	010	临时			
13	011	不签约			
14	012	签约			
15	013	临时			
16	014	不签约			
17	015	临时			
18	016	临时			
19	017	签约			
20	018	签约			
21	019	临时			
22	020	不签约			
23	021	临时			
24	022	签约			
25	023	临时			
26	024	不签约			
27	025	签约			
28	026	签约			

具体操作步骤

①单击【快速访问工具栏】中的【新建】按钮，新建一个工作簿。再单击【快速访问工具栏】中的【保存】按钮，弹出【另存为】对话框，如图 3-5 所示。在窗口左侧的预设位置列表中，单击【我的文档】文件夹图标，在【文件名】下拉列表中输入“客户资料表”，单击 保存(S) 按钮。

②在 A1 单元格中输入“客户资料表”，在 A2 单元格中输入“客户编号”，在 A3 单元格中输入“’001”，按【Enter】键，如图 3-12 所示。

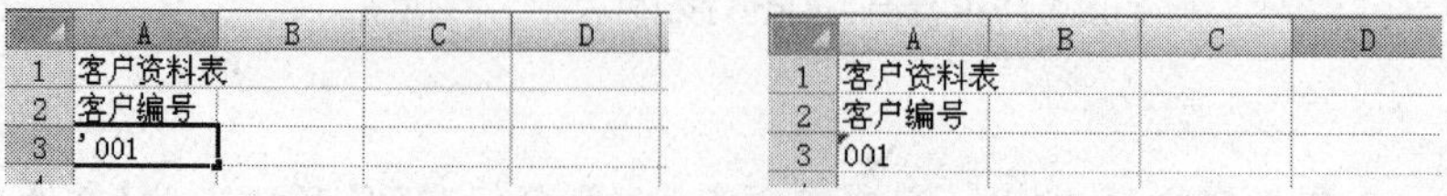

图 3-12 “客户编号”以文本形式输入

③用鼠标拖动 A3 右下角的填充柄向下进行序列填充，如图 3-13 所示。

④在 B2 单元格中输入“客户类别”，按【Enter】键。

⑤按住【Ctrl】键的同时，依次单击 B3、B6、B9、B11、B14、B19、B20、B24、B27、B28 单元格，在 B28 单元格中输入文本“签约”，按【Ctrl + Enter】组合键。

⑥按住【Ctrl】键的同时，依次单击B4、B13、B16、B22、B26单元格，在B26单元格中输入文本“不签约”，按【Ctrl + Enter】组合键。

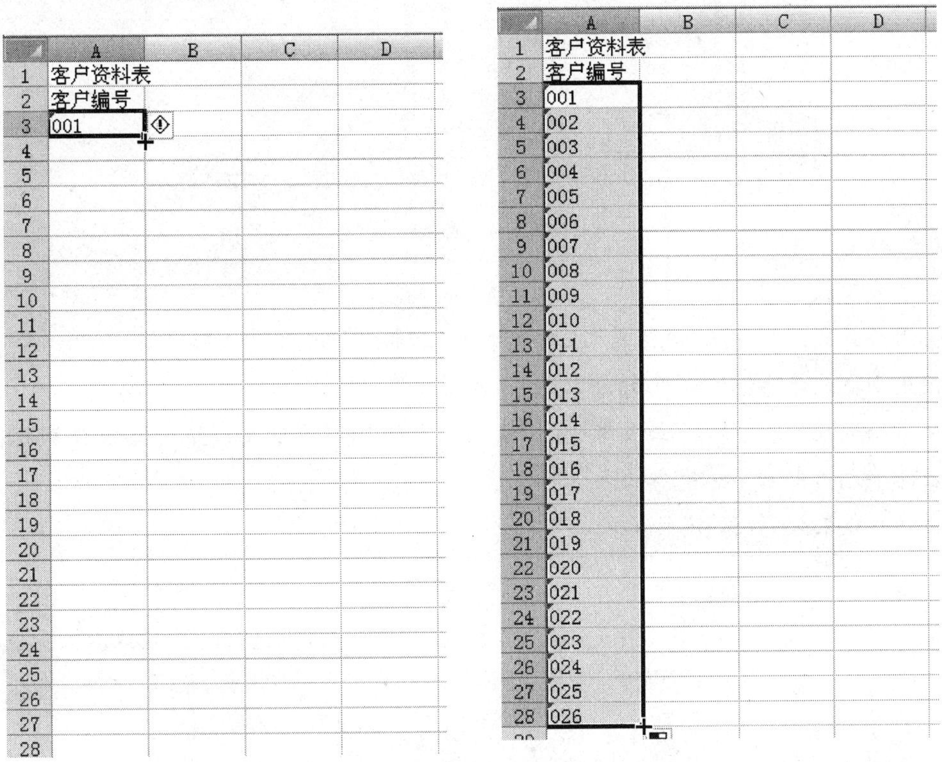

图3-13　“客户编号”运用填充柄向下进行序列填充

⑦按住【Ctrl】键的同时，依次单击B5、B7、B8、B10、B12、B15、B17、B18、B21、B23、B25单元格，在B25单元格中输入文本“临时”，按【Ctrl + Enter】组合键。

实验2　使用函数和公式(1)

1. 实验目的

- ◆ 掌握Excel 2007中公式的输入方法。
- ◆ 掌握Excel 2007中常用函数的使用方法。

2. 实验内容

- ◆ 使用公式计算。
- ◆ 使用函数计算。

3. 巩固练习和步骤

(1)新建一个工作簿文档，并以“成绩单”文件名保存到【我的文档】文件夹中，输入数据如图3-14所示。

	A	B	C	D	E	F	G	H
1	成绩单							
2	姓名	年龄	数学	外语	政治	总成绩	平均成绩	名次
3	王红岩	18	98	65	80			
4	孙庆伟	19	95	95	89			
5	韩　静	18	65	87	92			
6	刘　明	17	86	86	77			
7	张伟达	18	98	91	78			
8	高增涛	16	87	87	85			
9	周小娟	17	74	78	79			
10	潘月星	18	74	98	90			
11								
12			最高总成绩					
13			最低总成绩					

图 3-14　成绩单

具体要求如下：

- 使用公式或函数计算“成绩单”工作簿中的“总成绩”和“平均成绩”。
- 使用函数统计“成绩单”工作簿中的“名次”。
- 使用函数统计“成绩单”工作簿中的“最高总成绩”和“最低总成绩”，结果分别放在相应的单元格中。
- 最终的效果如“样张 4”所示。

样张 4：

	A	B	C	D	E	F	G	H
1	成绩单							
2	姓名	年龄	数学	外语	政治	总成绩	平均成绩	名次
3	王红岩	18	98	65	80	243	81	7
4	孙庆伟	19	95	95	89	279	93	1
5	韩　静	18	65	87	92	244	81.33333	6
6	刘　明	17	86	86	77	249	83	5
7	张伟达	18	98	91	78	267	89	2
8	高增涛	16	87	87	85	259	86.33333	4
9	周小娟	17	74	78	79	231	77	8
10	潘月星	18	74	98	90	262	87.33333	3
11								
12			最高总成绩	279				
13			最低总成绩	231				

具体操作步骤

①单击【快速访问工具栏】中的【新建】按钮，新建一个工作簿。再单击【快速访问工具栏】中的【保存】按钮，弹出【另存为】对话框，如图 3-5 所示。在窗口左侧的预设位置列表中，单击【我的文档】文件夹图标，在【文件名】下拉列表中输入“成绩单”，单击 保存(S) 按钮。

②按照图 3-14 格式输入数据。

③单击 F3 单元格，在功能区【开始】选项卡的【编辑】组中单击 Σ 按钮，在下拉菜单中选择【求和】命令，同时出现被虚线方框围住的用于求和的单元格区域，由于默认的求和区域不是我们需要选定的区域，所以用鼠标选择 C3:E3 区域，按【Enter】键，如图 3-15 所示。

④拖动 F3 单元格右下角的填充柄至 F10 单元格，则 F4:F10 单元格区域自动填充相应的总成绩。

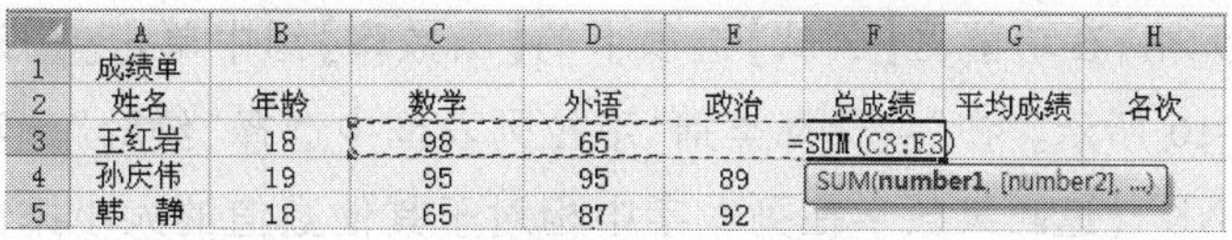

图 3-15　SUM 函数与单元格区域

⑤单击 G3 单元格，在功能区【公式】选项卡的【函数库】组中单击 f_x 按钮，弹出【插入函数】对话框，如图 3-16 所示。在“或选择类别”下拉列表框中选择“常用函数”选项，在“选择函数”列表框中单击“AVERAGE”（平均值）函数，单击【确定】按钮，弹出【函数参数】“AVERAGE”对话框，如图 3-17 所示，单击“Number1”编辑框，在工作表中选中 C3:E3 单元格区域，单击【确定】按钮。

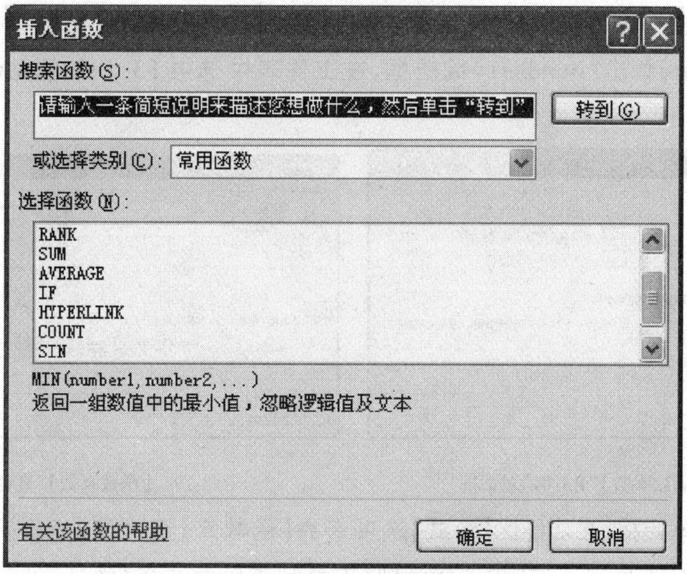

图 3-16　【插入函数】对话框

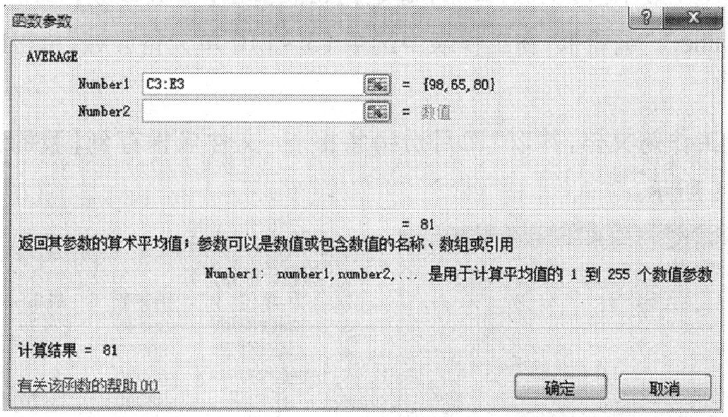

图 3-17　【函数参数】“AVERAGE”对话框

⑥ 拖动 G3 单元格右下角的填充柄至 G10 单元格，则 G4:G10 单元格区域自动填充相应的平均成绩。

⑦单击 H3 单元格，在功能区【公式】选项卡的【函数库】组中单击 *fx* 按钮，弹出【插入函数】对话框，如图 3-16 所示。在"或选择类别"下拉列表框中选择"统计"选项，在【选择函数】列表框中单击"RANK"(返回某数字在列数字中相对于其他数值的大小排位)函数，单击【确定】按钮，弹出【函数参数】"RANK"对话框，如图 3-18 所示，单击"Number"编辑框，在工作表中选中 F3 单元格，在 Ref 编辑栏中输入绝对地址"$F$3:$F$10"，单击【确定】按钮。

⑧拖动 H3 单元格右下角的填充柄至 H10 单元格，则 H4:H10 单元格区域自动填充相应的名次。

⑨单击 D12 单元格，在功能区【公式】选项卡的【函数库】组中单击 *fx* 按钮，弹出【插入函数】对话框，如图 3-16 所示。在"或选择类别"下拉列表框中选择"统计"选项，在"选择函数"列表框中单击"MAX"(最大值)函数，单击【确定】按钮，弹出【函数参数】"MAX"对话框，如图 3-19 所示，单击"Number1"编辑框，在工作表中选中 F3:F10 单元格区域，单击【确定】按钮。

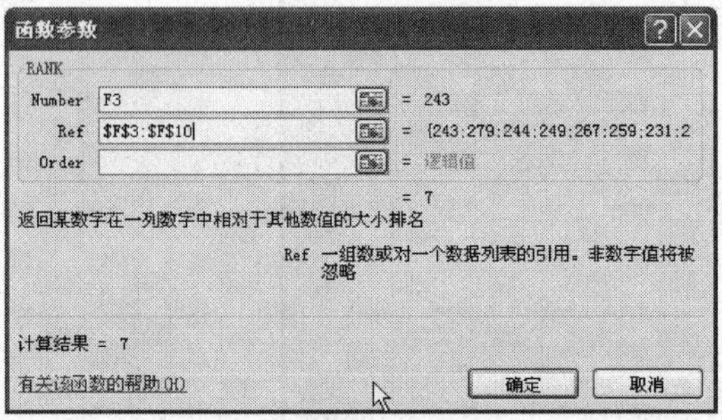

图 3-18 【函数参数】"RANK"对话框

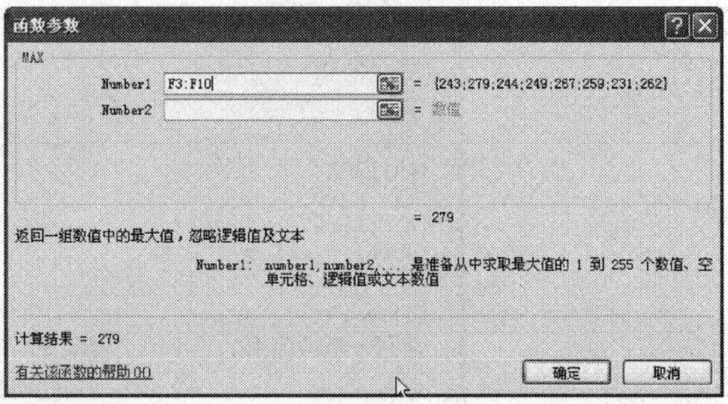

图 3-19 【函数参数】"MAX"对话框

⑩单击 D13 单元格，在功能区【公式】选项卡的【函数库】组中单击 *fx* 按钮，弹出【插入函数】对话框，如图 3-16 所示。在"或选择类别"下拉列表框中选择"统计"选项，在"选择函数"列表框中单击"MIN"(最小值)函数，单击【确定】按钮，弹出【函数参数】"MIN"对话框，如图 3-20 所示，单击"Number1"编辑框，在工作表中选中 F3～F10 单元格区域，单击【确定】按钮。

(2)新建一个工作簿文档，并以"四月份销售报表"文件名保存到【我的文档】文件夹中，输入数据如图 3-21 所示。

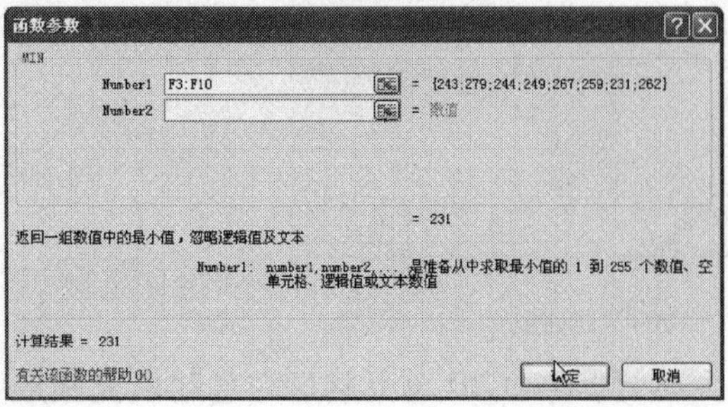

图 3-20 【函数参数】"MIN"对话框

	A	B	C	D	E
1	四月份销售报表				
2	单位	销售额	成本	纳税	毛利润
3	华联商厦	39540	27490	602.5	
4	第一百货	39560	28460	555	
5	兴隆购物中心	36090	26890	460	
6	沃尔玛	38790	28970	570	
7	大润发	43010	31280	890	
8	百花超市	31220	20980	340	
9	家乐福	32190	21900	770.5	
10	合计				

图 3-21 四月份销售报表

具体要求如下：

- 将 sheet1 工作表标签重命名为“销售报表”。
- 使用公式计算三家单位的毛利润，将结果放入毛利润栏中（注：毛利润 = 销售额 - 成本 - 纳税）。
- 使用公式计算销售额、成本、纳税、毛利润的合计值，将结果放入合计栏中。
- 最终的效果如“样张 5”所示。

样张 5：

	A	B	C	D	E
1	四月份销售报表				
2	单位	销售额	成本	纳税	毛利润
3	华联商厦	39540	27490	602.5	11447.5
4	第一百货	39560	28460	555	10545
5	兴隆购物中心	36090	26890	460	8740
6	沃尔玛	38790	28970	570	9250
7	大润发	43010	31280	890	10840
8	百花超市	31220	20980	340	9900
9	家乐福	32190	21900	770.5	9519.5
10	合计	260400	185970	4188	70242

销售报表 Sheet2 Sheet3

具体操作步骤

①单击【快速访问工具栏】中的【新建】按钮，新建一个工作簿。再单击【快速访问工具栏】中的【保存】按钮，弹出【另存为】对话框，如图 3-5 所示。在窗口左侧的预设位置列表中，单击【我的文档】文件夹图标，在【文件名】下拉列表中输入“四月份销售报表”，单击 保存(S) 按钮。

②右键单击 sheet1 工作表标签，在弹出的快捷菜单中选择【重命名】命令，输入工作表名称“销售报表”后按回车键或单击工作表的其他区域。

③按照图 3-21 格式输入数据。

④单击 E3 单元格，输入“ =B3-C3-D3”，按【Enter】键。

⑤拖动 E3 单元格右下角的填充柄至 E9 单元格，则 E4:E9 单元格区域自动填充相应的毛利润。

⑥单击 B10 单元格，在功能区【公式】选项卡的【函数库】组中单击 fx 按钮，弹出【插入函数】对话框，如图 3-16 所示。在“或选择类别”下拉列表框中选择“常用函数”选项，在“选择函数”列表框中单击“SUM”（求和）函数，单击【确定】按钮，弹出【函数参数】“SUM”对话框，单击“Number1”编辑框，在工作表中选中 B3:B9 单元格区域，单击【确定】按钮。

⑦拖动 B10 单元格右下角的填充柄至 E10 单元格，则 C10:E10 单元格区域自动填充相应的合计。

(3)在“四月份销售报表”工作簿的 sheet2 工作表中输入数据如图 3-22 所示。

	A	B	C	D	E	F	G
1	商品销售表						
2							
3	商品名称	销售价格	毛利率	销售数量	退货数量	销售额	毛利
4	商品1	1600	25%	40	2		
5	商品2	13000	18%	12	1		
6	商品3	4600	20%	20	2		
7	商品4	180	28%	230	15		
8	商品5	2300	22%	40	1		
9	商品6	6920	19%	15	0		
10	商品7	3020	21%	31	1		
11	商品8	1920	18%	10	0		

销售报表 Sheet2 Sheet3

图 3-22　商品销售表

具体要求如下：

- 将“四月份销售报表”工作簿中的 sheet2 工作表标签重命名为“商品销售表”。
- 使用公式计算各商品的销售额，将结果放入销售额栏中[注：销售额 =（销售数量 − 退货数量）× 销售价格]。
- 使用公式计算各商品的毛利，将结果放入毛利栏中（注：毛利 = 销售额 × 毛利率）。
- 最终的效果如“样张 6”所示。

样张 6：

	A	B	C	D	E	F	G
1	商品销售表						
2							
3	商品名称	销售价格	毛利率	销售数量	退货数量	销售额	毛利
4	商品1	1600	25%	40	2	60800	15200
5	商品2	13000	18%	12	1	143000	25740
6	商品3	4600	20%	20	2	82800	16560
7	商品4	180	28%	230	15	38700	10836
8	商品5	2300	22%	40	1	89700	19734
9	商品6	6920	19%	15	0	103800	19722
10	商品7	3020	21%	31	1	90600	19026
11	商品8	1920	18%	10	0	19200	3456

销售报表 商品销售表 Sheet3

具体操作步骤

①单击【快速访问工具栏】中的【打开】按钮，弹出【打开】对话框，如图 3-6 所示，单击窗口左侧预设位置列表中的【我的文档】文件夹图标，在窗口中央的文件列表中，单击“四月份销售报表”文件图标，单击 打开(O) 按钮，即可打开“四月份销售报表 . xlsx”工作簿。

②右键单击 sheet2 工作表标签，在弹出的快捷菜单中选择【重命名】命令，输入工作表名称“商品销售表”后按回车键或单击工作表的其他区域。

③按照图 3-22 格式输入数据。

④单击 F4 单元格，输入“ =(D4-E4) * B4”，按【Enter】键。

⑤拖动 F4 单元格右下角的填充柄至 F11 单元格，则 F5:F11 单元格区域自动填充相应的销售额。

⑥单击 G4 单元格，输入“ = F4 * C4”，按【Enter】键。

⑦拖动 G4 单元格右下角的填充柄至 G11 单元格，则 G5:G11 单元格区域自动填充相应的毛利。

(4)新建一个工作簿文档，并以“招生情况”文件名保存到【我的文档】文件夹中，在 sheet1 工作表中输入数据如图 3-23，在 sheet2 工作中输入数据如图 3-24 所示。

	A	B	C	D	E	F	G
1		03年招收新生总数	04年招收新生总数	两年共招收公费生	两年共招收自费生	两年共招收新生总数	招生总数增长率
2	A学院	206	276	370	110	480	
3	B学院	188	240	360	68	428	
4	C学院	121	208	264	65	329	
5	D学院	152	190	271	71	342	
6	E学院	179	241	358	62	420	
7	F学院	95	110	200	5	205	
8	G学院	144	190	267	67	334	
9	H学院	62	90	117	35	152	
10	合计						

Sheet1　Sheet2　Sheet3

图 3-23　sheet1 工作表中的数据

	A	B	C
1		招生总数增长率	
2	A学院		
3	B学院		
4	C学院		
5	D学院		
6	E学院		
7	F学院		
8	G学院		
9	H学院		
10			

Sheet1　Sheet2　Sheet3

图 3-24　sheet2 工作表中的数据

具体要求如下：

- 使用公式计算 sheet1 工作表中各学院的合计，将结果放入合计栏中。
- 将 sheet1 工作表中的招生总数增长率用公式计算出来［注：招生总数增长率 = (04 年招收新生总数 - 03 年招收新生总数)/03 年招收新生总数］，并设置为百分比(小数点后保留两位小数)的数字格式。
- 将 sheet1 工作表中用公式计算出来的“招生总数增长率”复制到 sheet2 工作表中各学院相应“招生总数增长率”单元格中，并保证数据格式不变(注：用选择性粘贴)。
- 最终的效果如“样张 7”所示。

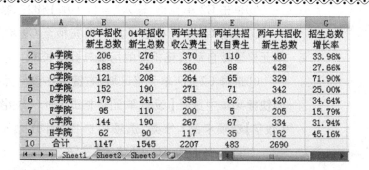

样张 7：

	A	B	C	D	E	F	G
1		03年招收新生总数	04年招收新生总数	两年共招收公费生	两年共招收自费生	两年共招收新生总数	招生总数增长率
2	A学院	206	276	370	110	480	33.98%
3	B学院	188	240	360	68	428	27.66%
4	C学院	121	208	264	65	329	71.90%
5	D学院	152	190	271	71	342	25.00%
6	E学院	179	241	358	62	420	34.64%
7	F学院	95	110	200	5	205	15.79%
8	G学院	144	190	267	67	334	31.94%
9	H学院	62	90	117	35	152	45.16%
10	合计	1147	1545	2207	483	2690	

Sheet1　Sheet2　Sheet3

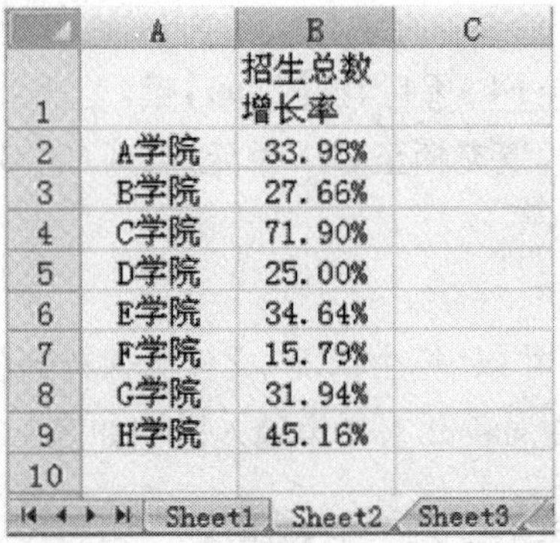

	A	B	C
1		招生总数增长率	
2	A学院	33.98%	
3	B学院	27.66%	
4	C学院	71.90%	
5	D学院	25.00%	
6	E学院	34.64%	
7	F学院	15.79%	
8	G学院	31.94%	
9	H学院	45.16%	
10			

Sheet1 Sheet2 Sheet3

具体操作步骤

①单击【快速访问工具栏】中的【新建】按钮，新建一个工作簿。再单击【快速访问工具栏】中的【保存】按钮，弹出【另存为】对话框，如图3-5所示。在窗口左侧的预设位置列表中，单击【我的文档】文件夹图标，在【文件名】下拉列表中输入“招生情况”，单击保存(S)按钮。

②按照图3-23、图3-24格式分别在sheet1、sheet2工作表中输入数据。

③在sheet1工作表B1单元格中输入“03年招收”的文字之后，按【Alt + Enter】组合键再输入“新生总数”文字，完成换行操作。C1、D1、E1、F1、G1单元格输入方法同B1单元格的输入方法。

④在sheet1工作表中单击B10单元格，在功能区【公式】选项卡的【函数库】组中单击f_x按钮，弹出【插入函数】对话框，如图3-16所示。在“或选择类别”下拉列表框中选择“常用函数”选项，在“选择函数”列表框中单击SUM(求和)函数，单击【确定】按钮，弹出【函数参数】SUM对话框，单击Number1编辑框，在工作表中选中B2:B9单元格区域，单击【确定】按钮。

⑤拖动B10单元格右下角的填充柄至F10单元格，则C10:F10单元格区域自动填充相应的合计。

⑥单击G2单元格，输入“=(C2-B2)/B2”，按【Enter】键。

⑦拖动G2单元格右下角的填充柄至G9单元格，则G3:G9单元格区域自动填充相应的招生总数增长率。

⑧选择G2:G9单元格区域，右键单击该单元格区域，在弹出的快捷菜单中选择【设置单元格格式】命令，如图3-25所示，在【数字】选项卡的“分类”选项中选择“百分比”，小数位数选择“2”，如图3-26所示，单击【确定】按钮。

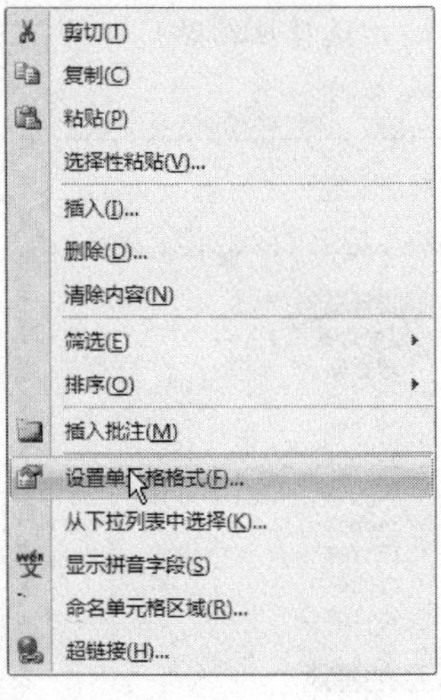

图3-25 快捷菜单

⑨选择G2:G9单元格区域，右键单击该单元格区域，在弹出

的快捷菜单中单击【复制】命令，选择 sheet2 工作表中 B2 单元格，右键单击此单元格，在弹出的快捷菜单中选择【选择性粘贴】命令，弹出【选择性粘贴】对话框，如图 3-27 所示，在“粘贴”列表框中选择“值和数字格式”，单击【确定】按钮。

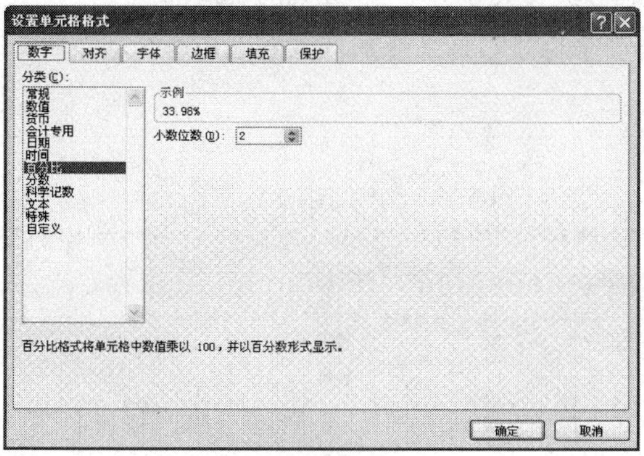

图 3-26　【设置单元格格式】对话框

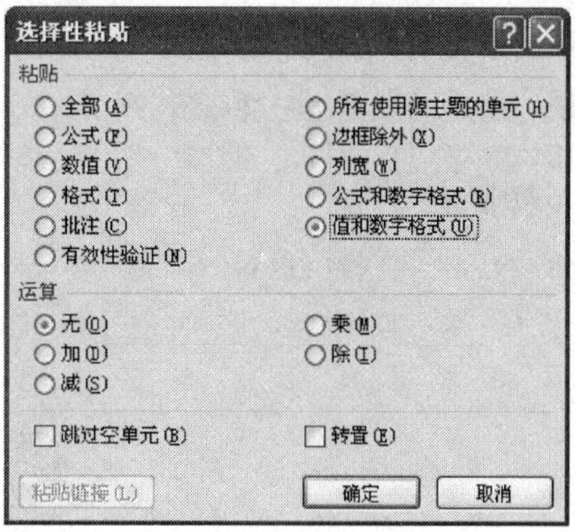

图 3-27　【选择性粘贴】对话框

实验 3　使用函数和公式(2)

1. 实验目的

- ◆ 掌握 Excel 2007 中公式的输入方法。
- ◆ 掌握 Excel 2007 中常用函数的使用方法。
- ◆ 熟练掌握单元格的绝对地址和相对地址的引用。

2. 实验内容

- ◆ 使用公式计算。
- ◆ 使用函数计算。

3. 巩固练习和步骤

(1) 新建一个工作簿文档，并以“学生成绩表”文件名保存到【我的文档】文件夹中，输入数据如图 3-28 所示。

	A	B	C	D	E	F	G
1	学生成绩表						
2	学号	姓名	平时	期中	期末	总评成绩	是否优秀
3	09001	赵好	90	85	92		
4	09002	钱好	80	77	89		
5	09003	孙学芬	95	93	94		
6	09004	李习芳	70	63	74		
7	09005	周天祖	80	78	83		
8	09006	吴天国	50	46	51		
9	09007	郑向栋	95	94	98		
10	09008	王梁	90	87	90		
11							
12		最高分					
13		最低分					
14		平均分					

图 3-28　学生成绩表

具体要求如下：

- 使用公式计算总评成绩（注：总评成绩 = 平时 ×10% + 期中 ×20% + 期末 ×70%）。
- 使用 IF 函数统计学生是否优秀（注：总评成绩大于等于 90 分的为优秀）。
- 使用函数统计“最高分”、“最低分”和“平均分”，结果分别放在相应的单元格中。
- 最终的效果如“样张 8”所示。

样张 8：

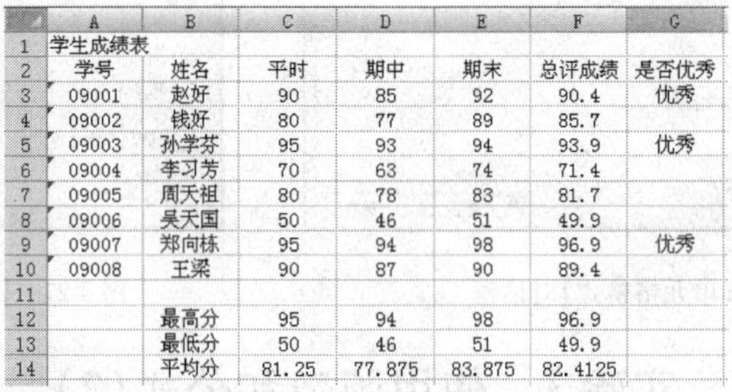

	A	B	C	D	E	F	G
1	学生成绩表						
2	学号	姓名	平时	期中	期末	总评成绩	是否优秀
3	09001	赵好	90	85	92	90.4	优秀
4	09002	钱好	80	77	89	85.7	
5	09003	孙学芬	95	93	94	93.9	优秀
6	09004	李习芳	70	63	74	71.4	
7	09005	周天祖	80	78	83	81.7	
8	09006	吴天国	50	46	51	49.9	
9	09007	郑向栋	95	94	98	96.9	优秀
10	09008	王梁	90	87	90	89.4	
11							
12		最高分	95	94	98	96.9	
13		最低分	50	46	51	49.9	
14		平均分	81.25	77.875	83.875	82.4125	

具体操作步骤

①单击【快速访问工具栏】中的【新建】按钮，新建一个工作簿。再单击【快速访问工具栏】中的【保存】按钮，弹出【另存为】对话框，如图 3-5 所示。在窗口左侧的预设位置列表中，单击【我的文档】文件夹图标，在【文件名】下拉列表中输入“学生成绩表”，单击【保存(S)】按钮。

②按照图 3-28 格式输入数据。

③在 A3 单元格中输入“'09001”，按【Enter】键。拖动 A3 单元格右下角的填充柄至 A10 单元格。

④单击 F3 单元格，输入“=C3*10%+D3*20%+E3*70%”，按【Enter】键。

⑤拖动 F3 单元格右下角的填充柄至 F10 单元格，则 F4:F10 单元格区域自动填充相应的总评成绩。

⑥单击 G3 单元格，输入“=IF(F3>=90,“优秀”,“　”)”，按【Enter】键。

⑦拖动 G3 单元格右下角的填充柄至 G10 单元格，则 G4:G10 单元格区域自动填充相应的是否优秀。

⑧单击 C12 单元格，在功能区【开始】选项卡的【编辑】组中单击 Σ▾ 按钮，在下拉菜单中选择【最大值】命令，同时出现被虚线方框围住的用于求最大值的单元格区域，由于默认的求最大值区域不是我们需要选定的区域，所以用鼠标选择 C3:C10 区域，按【Enter】键。

⑨拖动 C12 单元格右下角的填充柄至 F12 单元格，则 D12:F12 单元格区域自动填充相应的最高分。

⑩单击 C13 单元格，在功能区【开始】选项卡的【编辑】组中单击 Σ▾ 按钮，在下拉菜单中

选择【最小值】命令，同时出现被虚线方框围住的用于求最小值的单元格区域，由于默认的求最小值区域不是我们需要选定的区域，所以用鼠标选择 C3:C10 区域，按【Enter】键。

⑪拖动 C13 单元格右下角的填充柄至 F13 单元格，则 D13:F13 单元格区域自动填充相应的最低分。

⑫单击 C14 单元格，在功能区【开始】选项卡的【编辑】组中单击 Σ 按钮，在下拉菜单中选择【平均值】命令，同时出现被虚线方框围住的用于求平均值的单元格区域，由于默认的求平均值区域不是我们需要选定的区域，所以用鼠标选择 C3:C10 区域，按【Enter】键。

⑬拖动 C14 单元格右下角的填充柄至 F14 单元格，则 D14:F14 单元格区域自动填充相应的平均分。

(2)新建一个工作簿文档，并以"学生总评表"文件名保存到【我的文档】文件夹中，输入数据如图 3-29 所示。

	A	B	C	D	E	F	G
1	学生总评表						
2	学分		3	3	2	1	
3	学号	姓名	数学	英语	计算机	体育	总评
4	1007	王二小	92	96	80	77	
5	1004	李欢	89	93	95	93	
6	1002	刘红	89	91	90	63	
7	1005	成圆圆	75.5	89	89	90	
8	1006	郭超	71	57	50	94	
9	1001	张明海	56.5	60	95	87	
10	1003	胡军	54	59	46	77	
11	1008	葛成林	90	45	78	93	
12							
13		最高分					
14		最低分					
15		不及格人数					

图 3-29　学生总评表

具体要求如下：

- 使用公式计算总评(注：总评的计算方法是每门课程的成绩除以 10 再乘以学分，然后再相加；在引用公式的时候，每门课程的学分都采用绝对地址)。
- 使用函数统计"最高分"、"最低分"和"不及格人数"，结果分别放在相应的单元格中。
- 最终的效果如"样张 9"所示。

样张 9：

	A	B	C	D	E	F	G
1	学生总评表						
2	学分		3	3	2	1	
3	学号	姓名	数学	英语	计算机	体育	总评
4	1007	王二小	92	96	80	77	80.1
5	1004	李欢	89	93	95	93	82.9
6	1002	刘红	89	91	90	63	78.3
7	1005	成圆圆	75.5	89	89	90	76.15
8	1006	郭超	71	57	50	94	57.8
9	1001	张明海	56.5	60	95	87	62.65
10	1003	胡军	54	59	46	77	50.8
11	1008	葛成林	90	45	78	93	65.4
12							
13		最高分	92	96	95	94	82.9
14		最低分	54	45	46	63	50.8
15		不及格人数	2	3	2	0	2

具体操作步骤

①单击【快速访问工具栏】中的【新建】按钮，新建一个工作簿。再单击【快速访问工具栏】中的【保存】按钮，弹出【另存为】对话框，如图 3-5 所示。在窗口左侧的预设位置列表中，单击【我的文档】文件夹图标，在【文件名】下拉列表中输入“学生总评表”，单击 保存(S) 按钮。

②按照图 3-29 格式输入数据。

③单击 G4 单元格，输入“ =C4/10 * $C$2 + D4/10 * $D$2 + E4/10 * $E$2 + F4/10 * $F$2”，按【Enter】键。

④拖动 G4 单元格右下角的填充柄至 G11 单元格，则 G5:G11 单元格区域自动填充相应的总评。

⑤单击 C13 单元格，在功能区【开始】选项卡的【编辑】组中单击 Σ 按钮，在下拉菜单中选择【最大值】命令，同时出现被虚线方框围住的用于求最大值的单元格区域，由于默认的求最大值区域不是我们需要选定的区域，所以用鼠标选择 C4:C11 区域，按【Enter】键。

⑥拖动 C13 单元格右下角的填充柄至 G13 单元格，则 D13:G13 单元格区域自动填充相应的最高分。

⑦单击 C14 单元格，在功能区【开始】选项卡的【编辑】组中单击 Σ 按钮，在下拉菜单中选择【最小值】命令，同时出现被虚线方框围住的用于求最小值的单元格区域，由于默认的求最小值区域不是我们需要选定的区域，所以用鼠标选择 C4:C11 区域，按【Enter】键。

⑧拖动 C14 单元格右下角的填充柄至 G14 单元格，则 D14:G14 单元格区域自动填充相应的最低分。

⑨单击 C15 单元格，在功能区【公式】选项卡的【函数库】组中单击 按钮，弹出【插入函数】对话框，如图 3-16 所示。在“或选择类别”下拉列表框中选择【统计】选项，在“选择函数”列表框中单击“COUNTIF”(计算某个区域中满足给定条件的单元格数目)函数，单击【确定】按钮，弹出【函数参数】COUNTIF 对话框，如图 3-30 所示，在“Range”编辑框中选择 C4:C11 单元格区域，在“Criteria”编辑框中输入“ <60”，单击【确定】按钮。

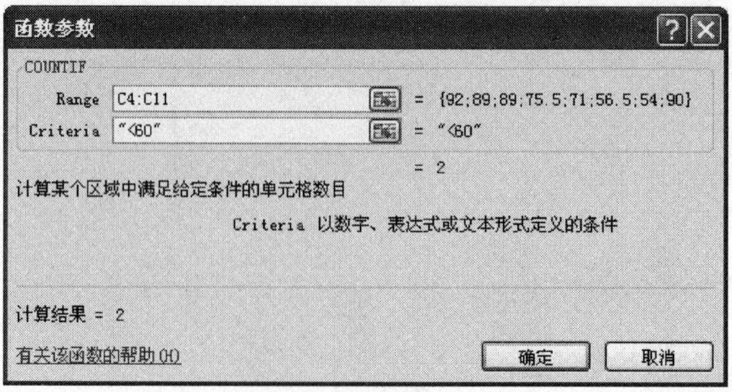

图 3-30 【函数参数】COUNTIF 对话框

⑩拖动C15单元格右下角的填充柄至G15单元格，则D15:G15单元格区域自动填充相应的不及格人数。

(3)新建一个工作簿文档，并以“奖金发放表”文件名保存到【我的文档】文件夹中，输入数据如图3-31所示。

	A	B	C	D
1	奖金发放表			
2	总奖金	10000	总天数	
3	姓名	出勤天数	奖金	是否达标
4	赵尊一	18		
5	钱重	23		
6	孙丽颖	16		
7	李仁	24		
8	周小红	17		
9	吴倩	19		
10	郑丽	21		
11	王晴宇	22		
12				
13	最高			
14	最低			
15	平均			

图3-31　奖金发放表

具体要求如下：

- 使用公式计算总天数，结果放在D2单元格中(各员工出勤天数之和)。
- 使用公式计算奖金(注：奖金=总奖金/总天数×出勤天数，总奖金和总天数都采用绝对地址)。
- 使用函数统计“最高”、“最低”和“平均”，结果分别放在相应的单元格中。
- 使用IF函数统计是否达标(注：如果某员工的奖金达到平均奖金，则该员工为达标；平均奖金需要采用绝对地址)。
- 最终的效果如“样张10”所示。

样张10：

	A	B	C	D
1	奖金发放表			
2	总奖金	10000	总天数	160
3	姓名	出勤天数	奖金	是否达标
4	赵尊一	18	1125	
5	钱重	23	1437.5	达标
6	孙丽颖	16	1000	
7	李仁	24	1500	达标
8	周小红	17	1062.5	
9	吴倩	19	1187.5	
10	郑丽	21	1312.5	达标
11	王晴宇	22	1375	达标
12				
13	最高		1500	
14	最低		1000	
15	平均		1250	

具体操作步骤

①单击【快速访问工具栏】中的【新建】按钮，新建一个工作簿。再单击【快速访问工具栏】中的【保存】按钮，弹出【另存为】对话框，如图 3-5 所示。在窗口左侧的预设位置列表中，单击【我的文档】文件夹图标，在【文件名】下拉列表中输入"奖金发放表"，单击【保存(S)】按钮。

②按照图 3-31 格式输入数据。

③单击 D2 单元格，在功能区【开始】选项卡的【编辑】组中单击 Σ 按钮，在下拉菜单中选择【求和】命令，同时出现被虚线方框围住的用于求和的单元格区域，由于默认的求和区域不是我们需要选定的区域，所以用鼠标选择 B4:B11 区域，按【Enter】键。

④单击 C4 单元格，输入" =$B$2/$D$2 * B4"，按【Enter】键。

⑤拖动 C4 单元格右下角的填充柄至 C11 单元格，则 C5:C11 单元格区域自动填充相应的奖金。

⑥单击 C13 单元格，在功能区【开始】选项卡的【编辑】组中单击 Σ 按钮，在下拉菜单中选择【最大值】命令，同时出现被虚线方框围住的用于求最大值的单元格区域，由于默认的求最大值区域不是我们需要选定的区域，所以用鼠标选择 C4:C11 区域，按【Enter】键。

⑦单击 C14 单元格，在功能区【开始】选项卡的【编辑】组中单击 Σ 按钮，在下拉菜单中选择【最小值】命令，同时出现被虚线方框围住的用于求最小值的单元格区域，由于默认的求最小值区域不是我们需要选定的区域，所以用鼠标选择 C4:C11 区域，按【Enter】键。

⑧单击 D4 单元格，输入" =IF(C4 >=$C$15，"达标"，"　")"，按【Enter】键。

⑨拖动 D4 单元格右下角的填充柄至 D11 单元格，则 D5:D11 单元格区域自动填充相应的是否达标。

实验 4　处理数据(1)

1. 实验目的

◆ 熟练掌握 Excel 2007 数据的排序方法。

◆ 熟练掌握 Excel 2007 数据筛选的方法。

2. 实验内容

◆ 数据的排序。

◆ 数据的自动筛选。

3. 巩固练习和步骤

(1)新建一个工作簿文档，并以"员工信息表"文件名保存到【我的文档】文件夹中，输入数据如图 3-32 所示。

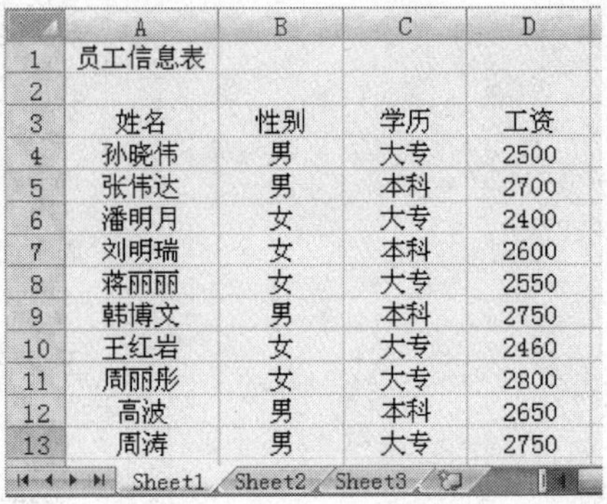

	A	B	C	D
1	员工信息表			
2				
3	姓名	性别	学历	工资
4	孙晓伟	男	大专	2500
5	张伟达	男	本科	2700
6	潘明月	女	大专	2400
7	刘明瑞	女	本科	2600
8	蒋丽丽	女	大专	2550
9	韩博文	男	本科	2750
10	王红岩	女	大专	2460
11	周丽彤	女	大专	2800
12	高波	男	本科	2650
13	周涛	男	大专	2750

图 3-32　员工信息表

具体要求如下：

- 将 sheet1 工作表中的数据分别复制到 sheet2、sheet3 、shee4 工作表中。
- 在 sheet1 工作表中按学历名称由小到大排序。
- 在 sheet2 工作表中在按工资由多到少排序。
- 在 sheet3 工作表中按性别排序，同一性别再按工资由少到多排序。
- 在 sheet4 工作表中按姓氏笔划由小到大排序。
- 将 sheet1、sheet2、sheet3 、shee4 工作表的名称分别修改为“按学历排序”、“按工资排序”、“按性别排序”、“按姓氏笔划排序”。
- 最终的效果如“样张 11”所示。

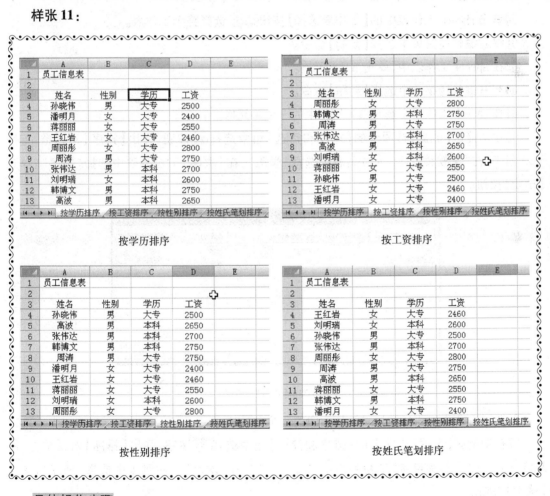

样张 11：

	A	B	C	D	E
1	员工信息表				
2					
3	姓名	性别	学历	工资	
4	孙晓伟	男	大专	2500	
5	潘明月	女	大专	2400	
6	蒋丽丽	女	大专	2550	
7	王红岩	女	大专	2460	
8	周丽彤	女	大专	2800	
9	周涛	男	大专	2750	
10	张伟达	男	本科	2700	
11	刘明瑞	女	本科	2600	
12	韩博文	男	本科	2750	
13	高波	男	本科	2650	

按学历排序 / 按工资排序 / 按性别排序 / 按姓氏笔划排序

按学历排序

	A	B	C	D	E
1	员工信息表				
2					
3	姓名	性别	学历	工资	
4	周丽彤	女	大专	2800	
5	韩博文	男	本科	2750	
6	周涛	男	大专	2750	
7	张伟达	男	本科	2700	
8	高波	男	本科	2650	
9	刘明瑞	女	本科	2600	
10	蒋丽丽	女	大专	2550	
11	孙晓伟	男	大专	2500	
12	王红岩	女	大专	2460	
13	潘明月	女	大专	2400	

按学历排序 / 按工资排序 / 按性别排序 / 按姓氏笔划排序

按工资排序

	A	B	C	D	E
1	员工信息表				
2					
3	姓名	性别	学历	工资	
4	孙晓伟	男	大专	2500	
5	高波	男	本科	2650	
6	张伟达	男	本科	2700	
7	韩博文	男	本科	2750	
8	周涛	男	大专	2750	
9	潘明月	女	大专	2400	
10	王红岩	女	大专	2460	
11	蒋丽丽	女	大专	2550	
12	刘明瑞	女	本科	2600	
13	周丽彤	女	大专	2800	

按学历排序 / 按工资排序 / 按性别排序 / 按姓氏笔划排序

按性别排序

	A	B	C	D	E
1	员工信息表				
2					
3	姓名	性别	学历	工资	
4	王红岩	女	大专	2460	
5	刘明瑞	女	本科	2600	
6	孙晓伟	男	大专	2500	
7	张伟达	男	本科	2700	
8	周丽彤	女	大专	2800	
9	周涛	男	大专	2750	
10	高波	男	本科	2650	
11	蒋丽丽	女	大专	2550	
12	韩博文	男	本科	2750	
13	潘明月	女	大专	2400	

按学历排序 / 按工资排序 / 按性别排序 / 按姓氏笔划排序

按姓氏笔划排序

具体操作步骤

①单击【快速访问工具栏】中的【新建】按钮，新建一个工作簿。再单击【快速访问工具栏】中的【保存】按钮，弹出【另存为】对话框，如图 3-5 所示。在窗口左侧的预设位置列表

中，单击【我的文档】文件夹图标，在【文件名】下拉列表中输入“员工信息表”，单击 保存(S) 按钮。

②按照图 3-32 格式输入数据。

③单击 sheet1 工作表中的【工作表选择】按钮，选择整个工作表。

④在右键快捷菜单中选择【复制】命令。

⑤在 sheet2 工作表中，单击 A1 单元格。

⑥在右键快捷菜单中选择【粘贴】命令。

⑦在 sheet3 工作表中，单击 A1 单元格。

⑧在右键快捷菜单中选择【粘贴】命令。

⑨单击【插入工作表】按钮，插入一张空白工作表 sheet4。

⑩单击 sheet1 工作表中的【工作表选择】按钮，选择整个工作表。

⑪在右键快捷菜单中选择【复制】命令。

⑫在 sheet4 工作表中，单击 A1 单元格。

⑬在右键快捷菜单中选择【粘贴】命令。

⑭在 sheet1 工作表中选定 A3:D13 中的一个单元格。

⑮在功能区【数据】选项卡的【排序和筛选】组中选择按钮，弹出【排序】对话框，如图 3-33 所示，在“主要关键字”下拉列表中选择“学历”，在“次序”下拉列表中选择“降序”，单击【确定】按钮。

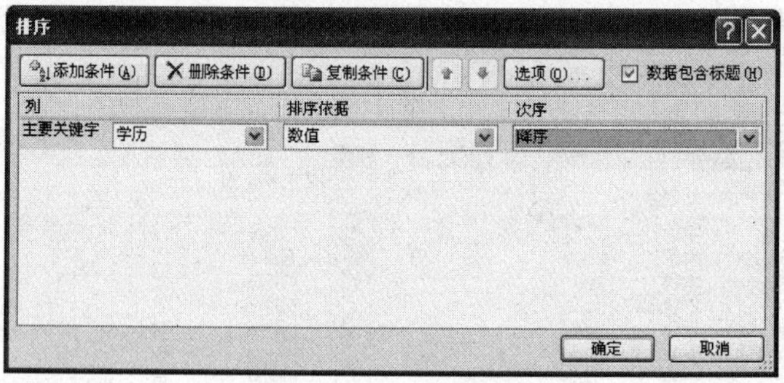

图 3-33 【排序】对话框

⑯在 sheet2 工作表中选定 A3:D13 中的一个单元格。

⑰在功能区【数据】选项卡的【排序和筛选】组中选择按钮，弹出【排序】对话框，如图 3-33 所示，在“主要关键字”下拉列表中选择“工资”，在“次序”下拉列表中选择“降序”，单击【确定】按钮。

⑱在 sheet3 工作表中选定 A3:D13 中的一个单元格。

⑲在功能区【数据】选项卡的【排序和筛选】组中选择按钮，弹出【排序】对话框，如图 3-33 所示，在“主要关键字”下拉列表中选择“性别”，在“次序”下拉列表中选择“升序”；再单

击[添加条件(A)]按钮，在“次要关键字”下拉列表中选择“工资”，在“次序”下拉列表中选择“升序”，单击【确定】按钮。

⑳在 sheet4 工作表中选定 A3:D13 中的一个单元格。

㉑在功能区【数据】选项卡的【排序和筛选】组中选择按钮，弹出【排序】对话框，如图 3-33 所示，在“主要关键字”下拉列表中选择“姓名”，在“次序”下拉列表中选择“升序”，再单击[选项(O)...]按钮，弹出【排序选项】对话框，如图 3-34 所示，选择“笔划顺序”单选按钮，单击【确定】按钮。

㉒右键单击 sheet1 工作表标签，在弹出的快捷菜单中选择【重命名】命令，输入工作表名称“按学历排序”后按回车键或单击工作表的其他区域。

㉓右键单击 sheet2 工作表标签，在弹出的快捷菜单中选择【重命名】命令，输入工作表名称“按工资排序”后按回车键或单击工作表的其他区域。

㉔右键单击 sheet3 工作表标签，在弹出的快捷菜单中选择【重命名】命令，输入工作表名称“按性别排序”后按回车键或单击工作表的其他区域。

㉕右键单击 sheet4 工作表标签，在弹出的快捷菜单中选择【重命名】命令，输入工作表名称“按姓氏笔划排序”后按回车键或单击工作表的其他区域。

(2)新建一个工作簿文档，并以“教师信息表”文件名保存到【我的文档】文件夹中，输入数据如图 3-35 所示。

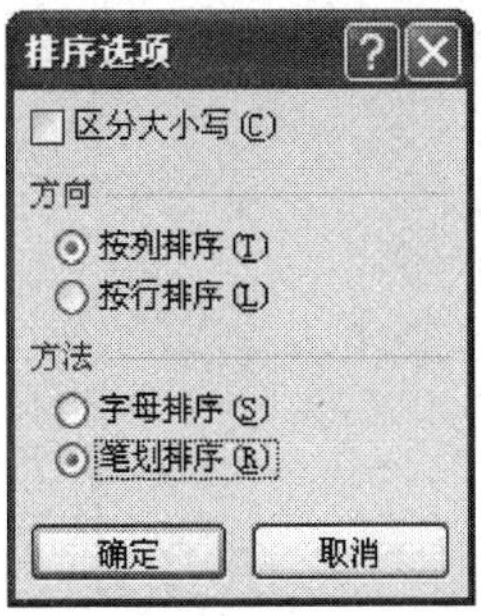

图 3-34　【排序选项】对话框

	A	B	C	D
1	教师信息表			
2				
3	姓名	性别	职称	年龄
4	赵春	男	教授	53
5	钱进	男	讲师	26
6	孙到成	女	讲师	28
7	李辉	男	副教授	37
8	周丝	女	教授	43
9	吴方明	女	副教授	48
10	郑泰	男	讲师	32

图 3-35　教师信息表

具体要求如下：

- 将 sheet1 工作表中的数据分别复制到 sheet2、sheet3 工作表中。
- 在 sheet1 工作表中筛选出男教师。
- 在 sheet2 工作表中筛选出职称为教授的教师。
- 在 sheet3 工作表中筛选出 30 岁以下的男讲师。
- 最终的效果如“样张 12”所示。

样张 12：

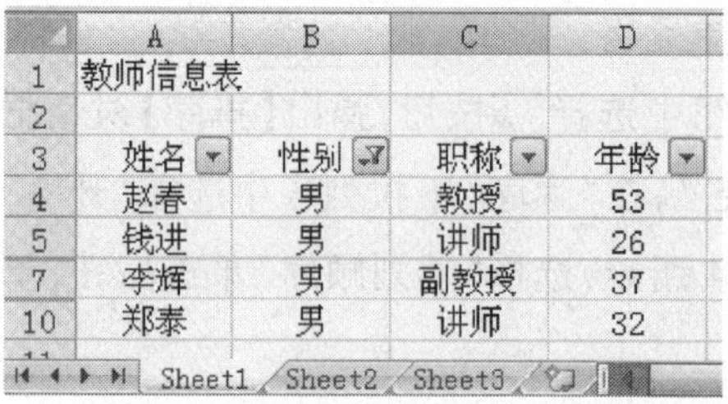

	A	B	C	D
1	教师信息表			
2				
3	姓名	性别	职称	年龄
4	赵春	男	教授	53
5	钱进	男	讲师	26
7	李辉	男	副教授	37
10	郑泰	男	讲师	32

筛选出男教师

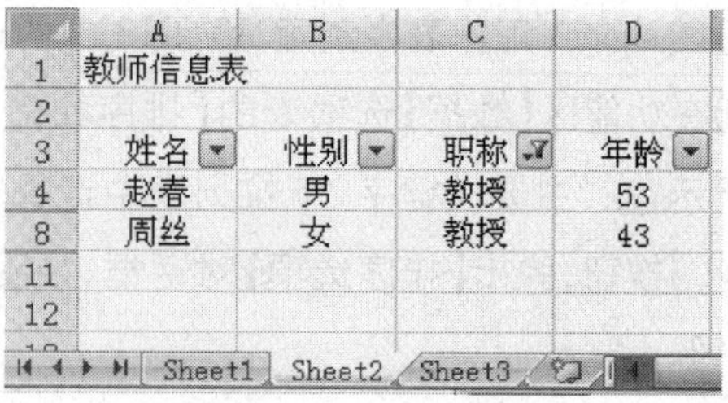

	A	B	C	D
1	教师信息表			
2				
3	姓名	性别	职称	年龄
4	赵春	男	教授	53
8	周丝	女	教授	43
11				
12				

筛选出职称为教授的教师

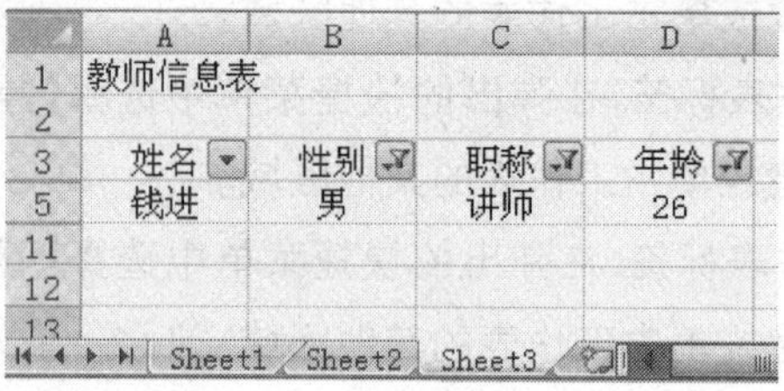

	A	B	C	D
1	教师信息表			
2				
3	姓名	性别	职称	年龄
5	钱进	男	讲师	26
11				
12				

筛选出 30 岁以下的男讲师

具体操作步骤

①单击【快速访问工具栏】中的【新建】按钮，新建一个工作簿。再单击【快速访问工具栏】中的【保存】按钮，弹出【另存为】对话框，如图 3-5 所示。在窗口左侧的预设位置列表中，单击【我的文档】文件夹图标，在【文件名】下拉列表中输入“教师信息表”，单击 保存(S) 按钮。

②按照图 3-35 格式输入数据。

③单击 sheet1 工作表中的【工作表选择】按钮，选择整个工作表。

④在右键快捷菜单中选择【复制】命令。

⑤在 sheet2 工作表中，单击 A1 单元格。

⑥在右键快捷菜单中选择【粘贴】命令。

⑦在 sheet3 工作表中，单击 A1 单元格。

⑧在右键快捷菜单中选择【粘贴】命令。

⑨在 sheet1 工作表中，选定 A3:D10 中的一个单元格，在功能区【数据】选项卡的【排序和筛选】组中选择按钮。

⑩单击“性别”字段名中的按钮，如图 3-36 所示，在【自动筛选】列表中取消选择“全选”复选框，选择“男”复选框，单击【确定】按钮，进行筛选。

⑪在 sheet2 工作表中，选定 A3:D10 中的一个单元格，在功能区【数据】选项卡的【排序和筛选】组中选择按钮。

⑫单击“职称”字段名中的▾按钮，在【自动筛选】列表中取消选择“全选”复选框，选择“教授”复选框，单击【确定】按钮，进行筛选。

⑬在 sheet3 工作表中，选定 A3:D10 中的一个单元格，在功能区【数据】选项卡的【排序和筛选】组中选择▼按钮。

⑭单击“性别”字段名中的▾按钮，在【自动筛选】列表中取消选择“全选”复选框，选择“男”复选框。单击“职称”字段名中的▾按钮，在打开的【自动筛选】列表中取消选择“全选”复选框，选择“讲师”复选框。单击“年龄”字段名中的▾按钮，在【自动筛选】列表中选择【数字筛选】中的【小于或等于】命令，弹出【自定义自动筛选方式】对话框，如图 3-37 所示，在第二个下拉列表中输入“30”，单击【确定】按钮，进行筛选。

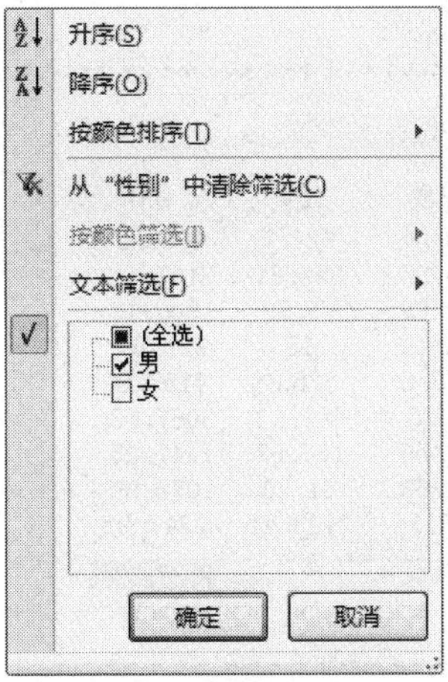

图 3-36　【自动筛选】列表

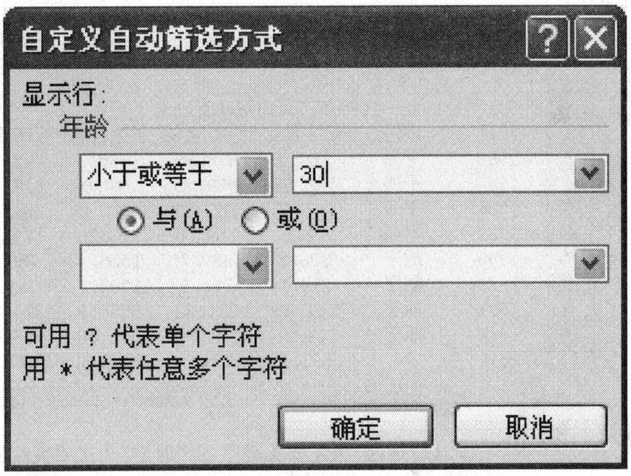

图 3-37　【自定义自动筛选方式】对话框

(3) 新建一个工作簿文档，并以“财政支出表”文件名保存到【我的文档】文件夹中，输入数据如图 3-38 所示。

	A	B	C	D	E	F	G	H	I
1	浙江省两县1982—1989年预算内财政支出表（万元）								
2	时期	地区	支援农业	经济建设	卫生科学	行政管理	优抚	其它	总支出
3	1982	平海	71.6	119.05	513.25	170.35	34.42	13	
4	1982	胡宁	114.66	131.01	571.88	186.49	38.63	34.28	
5	1984	平海	167.75	209.59	744.4	254.61	50.92	75.86	
6	1984	胡宁	161.89	831.32	855.39	370.43	60.55	167.67	
7	1986	平海	166.08	989.25	1040.89	527.68	85.25	328.67	
8	1986	胡宁	214.1	714.8	1095.1	561.2	80.8	401.13	
9	1988	平海	369.2	678.85	1485.3	748.38	99.07	627.7	
10	1988	胡宁	326.3	650.7	1556.4	758.5	118.5	775.1	
11	总计								

图 3-38　财政支出表

具体要求如下：

- 使用公式计算“总支出”和“总计”，结果分别放在相应的单元格中。
- 将 sheet1 工作表中的数据分别复制到 sheet2、sheet3 工作表中。
- 在 sheet1 工作表中以“地区”为主要关键字，以“时期”为次要关键字，以递减方式排序。
- 在 sheet2 工作表中筛选出“优抚”大于 70 万元且“地区”为“胡宁”的数据。
- 在 sheet3 工作表中筛选出“支援农业”大于 165 万元，“经济建设”大于 700 万元，且“地区”为“平海”的数据。
- 最终的效果如“样张 13”所示。

样张 13：

	A	B	C	D	E	F	G	H	I
1	浙江省两县1982—1989年预算内财政支出表（万元）								
2	时期	地区	支援农业	经济建设	卫生科学	行政管理	优抚	其它	总支出
3	1988	平海	369.2	678.85	1485.3	748.38	99.07	627.7	4008.5
4	1986	平海	166.08	989.25	1040.89	527.68	85.25	328.67	3137.82
5	1984	平海	167.75	209.59	744.4	254.61	50.92	75.86	1503.13
6	1982	平海	71.6	119.05	513.25	170.35	34.42	13	921.67
7	1988	胡宁	326.3	650.7	1556.4	758.5	118.5	775.	4185.5
8	1986	胡宁	214.1	714.8	1095.1	561.2	80.8	401.13	3067.13
9	1984	胡宁	161.89	831.32	855.39	370.43	60.55	167.67	2447.25
10	1982	胡宁	114.66	131.01	571.88	186.49	38.63	34.28	1076.95
11	总计		1591.58	4324.57	7862.61	3577.64	568.14	2423.41	20347.95

Sheet1 Sheet2 Sheet3

以“地区”为主要关键字，以“时期”为次要关键字，以递减方式排序

	A	B	C	D	E	F	G	H	I
1	浙江省两县1982—1989年预算内财政支出表（万元）								
2	时期	地区	支援农业	经济建设	卫生科学	行政管理	优抚	其它	总支出
8	1986	胡宁	214.1	714.8	1095.1	561.2	80.8	401.13	3067.13
10	1988	胡宁	326.3	650.7	1556.4	758.5	118.5	775.1	4185.5

Sheet1 Sheet2 Sheet3

筛选出“优抚”大于 70 万元且“地区”为“胡宁”的数据

	A	B	C	D	E	F	G	H	I
1	浙江省两县1982—1989年预算内财政支出表（万元）								
2	时期	地区	支援农业	经济建设	卫生科学	行政管理	优抚	其它	总支出
7	1986	平海	166.08	989.25	1040.89	527.68	85.25	328.67	3137.82

Sheet1 Sheet2 Sheet3

筛选出“支援农业”大于 165 万元，“经济建设”大于 700 万元，且“地区”为“平海”的数据

具体操作步骤

①单击【快速访问工具栏】中的【新建】按钮，新建一个工作簿。再单击【快速访问工具栏】中的【保存】按钮，弹出【另存为】对话框，如图 3-5 所示。在窗口左侧的预设位置列表

中，单击【我的文档】文件夹图标，在【文件名】下拉列表中输入“财政支出表”，单击 保存(S) 按钮。

②按照图3-38格式输入数据。

③单击I3单元格，在功能区【开始】选项卡的【编辑】组中单击Σ·按钮，在下拉菜单中选择【求和】命令，同时出现被虚线方框围住的用于求和的单元格区域C3:H3区域，按【Enter】键。

④拖动I3单元格右下角的填充柄至I10单元格，则I4:I10单元格区域自动填充相应的总支出。

⑤单击C11单元格，在功能区【开始】选项卡的【编辑】组中单击Σ·按钮，在下拉菜单中选择【求和】命令，同时出现被虚线方框围住的用于求和的单元格区域C3:C10区域，按【Enter】键。

⑥拖动C11单元格右下角的填充柄至I11单元格，则D11:I11单元格区域自动填充相应的总计。

⑦单击sheet1工作表中的【工作表选择】按钮，选择整个工作表。

⑧在右键快捷菜单中选择【复制】命令。

⑨在sheet2工作表中，单击A1单元格。

⑩在右键快捷菜单中选择【粘贴】命令。

⑪在sheet3工作表中，单击A1单元格。

⑫在右键快捷菜单中选择【粘贴】命令。

⑬在sheet1工作表中选定A2:I10中的一个单元格。

⑭在功能区【数据】选项卡的【排序和筛选】组中选择按钮，弹出【排序】对话框，如图3-33所示，在“主要关键字”下拉列表中选择“地区”，在“次序”下拉列表中选择“降序”；单击 添加条件(A) 按钮，在“次要关键字”下拉列表中选择“时期”，在“次序”下拉列表中选择“降序”，单击【确定】按钮。

⑮在sheet2工作表中选定A2:I10中的一个单元格。

⑯在功能区【数据】选项卡的【排序和筛选】组中选择按钮。

⑰单击“优抚”字段名中的按钮，在【自动筛选】列表中选择【数字筛选】中的【大于】命令，弹出【自定义自动筛选方式】对话框，如图3-37所示，在第二个下拉列表中输入“70”，单击【确定】按钮。单击“地区”字段名中的按钮，在【自动筛选】列表中取消选择“全选”复选框，选择“胡宁”复选框，单击【确定】按钮，进行筛选。

⑱在sheet3工作表中选定A2:I10中的一个单元格。

⑲在功能区【数据】选项卡的【排序和筛选】组中选择按钮。

⑳单击“支援农业”字段名中的按钮，在【自动筛选】列表中选择【数字筛选】中的【大于】命令，弹出【自定义自动筛选方式】对话框，如图3-37所示，在第二个下拉列表中输入

“165”，单击【确定】按钮。单击“经济建设”字段名中的▼按钮，在【自动筛选】列表中选择【数字筛选】中的【大于】命令，弹出【自定义自动筛选方式】对话框，如图 3-37 所示，在第二个下拉列表中输入“700”，单击【确定】按钮。单击“地区”字段名中的▼按钮，在【自动筛选】列表中取消选择“全选”复选框，选择“平海”复选框，单击【确定】按钮，进行筛选。

实验 5　处理数据(2)

1. 实验目的

- ◆ 熟练掌握 Excel 2007 数据的排序方法。
- ◆ 熟练掌握 Excel 2007 数据筛选的方法。

2. 实验内容

- ◆ 数据的排序。
- ◆ 数据的自动筛选。
- ◆ 数据的高级筛选。

3. 巩固练习和步骤

(1) 新建一个工作簿文档，并以“员工基本信息”文件名保存到【我的文档】文件夹中，输入数据如图 3-39 所示。

	A	B	C	D	E
1	员工基本信息				
2	姓名	性别	部门	职务	联系电话
3	黄飞	男	销售部	业务员	1342569****
4	李梅梅	女	财务部	会计	1390246****
5	樊广仁	男	销售部	业务员	1350570****
6	王璐瑶	女	销售部	业务员	1365410****
7	张静	女	设计部	设计师	1392020****
8	赵晓	女	设计部	设计师	1385615****
9	李杰	男	销售部	业务员	1376767****
10	张全	男	财务部	会计	1394170****
11	徐飞	男	销售部	业务员	1592745****
12	于能	男	财务部	会计	1374108****
13	张亚明	男	设计部	普通员工	1593376****
14	周华	男	销售部	业务员	1332341****

图 3-39　员工基本信息

具体要求如下：

- ● 使用高级筛选功能筛选出性别为“女”并在“设计部”工作的员工信息。
- ● 最终的效果如“样张 14”所示。

样张 14：

	A	B	C	D	E	F	G	H
1	员工基本信息							
2	姓名	性别	部门	职务	联系电话			
3	黄飞	男	销售部	业务员	1342569****			
4	李梅梅	女	财务部	会计	1390246****			
5	樊广仁	男	销售部	业务员	1350570****			
6	王璐瑶	女	销售部	业务员	1365410****			
7	张静	女	设计部	设计师	1392020****			
8	赵晓	女	设计部	设计师	1385615****			
9	李杰	男	销售部	业务员	1376767****		性别	部门
10	张全	男	财务部	会计	1394170****		女	设计部
11	徐飞	男	销售部	业务员	1592745****			
12	于能	男	财务部	会计	1374108****			
13	张亚明	男	设计部	普通员工	1593376****			
14	周华	男	销售部	业务员	1332341****			
15								
16								
17	姓名	性别	部门	职务	联系电话			
18	张静	女	设计部	设计师	1392020****			
19	赵晓	女	设计部	设计师	1385615****			

具体操作步骤

①单击【快速访问工具栏】中的【新建】按钮，新建一个工作簿。再单击【快速访问工具栏】中的【保存】按钮，弹出【另存为】对话框，如图 3-5 所示。在窗口左侧的预设位置列表中，单击【我的文档】文件夹图标，在【文件名】下拉列表中输入“员工基本信息”，单击 保存(S) 按钮。

②按照图 3-39 格式输入数据。

③在 G9 单元格中输入文本“性别”，在 G10 单元格中输入文本“女”，在 H9 单元格中输入文本“部门”，在 H10 单元格中输入文本“设计部”。

④单击没有文本的任意一个单元格，在功能区【数据】选项卡的【排序和筛选】组中选择 高级 按钮，弹出【高级筛选】对话框，如图 3-40 所示。

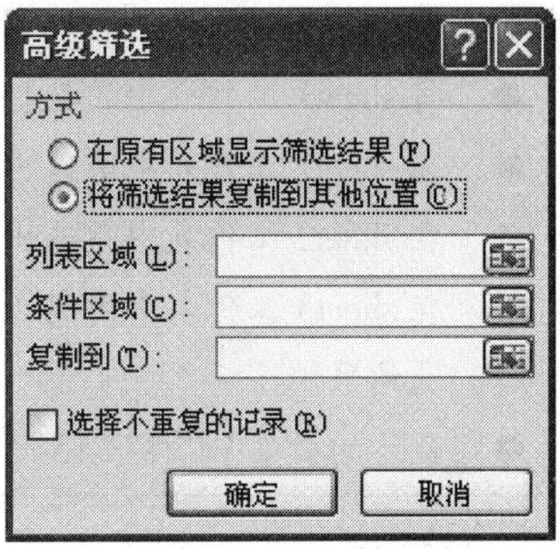

图 3-40　【高级筛选】对话框

⑤在“方式”栏中选择“将筛选结果复制到其他位置”单选按钮，单击“列表区域”参数框后的按钮，弹出【高级筛选-列表区域】对话框，如图 3-41 所示，选择 A2:E14 单元格区域，如图 3-42 所示，单击【高级筛选-列表区域】对话框后的按钮，将返回到【高级筛选】对话框中。

图 3-41　【高级筛选-列表区域】对话框

图 3-42　【高级筛选-列表区域】对话框

⑥单击“条件区域”参数框后的按钮，弹出【高级筛选-条件区域】对话框，选择 G9:H10 单元格区域，单击【高级筛选-条件区域】对话框后的按钮，将返回到【高级筛选】对话框中。

⑦单击【复制到】参数框后的按钮，弹出【高级筛选-复制到】对话框，选择 A17:E23 单元格区域，单击【高级筛选-复制到】对话框后的按钮，将返回到【高级筛选】对话框中，单击【确定】按钮。

(2)新建一个工作簿文档，并以“高三二班期末成绩统计单”文件名保存到【我的文档】文件夹中，输入数据如图 3-43 所示。

	A	B	C	D	E	F	G	H	I	J	K
1	高三二班期末成绩统计单										
2											
3	姓名	学号	性别	语文	数学	英语	物理	化学	总分	平均分	名次
4	董浩	98002	女	92	85	87	82	76			
5	张林	98003	男	76	70	70	76	85			
6	秦华	98004	男	87	75	93	84	82			
7	肖筝	98005	女	85	99	95	92	100			
8	张强	98006	男	92	97	98	90	97			
9	孙庆彬	98007	男	73	74	52	67	75			
10	牛非	98008	女	79	58	89	71	68			
11	刘林露	98009	女	86	87	90	98	96			
12	朱小叶	98010	女	83	90	76	86	90			
13	鲁大正	98011	男	76	86	65	73	79			
14	赵艳妮	98012	女	82	80	87	89	95			
15	刘东振	98013	男	87	95	79	86	85			
16											

图 3-43　高三二班期末成绩统计单

具体要求如下：

- 使用公式或函数计算“总分”和“平均分”。
- 使用函数统计“名次”。
- 将 sheet1 工作表中的数据分别复制到 sheet2、sheet3 工作表中。
- 在 sheet1 工作表中筛选出“英语”成绩为 87 分的学生。
- 在 sheet2 工作表中筛选出“平均分”最高的 3 位学生。
- 在 sheet3 工作表中用高级筛选选出各科成绩在 85 分以上的学生并在原有区域显示筛选结果。
- 最终的效果如“样张 15”所示。

样张 15：

	A	B	C	D	E	F	G	H	I	J	K
1	高三二班期末成绩统计单										
2											
3	姓名	学号	性别	语文	数学	英语	物理	化学	总分	平均分	名次
4	董浩	98002	女	92	85	87	82	76	422	84.4	7
14	赵艳妮	98012	女	82	80	87	89	95	433	86.6	4

Sheet1 Sheet2 Sheet3

筛选出“英语”成绩为 87 分的学生

	A	B	C	D	E	F	G	H	I	J	K
1	高三二班期末成绩统计单										
2											
3	姓名	学号	性别	语文	数学	英语	物理	化学	总分	平均分	名次
7	肖筝	98005	女	85	99	95	92	100	471	94.2	2
8	张强	98006	男	92	97	98	90	97	474	94.8	1
11	刘林露	98009	女	86	87	90	98	96	457	91.4	3

Sheet1 Sheet2 Sheet3

筛选出"平均分"最高的3位学生

	A	B	C	D	E	F	G	H	I	J	K
1	高三二班期末成绩统计单										
2											
3	姓名	学号	性别	语文	数学	英语	物理	化学	总分	平均分	名次
8	张强	98006	男	92	97	98	90	97	474	94.8	1
11	刘林露	98009	女	86	87	90	98	96	457	91.4	3
16											
17				语文	数学	英语	物理	化学			
18				>85	>85	>85	>85	>85			

Sheet1 Sheet2 Sheet3

用高级筛选选出各科成绩在85分以上的学生并在原有区域显示筛选结果

具体操作步骤

①单击【快速访问工具栏】中的【新建】按钮，新建一个工作簿。再单击【快速访问工具栏】中的【保存】按钮，弹出【另存为】对话框，如图3-5所示。在窗口左侧的预设位置列表中，单击【我的文档】文件夹图标，在【文件名】下拉列表中输入"高三二班期末成绩统计单"，单击【保存(S)】按钮。

②按照图3-43格式输入数据。

③单击I4单元格，在功能区【开始】选项卡的【编辑】组中单击Σ按钮，在下拉菜单中选择【求和】命令，同时出现被虚线方框围住的用于求和的D4:H4单元格区域，按【Enter】键。

④拖动I4单元格右下角的填充柄至I15单元格，则I5:I15单元格区域自动填充相应的总分。

⑤单击J4单元格，在功能区【开始】选项卡的【编辑】组中单击Σ按钮，在下拉菜单中选择【平均值】命令，同时出现被虚线方框围住的用于求平均值的单元格区域，由于默认的求平均值区域不是我们需要选定的区域，所以用鼠标选择D4:H4区域，按【Enter】键。

⑥拖动J4单元格右下角的填充柄至J15单元格，则J5:J15单元格区域自动填充相应的平均分。

⑦单击K4单元格，在功能区【公式】选项卡的【函数库】组中单击f_x按钮，弹出【插入函

数】对话框,如图3-16所示。

⑧在“或选择类别”下拉列表框中选择“统计”选项,在“选择函数”列表框中单击RANK(返回某数字在列数字中相对于其他数值的大小排位)函数,单击【确定】按钮,弹出RANK函数参数对话框,如图3-18所示,单击Number编辑框,在工作表中选中J4单元格,在Ref编辑栏中输入绝对地址“$J$4:$J$15”,单击【确定】按钮。

⑨拖动K4单元格右下角的填充柄至K15单元格,则K5:K15单元格区域自动填充相应的名次。

⑩单击sheet1工作表中的【工作表选择】按钮,选择整个工作表。

⑪在右键快捷菜单中选择【复制】命令。

⑫在sheet2工作表中,单击A1单元格。

⑬在右键快捷菜单中选择【粘贴】命令。

⑭在sheet3工作表中,单击A1单元格。

⑮在右键快捷菜单中选择【粘贴】命令。

⑯在sheet1工作表中选定A3:K15中的一个单元格。

⑰在功能区【数据】选项卡的【排序和筛选】组中选择按钮。

⑱单击“英语”字段名中的按钮,在【自动筛选】列表中取消选择“全选”复选框,选择“87”复选框,单击【确定】按钮,进行筛选。

⑲在sheet2工作表中选定A3:K15中的一个单元格。

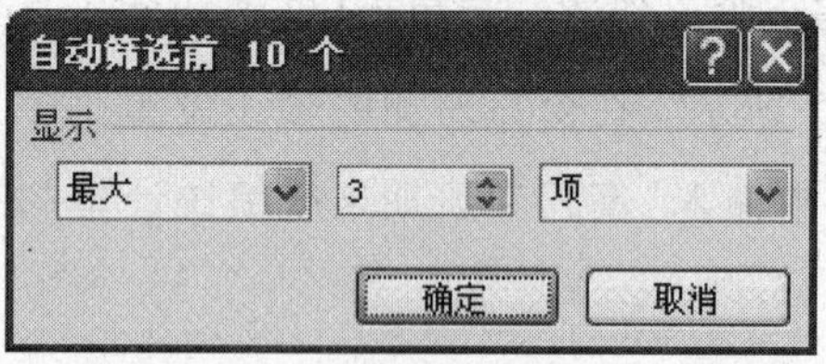

图3-44 【自动筛选前10个】对话框

⑳在功能区【数据】选项卡的【排序和筛选】组中选择按钮。

㉑单击“平均分”字段名中的按钮,在【自动筛选】列表中选择【数字筛选】中的【10个最大的值】命令,弹出【自动筛选前10个】对话框,如图3-44所示,在第一个下拉列表中选择“最大”,在第二个下拉列表中选择“3”,单击【确定】按钮,进行筛选。

㉒在sheet3工作表的D17:H18单元格区域输入数据,如图3-45所示。

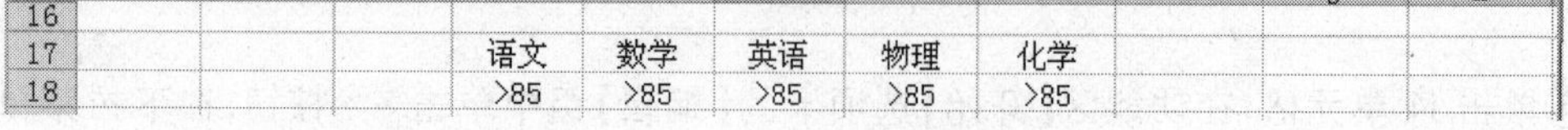

	A	B	C	D	E	F	G	H	I	J	K
16											
17				语文	数学	英语	物理	化学			
18				>85	>85	>85	>85	>85			

图3-45 D17:H18单元格区域输入的数据

㉓单击没有文本的任意一个单元格,在功能区【数据】选项卡的【排序和筛选】组中选择高级按钮,弹出【高级筛选】对话框,如图3-40所示。

㉔在“方式”栏中选择“在原有区域显示筛选结果”单选按钮,单击“列表区域”参数框后

的按钮,弹出【高级筛选-列表区域】对话框,选择 A3:K15 单元格区域,单击【高级筛选-列表区域】对话框后的按钮,将返回到【高级筛选】对话框中。

㉕单击"条件区域"参数框后的按钮,弹出【高级筛选-条件区域】对话框,选择 D17:H18 单元格区域,单击【高级筛选-条件区域】对话框后的按钮,将返回到【高级筛选】对话框中,单击【确定】按钮。

(3)新建一个工作簿文档,并以"学生情况表"文件名保存到【我的文档】文件夹中,输入数据如图 3-46 所示。

	A	B	C	D
1	学生情况表			
2				
3	姓名	性别	年龄	家庭住址
4	张晓虹	女	16	建设路57号楼2单元三楼
5	李刚	男	17	大梁路99号
6	邵兵	男	16	解放路20号
7	王媛媛	女	16	东大街58号

图 3-46 学生情况表

具体操作步骤

①单击【快速访问工具栏】中的【新建】按钮,新建一个工作簿。再单击【快速访问工具栏】中的【保存】按钮,弹出【另存为】对话框,如图 3-5 所示。在窗口左侧的预设位置列表中,单击【我的文档】文件夹图标,在【文件名】下拉列表中输入"学生情况表",单击保存(S)按钮。

具体要求如下:

- 在"家庭住址"之前插入一列"手机"。
- 为 D4:D7 单元格区域设置"数据有效性"。要求:文本长度等于"11",并输入提示信息"请输入一串有 11 位数字的数值!"。如果输入的数字不是 11 位,出现错误提示"数值的位数应为 11 位。",并输入一个小于 11 位的数字验证。
- 最终的效果如"样张 16"所示。

样张 16:

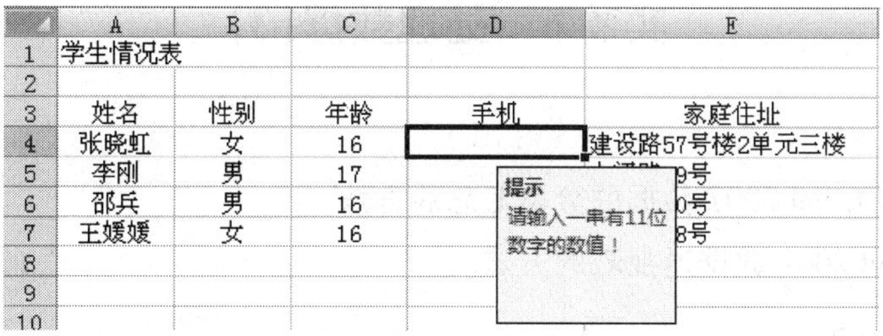

②按照图 3-46 格式输入数据。

③选中"家庭住址"所在的列,右键单击这一列,在弹出的快捷菜单中单击【插入】命令,在"家庭住址"之前插入一列。

④在 D3 单元格中输入文本"手机"。

⑤选中 D4:D7 单元格区域,在功能区【数据】选项卡的【数据工具】组中选择按钮,弹出

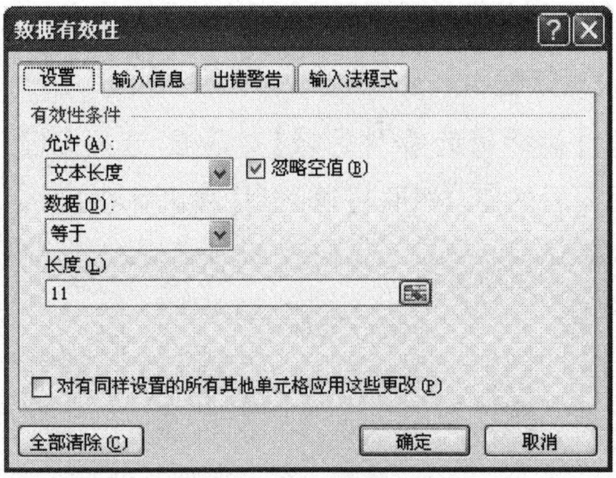

图 3-47 【设置】选项卡

【数据有效性】对话框，在【设置】选项卡的"允许"下拉列表中选择"文本长度"选项，在"数据"下拉列表中选择"等于"选项，在"长度"编辑框中输入"11"，如图 3-47 所示。

⑥选择【输入信息】选项卡，在"标题"编辑框中输入"提示"，在"输入信息"编辑框中输入"请输入一串有 11 位数字的数值!"，如图 3-48 所示。

⑦选择【出错警告】选项卡，在"样式"下拉列表中选择"停止"选项，在"标题"编辑框中输入"错误"，在"错误信息"编辑框中输入"数值的位数应为 11 位。"，如图 3-49 所示，单击【确定】按钮。

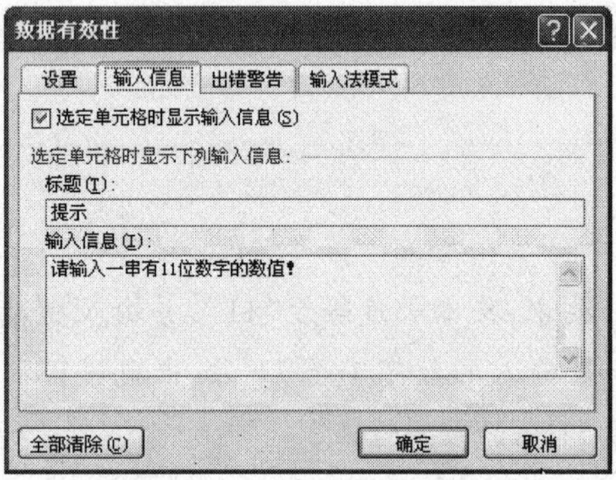

图 3-48 【输入信息】选项卡

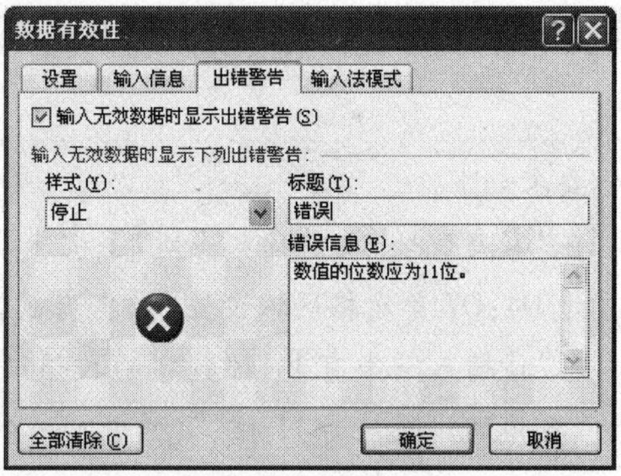

图 3-49 【出错警告】选项卡

⑧在 D4 单元格中输入"1394567092"，按【Enter】键，验证"数据有效性"。

实验 6 处理数据(3)

1. 实验目的

◆ 熟练掌握 Excel 2007 数据的分类汇总的方法。

◆ 掌握 Excel 2007 数据透视表的方法。

2. 实验内容

◆ 数据的分类汇总。

◆ 数据透视表。

3. 巩固练习和步骤

(1)新建一个工作簿文档，并以"世界五大城市降雨量表"文件名保存到【我的文档】文件夹中，输入数据如图 3-50 所示。

	A	B	C	D	E	F	G	H	I
1	世界五大城市降雨量表								
2	城市	洲	一月	三月	五月	七月	九月	十一月	平均雨量
3	曼谷	亚洲	1	2	4	20	28	7	
4	香港	亚洲	3	7	30	36	25	6	
5	里约热内卢	南美洲	5	12	7	3	8	10	
6	佩斯	澳洲	2	3	12	17	9	3	
7	悉尼	澳洲	9	12	11	13	8	7	
8	总计								

图 3-50　世界五大城市降雨量表

具体要求如下：

- 使用公式计算“平均雨量”和“总计”，结果分别放在相应的单元格中。
- 将 sheet1 工作表中的数据分别复制到 sheet2、sheet3 工作表中。
- 在 sheet1 工作表中，以“一月”为关键字，以递减方式排序。
- 在 sheet2 工作表中，筛选出“洲”为亚洲的记录。
- 在 sheet3 工作表中，以“洲”为分类字段，进行“求和”分类汇总。
- 最终的效果如“样张 17”所示。

样张 17：

	A	B	C	D	E	F	G	H	I
1	世界五大城市降雨量表								
2	城市	洲	一月	三月	五月	七月	九月	十一月	平均雨量
3	悉尼	澳洲	9	12	11	13	8	7	10
4	里约热内卢	南美洲	5	12	7	3	8	10	7.5
5	香港	亚洲	3	7	30	36	25	6	17.83333
6	佩斯	澳洲	2	3	12	17	9	3	7.666667
7	曼谷	亚洲	1	2	4	20	28	7	10.33333
8	总计		20	36	64	89	78	33	53.33333

以“一月”为关键字，以递减方式排序

	A	B	C	D	E	F	G	H	I
1	世界五大城市降雨量表								
2	城市	洲	一月	三月	五月	七月	九月	十一月	平均雨量
3	曼谷	亚洲	1	2	4	20	28	7	10.33333
4	香港	亚洲	3	7	30	36	25	6	17.83333

筛选出“洲”为亚洲的记录

	A	B	C	D	E	F	G	H	I
1	世界五大城市降雨量表								
2	城市	洲	一月	三月	五月	七月	九月	十一月	平均雨量
3	曼谷	亚洲	1	2	4	20	28	7	10.33333
4	香港	亚洲	3	7	30	36	25	6	17.83333
5		**亚洲 汇总**	4	9	34	56	53	13	28.16667
6	里约热内卢	南美洲	5	12	7	3	8	10	7.5
7		**南美洲 汇总**	5	12	7	3	8	10	7.5
8	佩斯	澳洲	2	3	12	17	9	3	7.666667
9	悉尼	澳洲	9	12	11	13	8	7	10
10		**澳洲 汇总**	11	15	23	30	17	10	17.66667
11	总计		29	57	105	148	139	56	89
12		**总计**	49	93	169	237	217	89	142.3333

以“洲”为分类字段，进行“求和”分类汇总

具体操作步骤

①单击【快速访问工具栏】中的【新建】按钮，新建一个工作簿。再单击【快速访问工具栏】中的【保存】按钮，弹出【另存为】对话框，如图 3-5 所示。在窗口左侧的预设位置列表中，单击【我的文档】文件夹图标，在【文件名】下拉列表中输入“世界五大城市降雨量表”，单击 保存(S) 按钮。

②按照图 3-50 格式输入数据。

③单击 I3 单元格，在功能区【开始】选项卡的【编辑】组中单击 Σ 按钮，在下拉菜单中选择【平均值】命令，同时出现被虚线方框围住的用于求平均值的 C3:H3 单元格区域，按【Enter】键。

④拖动 I3 单元格右下角的填充柄至 I7 单元格，则 I4:I7 单元格区域自动填充相应的平均雨量。

⑤单击 C8 单元格，在功能区【开始】选项卡的【编辑】组中单击 Σ 按钮，在下拉菜单中选择【求和】命令，同时出现被虚线方框围住的用于求和的 C3:C7 单元格区域，按【Enter】键。

⑥拖动 C8 单元格右下角的填充柄至 I8 单元格，则 D8:I8 单元格区域自动填充相应的总计。

⑦单击 sheet1 工作表中的【工作表选择】按钮，选择整个工作表。

⑧在右键快捷菜单中选择【复制】命令。

⑨在 sheet2 工作表中，单击 A1 单元格。

⑩在右键快捷菜单中选择【粘贴】命令。

⑪在 sheet3 工作表中，单击 A1 单元格。

⑫在右键快捷菜单中选择【粘贴】命令。

⑬在 sheet1 工作表中选择 A2:I7 单元格区域。

⑭在功能区【数据】选项卡的【排序和筛选】组中选择按钮，弹出【排序】对话框，如图 3-33 所示，在“主要关键字”下拉列表中选择“一月”，在“次序”下拉列表中选择“降序”，单击【确定】按钮。

⑮在 sheet2 工作表中选定 A2:I7 中的一个单元格。

⑯在功能区【数据】选项卡的【排序和筛选】组中选择按钮。

⑰单击“洲”段名中的按钮，在【自动筛选】列表中取消选择“全选”复选框，选择“亚洲”复选框，单击【确定】按钮，进行筛选。

⑱在 sheet3 工作表中选定 A2:I7 中的一个单元格。

⑲在功能区【数据】选项卡的【分级显示】组中选择按钮，弹出【分类汇总】对话框，在“分类字段”下拉列表中选择“洲”，在“汇总方式”下拉列表中选择“求和”，在“选定汇总项”选项框中选择“一月”、“三月”、“五月”、“七月”、“九月”、“十一月”和“平均雨量”，单击“替换当前分类汇总”复选框和“汇总结果显示在数据下方”复选框，如图 3-51 所示，单击【确定】按钮。

(2)新建一个工作簿文档,并以“奖金表”文件名保存到【我的文档】文件夹中,输入数据如图3-52所示。

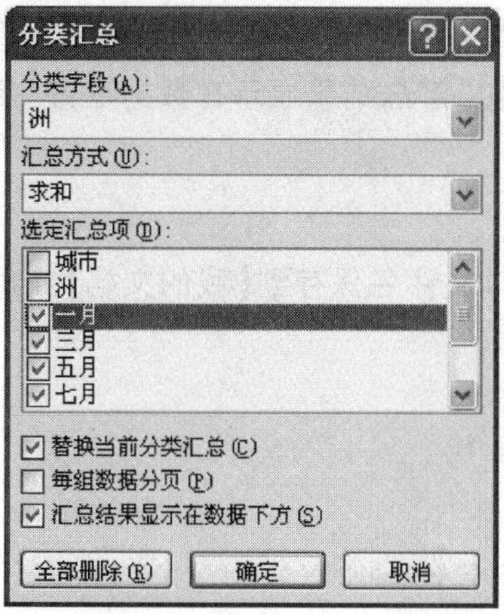

图3-51　【分类汇总】对话框

	A	B	C	D
1	奖金表			
2				
3	姓名	性别	部门	奖金
4	赵严遵	男	组织部	1200
5	钱以纪	男	人事处	1400
6	孙律	女	组织部	1380
7	李法	男	教务处	1600
8	周宽克	女	教务处	1550
9	吴以伟	男	组织部	1470
10	郑奉	男	人事处	1620
11	王晓红	女	人事处	1480

图3-52　资金表

具体要求如下:

- 以“部门”为关键字,以递增方式排序。
- 分类汇总不同部门的平均奖金,显示2级分类汇总的结果。
- 最终的效果如“样张18”所示。

样张18:

	A	B	C	D
1	奖金表			
2				
3	姓名	性别	部门	奖金
6			**教务处 平均值**	1575
10			**人事处 平均值**	1500
14			**组织部 平均值**	1350
15			**总计平均值**	1462.5

具体操作步骤

①单击【快速访问工具栏】中的【新建】按钮,新建一个工作簿。再单击【快速访问工具栏】中的【保存】按钮,弹出【另存为】对话框,如图3-5所示。在窗口左侧的预设位置列表中,单击【我的文档】文件夹图标,在【文件名】下拉列表中输入“奖金表”,单击保存(S)按钮。

②按照图3-52格式输入数据。

③在sheet1工作表中选择A3:D11中的一个单元格。

④在功能区【数据】选项卡的【排序和筛选】组中选择按钮,弹出【排序】对话框,如图3-33所示,在“主要关键字”下拉列表中选择“部门”,在“次序”下拉列表中选择“升序”,单击【确定】按钮。

⑤在 sheet1 工作表中选择 A3:D11 中的一个单元格。

⑥在功能区【数据】选项卡的【分级显示】组中选择按钮,弹出【分类汇总】对话框,在“分类字段”下拉列表中选择“部门”,在“汇总方式”下拉列表中选择“平均值”,在“选定汇总项”选项框中选择“奖金”,单击“替换当前分类汇总”复选框和“汇总结果显示在数据下方”复选框,如图 3-51 所示,单击【确定】按钮。

(3)新建一个工作簿文档,并以“某公司产品销售统计表”文件名保存到【我的文档】文件夹中,输入数据如图 3-53 所示。

	A	B	C	D	E	F
1	城市	产品	一季度	二季度	三季度	四季度
2	北京	打印机	12400	14200	13200	14230
3	天津	计算机	57900	46820	56800	49100
4	重庆	打印机	14760	12850	15730	15723
5	北京	录像机	5680	6820	4856	5263
6	重庆	计算机	57310	56240	39800	57000
7	上海	录像机	4520	2860	4690	5810
8	重庆	录像机	1450	3540	5210	1420
9	北京	计算机	45233	51220	53100	43270
10	天津	录像机	3564	5640	5230	4562
11	上海	计算机	60040	52140	61000	57230
12	上海	打印机	12340	15240	13500	14230
13	天津	打印机	11450	13520	14320	12000

图 3-53　某公司产品销售统计表

具体要求如下:

- 创建数据透视表(要求:查看各城市一季度各项产品的总和)。
- 最终的效果如“样张 19”所示。

样张 19:

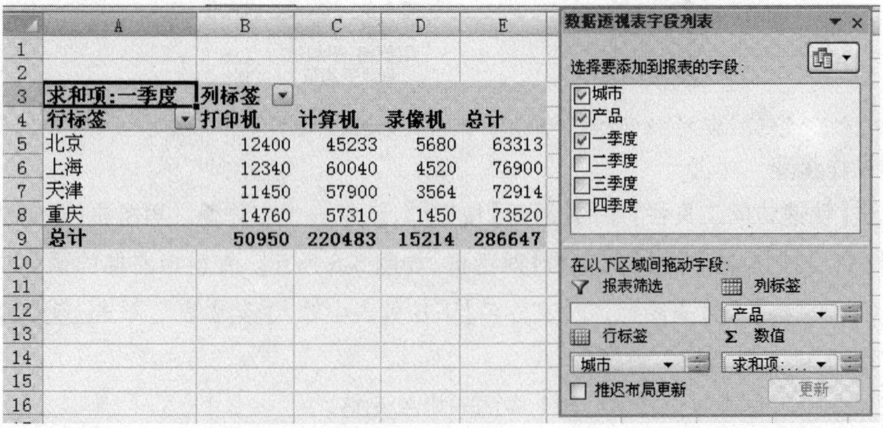

求和项:一季度	列标签			
行标签	打印机	计算机	录像机	总计
北京	12400	45233	5680	63313
上海	12340	60040	4520	76900
天津	11450	57900	3564	72914
重庆	14760	57310	1450	73520
总计	50950	220483	15214	286647

具体操作步骤

①单击【快速访问工具栏】中的【新建】按钮,新建一个工作簿。再单击【快速访问工具

栏】中的【保存】按钮，弹出【另存为】对话框，如图 3-5 所示。在窗口左侧的预设位置列表中，单击【我的文档】文件夹图标，在【文件名】下拉列表中输入“某公司产品销售统计表”，单击 保存(S) 按钮。

②按照图 3-53 格式输入数据。

③在 sheet1 工作表中选择 A1:F13 中的一个单元格。

④在功能区【插入】选项卡的【表】组中选择按钮，弹出【创建数据透视表】对话框，选中“请选择要分析的数据”栏中的“选择一个表或区域”单选按钮，单击“表/区域”参数框后的按钮，选择需要用来创建数据透视表的单元格区域，这里选择 A1:F13 单元格区域，选择完毕后再单击按钮，返回到【创建数据透视表】对话框中，再选中“选择放置数据透视表的位置”栏中的“新工作表”单选按钮，如图 3-54 所示，单击【确定】按钮。

⑤打开【数据透视表字段列表】任务窗格，在“选择要添加到报表的字段”栏中拖动“城市”到“行标签”，拖动“产品”到“列标签”，拖动“一季度”到“数值”，如图 3-55 所示。

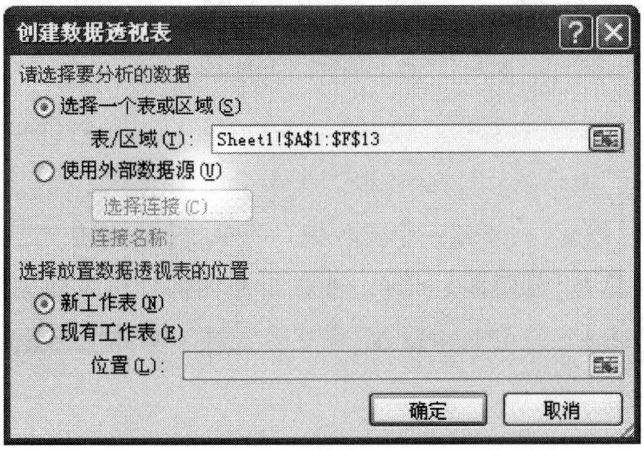

图 3-54 【创建数据透视表】对话框

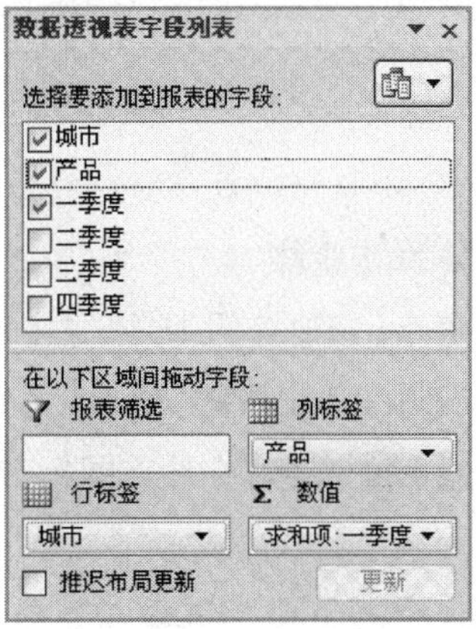

图 3-55 【数据透视表字段列表】任务窗格

(4)新建一个工作簿文档，并以“考生登记表”文件名保存到【我的文档】文件夹中，输入数据如图 3-56 所示。

	A	B	C	D	E	F	G
1	计算机信息高新技术考试考生登记表						
2	姓名	性别	年龄	职业	模块	日期	总分
3	刘永森	男	32	学生	信息化办公	1997-8-14	92
4	王芳	女	22	秘书	数据库	1997-8-26	84
5	李娟	女	21	秘书	信息化办公	1997-8-16	82
6	赵海江	男	20	学生	平面	1997-6-1	77
7	高海	男	20	学生	网络	1997-6-8	80
8	吴玉华	女	21	教师	数据库	1997-6-5	81
9	王宁	女	27	教师	平面	1997-7-4	79
10	吴兰	女	30	教师	网络	1997-6-5	90

图 3-56　考生登记表

具体要求如下：

- 创建数据透视表(要求：查看不同考生各模块的分数情况)。
- 创建数据透视表(要求：查看不同考生不同职业的分数情况)。
- 最终的效果如“样张20”所示。

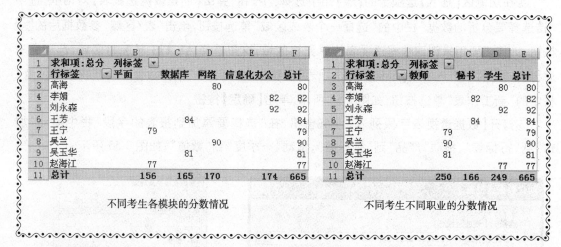

样张20：

	A	B	C	D	E	F
1	求和项:总分	列标签 ▼				
2	行标签 ▼	平面	数据库	网络	信息化办公	总计
3	高海			80		80
4	李娟				82	82
5	刘永森				92	92
6	王芳		84			84
7	王宁	79				79
8	吴兰			90		90
9	吴玉华		81			81
10	赵海江	77				77
11	总计	156	165	170	174	665

不同考生各模块的分数情况

	A	B	C	D	E
1	求和项:总分	列标签 ▼			
2	行标签 ▼	教师	秘书	学生	总计
3	高海			80	80
4	李娟		82		82
5	刘永森			92	92
6	王芳		84		84
7	王宁	79			79
8	吴兰	90			90
9	吴玉华	81			81
10	赵海江			77	77
11	总计	250	166	249	665

不同考生不同职业的分数情况

具体操作步骤

①单击【快速访问工具栏】中的【新建】按钮，新建一个工作簿。再单击【快速访问工具栏】中的【保存】按钮，弹出【另存为】对话框，如图3-5所示。在窗口左侧的预设位置列表中，单击【我的文档】文件夹图标，在【文件名】下拉列表中输入“考生登记表”，单击 保存(S) 按钮。

②按照图3-56格式输入数据。

③在sheet1工作表中选择A2:G10中的一个单元格。

④在功能区【插入】选项卡的【表】组中选择按钮，弹出【创建数据透视表】对话框，选中“请选择要分析的数据”栏中的“选择一个表或区域”单选按钮，单击“表/区域”参数框后的按钮，选择需要用来创建数据透视表的单元格区域，这里选择A2:G10单元格区域，选择完毕后再单击按钮，返回到【创建数据透视表】对话框中，选中“选择放置数据透视表的位置”栏中的“新工作表”单选按钮，单击【确定】按钮。

⑤打开【数据透视表字段列表】任务窗格，在“选择要添加到报表的字段”栏中拖动“姓名”到“行标签”，拖动“模块”到“列标签”，拖动“总分”到“数值”。

⑥在sheet1工作表中选择A2:G10中的一个单元格。

⑦在功能区【插入】选项卡的【表】组中选择按钮，弹出【创建数据透视表】对话框，选中“请选择要分析的数据”栏中的“选择一个表或区域”单选按钮，单击“表/区域”参数框后的按钮，选择需要用来创建数据透视表的单元格区域，这里选择A2:G10单元格区域，选择完毕

后再单击按钮，返回到【创建数据透视表】对话框中，选中“选择放置数据透视表的位置”栏中的“新工作表”单选按钮，单击【确定】按钮。

⑧打开【数据透视表字段列表】任务窗格，在“选择要添加到报表的字段”栏中拖动“姓名”到“行标签”，拖动“职业”到“列标签”，拖动“总分”到“数值”。

实验7　制作图表

1. 实验目的

- 熟练掌握 Excel 2007 创建图表的方法。
- 熟练掌握 Excel 2007 对图表进行编辑的方法。

2. 实验内容

- 创建图表。
- 编辑图表。

3. 巩固练习和步骤

(1)新建一个工作簿文档，并以“水稻产量调查表”文件名保存到【我的文档】文件夹中，输入数据如图 3-57 所示。

具体要求如下：

- 根据表中的数据制作一个各个地区的水稻年产量三维簇状柱形图。
- 最终的效果如“样张 21”所示。

样张 21：

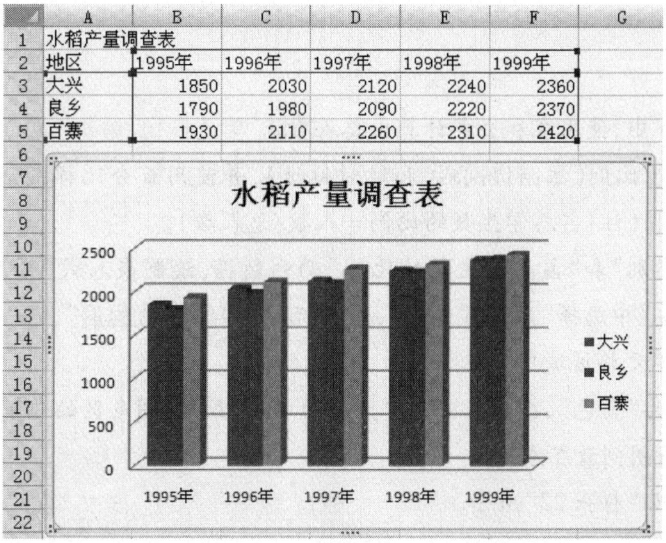

具体操作步骤

①单击【快速访问工具栏】中的【新建】按钮，新建一个工作簿。再单击【快速访问工具栏】中的【保存】按钮，弹出【另存为】对话框，如图3-5所示。在窗口左侧的预设位置列表中，单击【我的文档】文件夹图标，在【文件名】下拉列表中输入“水稻产量调查表”，单击保存(S)按钮。

②按照图3-57格式输入数据。

③选择A2:F5单元格区域。

④在功能区【插入】选项卡的【图表】组中选择按钮，在弹出的列表框中选择【三维柱形图】选项下的“三维簇状柱形图”。

⑤单击【图表工具】/【设计】/【图表布局】中的【布局1】，设置图表布局。

⑥单击【图表标题】，将【图表标题】修改为“水稻产量调查表”，移动光标到图表区右下角，等光标变成形状时按住左键不放并拖动到需要的位置后即可调整图表位置，如“样张21”所示的位置。

(2)新建一个工作簿文档，并以“学生类别统计表”文件名保存到【我的文档】文件夹中，输入数据如图3-58所示。

	A	B	C	D	E	F
1	水稻产量调查表					
2	地区	1995年	1996年	1997年	1998年	1999年
3	大兴	1850	2030	2120	2240	2360
4	良乡	1790	1980	2090	2220	2370
5	百寨	1930	2110	2260	2310	2420

图3-57　水稻产量调查表

	A	B	C
1	学生类别	人数	占总学生数的比例
2	专科生	2450	
3	本科生	5800	
4	硕士生	1400	
5	博士生	300	
6	总人数		

图3-58　学生类别统计表

具体要求如下：

- 在单元格B6中，使用求和公式计算出总人数。
- 计算各类学生比例(注：利用公式和绝对地址)，并使用百分比样式、没有小数位格式修饰该列数据(注：占总学生数的比例=人数/总人数)。
- 选择“学生类别”和“占总学生数的比例”两列数据，绘制嵌入式“分离型三维饼图”，在“数据标签”中选择“显示百分比”，图表标题为“学生结构图”。嵌入在学生工作表的A7:F19单元格区域中。
- 将绘图区变为“蓝色”，图表区变为“蓝色面巾纸”纹理，图表区的边框变为深蓝色1.5磅短划线，将图例放在左边。
- 最终的效果如“样张22”所示。

样张 22：

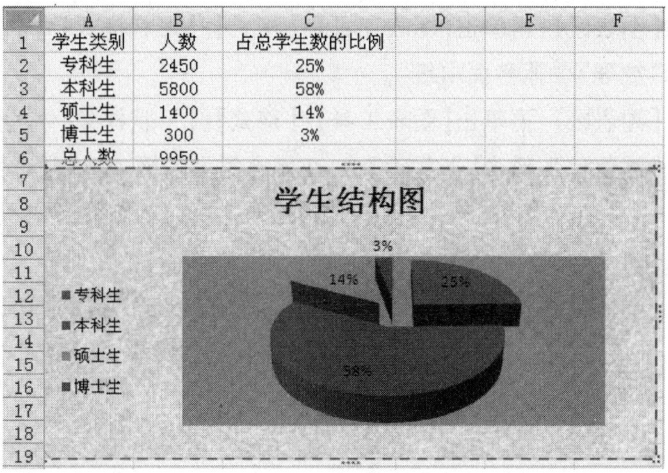

具体操作步骤

①单击【快速访问工具栏】中的【新建】按钮，新建一个工作簿。再单击【快速访问工具栏】中的【保存】按钮，弹出【另存为】对话框，如图 3-5 所示。在窗口左侧的预设位置列表中，单击【我的文档】文件夹图标，在【文件名】下拉列表中输入“学生类别统计表”，单击 保存(S) 按钮。

②按照图 3-58 格式输入数据。

③单击 B6 单元格，在功能区【开始】选项卡的【编辑】组中单击 Σ 按钮，在下拉菜单中选择【求和】命令，同时出现被虚线方框围住的用于求和的 B2:B5 单元格区域，按【Enter】键。

④单击 C2 单元格，输入“ = C2/ $B$6”，按【Enter】键。

⑤拖动 C2 单元格右下角的填充柄至 C5 单元格，则 C3:C5 单元格区域自动填充相应的占总学生数的比例。

⑥选择 C3:C5 单元格区域，右键单击该单元格区域，在弹出的快捷菜单中选择【设置单元格格式】命令，在【数字】选项卡的“分类”选项中选择“百分比”，小数位数选择“0”，单击【确定】按钮。

⑦选择 A1:A5 单元格区域的同时按住【Ctrl】键，再选择 C1:C5 单元格区域，在功能区【插入】选项卡的【图表】组中选择按钮，在弹出的列表框中选择“三维饼图”选项下的“分离型三维饼图”。

⑧单击【图表工具】/【布局】/【标签】中的【数据标签】，在弹出的列表框中选择“最佳匹配”。

⑨单击【图表标题】，将【图表标题】修改为“学生结构图”。

⑩移动光标到图表区右下角，等光标变成形状时按住左键不放并拖动到 A7 单元格位置，再调整大小，调整到 A7:F19 单元格区域位置。

⑪单击图表的【绘图区】,再单击【图表工具】/【格式】/【形状样式】中的【形状填充】,在弹出的列表框中选择"蓝色"。

⑫单击图表的【图表区】,再单击【图表工具】/【格式】/【形状样式】中的【形状填充】,在弹出的列表框中选择"纹理"/"蓝色面巾纸"。

⑬单击图表的【图表区】,再单击【图表工具】/【格式】/【形状样式】中的【形状轮廓】,在弹出的列表框中选择"深蓝色";单击【形状轮廓】,在弹出的列表框中选择【虚线】/"短划线";单击【形状轮廓】,在弹出的列表框中选择"粗细"/"1.5 磅"。

⑭单击【图表工具】/【布局】/【标签】中的【图例】,在弹出的列表框中选择"在左侧显示图例"。

(3)新建一个工作簿文档,并以"产品销售表"文件名保存到【我的文档】文件夹中,输入数据如图 3-59 所示。

	A	B	C	D	E
1	月份	录音机	电视机	VCD	总计
2	一月	213	205	105	
3	二月	203	206	121	
4	三月	233	207	113	
5	四月	201	208	126	
6	五月	253	209	210	
7	六月	183	210	187	
8	平均				
9	合计				

图 3-59 产品销售表

具体要求如下:

- 使用公式或函数计算"总计"、"合计"、"平均"。
- 用图表显示录音机在一至六月的销售情况变化,要求:图表类型为带数据标记的折线图,标题为"录音机销售图",水平(类别)轴为"月份",垂直(值)轴为"销售额",图表插入到当前工作表中。
- 将图表区变为"蓝色线性对角"渐变,绘图区变为"信纸"纹理。
- 最终的效果如"样张 23"所示。

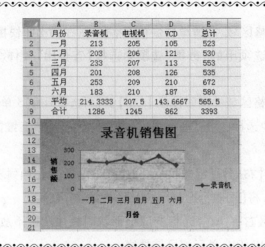

样张 23:

	A	B	C	D	E
1	月份	录音机	电视机	VCD	总计
2	一月	213	205	105	523
3	二月	203	206	121	530
4	三月	233	207	113	553
5	四月	201	208	126	535
6	五月	253	209	210	672
7	六月	183	210	187	580
8	平均	214.3333	207.5	143.6667	565.5
9	合计	1286	1245	862	3393

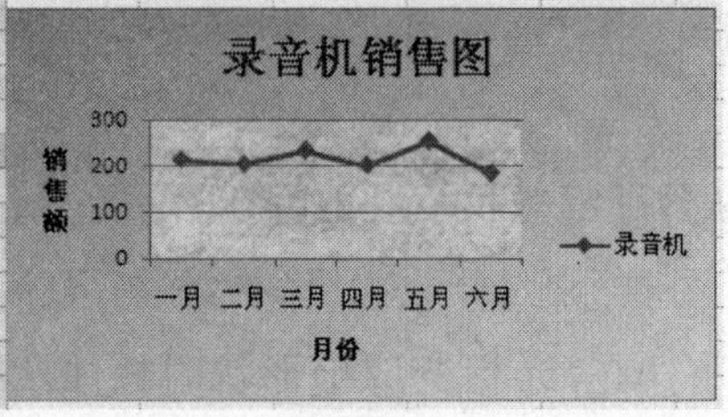

具体操作步骤

①单击【快速访问工具栏】中的【新建】按钮，新建一个工作簿。再单击【快速访问工具栏】中的【保存】按钮，弹出【另存为】对话框，如图 3-5 所示。在窗口左侧的预设位置列表中，单击【我的文档】文件夹图标，在【文件名】下拉列表中输入“产品销售表”，单击 保存(S) 按钮。

②按照图 3-59 格式输入数据。

③单击 E2 单元格，在功能区【开始】选项卡的【编辑】组中单击 Σ 按钮，在下拉菜单中选择【求和】命令，同时出现被虚线方框围住的用于求和的 B2:D2 单元格区域，按【Enter】键。

④拖动 E2 单元格右下角的填充柄至 E7 单元格，则 E3:E7 单元格区域自动填充相应的总计。

⑤单击 B8 单元格，在功能区【开始】选项卡的【编辑】组中单击 Σ 按钮，在下拉菜单中选择【平均值】命令，同时出现被虚线方框围住的用于求平均值的 B2:B7 单元格区域，按【Enter】键。

⑥拖动 B8 单元格右下角的填充柄至 E8 单元格，则 C8:E8 单元格区域自动填充相应的平均。

⑦单击 B9 单元格，在功能区【开始】选项卡的【编辑】组中单击 Σ 按钮，在下拉菜单中选择【求和】命令，同时出现被虚线方框围住的用于求和的单元格区域，由于默认的求和区域不是我们需要选定的区域，所以用鼠标选择 B2:B7 区域，按【Enter】键。

⑧拖动 B9 单元格右下角的填充柄至 E9 单元格，则 C9:E9 单元格区域自动填充相应的合计。

⑨选择 A1:B7 单元格区域，在功能区【插入】选项卡的【图表】组中选择按钮，在弹出的列表框中选择“二维折线图”选项下的“带数据标记的折线图”。

⑩单击【图表标题】，将【图表标题】修改为“录音机销售图”。

⑪单击图表的【水平(类别)轴】，再单击【图表工具】/【布局】/【标签】中的【坐标轴标题】，在弹出的列表框中选择“主要横坐标标题”/“坐标轴下方标题”，输入“月份”。

⑫单击图表的【垂直(值)轴】，再单击【图表工具】/【布局】/【标签】中的【坐标轴标题】，在弹出的列表框中选择“主要纵坐标标题”/“竖排标题”，输入“销售额”。

⑬单击图表的【图表区】，再单击【图表工具】/【格式】/【形状样式】中的【形状填充】，在弹出的列表框中选择“渐变”/“线性对角”。

⑭单击图表的【绘图区】，再单击【图表工具】/【格式】/【形状样式】中的【形状填充】，在弹出的列表框中选择“纹理”/“信纸”。

(4)新建一个工作簿文档，并以“职工登记表”文件名保存到【我的文档】文件夹中，输入数据如图 3-60 所示。

	A	B	C	D	E
1	职工登记表				
2	员工编号	姓名	部门	年龄	工资
3	K01	郑颖	开发部	30	4000
4	C01	吴方	测试部	32	4300
5	S11	周立红	市场部	26	3800
6	W02	李辉	文档部	27	3500
7	C02	孙成	测试部	28	3600
8	C03	钱进	测试部	26	3500
9	W03	赵小璐	文档部	30	4000
10	K04	杨文明	开发部	34	4500
11	S15	陆文成	市场部	29	3900

图 3-60　职工登记表

具体要求如下：

- 将 sheet1 工作表中的数据分别复制到 sheet2、sheet3 工作表中。
- 在 sheet1 工作表中，筛选出“年龄”小于 30 岁的员工。
- 在 sheet2 工作表中，以“部门”为分类字段，进行“求和”分类汇总。
- 在 sheet3 工作表中，用图表显示各员工工资情况，要求：图表类型为簇状水平圆柱图（图表样式 33），标题为“员工工资图表”，将图表区变为“新闻纸”纹理，图表区的边框变为 2.25 磅方点线，绘图区变为“粉色面巾纸”纹理，并显示数据标签。
- 最终的效果如“样张 24”所示。

样张 24：

	A	B	C	D	E
1	职工登记表				
2	员工编	姓名	部门	年龄	工资
5	S11	周立红	市场部	26	3800
6	W02	李辉	文档部	27	3500
7	C02	孙成	测试部	28	3600
8	C03	钱进	测试部	26	3500
11	S15	陆文成	市场部	29	3900

Sheet1　Sheet2　Sheet3

筛选出“年龄”小于 30 岁的员工

	A	B	C	D	E
1	职工登记表				
2	员工编号	姓名	部门	年龄	工资
3	C01	吴方	测试部	32	4300
4	C02	孙成	测试部	28	3600
5	C03	钱进	测试部	26	3500
6			**测试部 汇总**		11400
7	K01	郑颖	开发部	30	4000
8	K04	杨文明	开发部	34	4500
9			**开发部 汇总**		8500
10	S11	周立红	市场部	26	3800
11	S15	陆文成	市场部	29	3900
12			**市场部 汇总**		7700
13	W02	李辉	文档部	27	3500
14	W03	赵小璐	文档部	30	4000
15			**文档部 汇总**		7500
16			**总计**		35100

Sheet1　Sheet2　Sheet3

以“部门”为分类字段，进行“求和”分类汇总

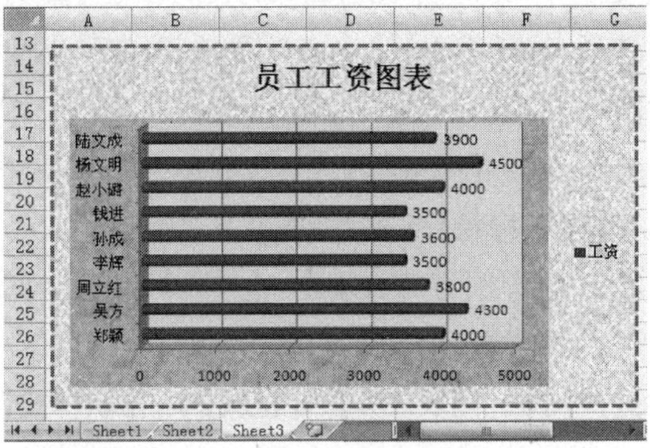

员工工资图表

具体操作步骤

①单击【快速访问工具栏】中的【新建】按钮，新建一个工作簿。再单击【快速访问工具栏】中的【保存】按钮，弹出【另存为】对话框，如图 3-5 所示。在窗口左侧的预设位置列表中，单击【我的文档】文件夹图标，在【文件名】下拉列表中输入“职工登记表”，单击 保存(S) 按钮。

②按照图 3-60 格式输入数据。

③单击 sheet1 工作表中的【工作表选择】按钮，选择整个工作表。

④在右键快捷菜单中选择【复制】命令。

⑤在 sheet2 工作表中，单击 A1 单元格。

⑥在右键快捷菜单中选择【粘贴】命令。

⑦在 sheet3 工作表中，单击 A1 单元格。

⑧在右键快捷菜单中选择【粘贴】命令。

⑨在 sheet1 工作表中选定 A2∶E2 中的一个单元格。

⑩在功能区【数据】选项卡的【排序和筛选】组中选择按钮。

⑪单击“年龄”字段名中的按钮，在【自动筛选】列表中选择“数字筛选”中的“小于”命令，弹出【自定义自动筛选方式】对话框，在第二个下拉列表中输入“30”，单击【确定】按钮，进行筛选。

⑫在 sheet2 工作表中选定 A2∶E2 中的一个单元格。

⑬在功能区【数据】选项卡的【排序和筛选】组中选择按钮，弹出【排序】对话框，在“主要关键字”下拉列表中选择“部门”，在“次序”下拉列表中选择“升序”，单击【确定】按钮。

⑭在 sheet2 工作表中选择 A2∶E2 中的一个单元格。

⑮在功能区【数据】选项卡的【分级显示】组中选择按钮，弹出【分类汇总】对话框，在“分类字段”下拉列表中选择“部门”，在“汇总方式”下拉列表中选择“求和”，在“选定汇总项”选项框中选择“工资”，单击“替换当前分类汇总”复选框和“汇总结果显示在数据下方”复选框，单击【确定】按钮。

⑯在 sheet3 工作表中选择 B2:B11 单元格区域的同时按住【Ctrl】键，再选择 E2:E11 单元格区域，在功能区【插入】选项卡的【图表】组中选择按钮，在弹出的列表框中选择“圆柱图”选项下的“簇状水平圆柱图”。

⑰单击【图表工具】→【设计】→【图表样式】下拉列表中的“图表样式 33”。

⑱单击【图表标题】，将【图表标题】修改为“员工工资图表”。

⑲单击图表的【图表区】，再单击【图表工具】→【格式】→【形状样式】中的【形状填充】，在弹出的列表框中选择“纹理”→“新闻纸”。

⑳单击图表的【图表区】，再单击【图表工具】→【格式】→【形状样式】中的【形状轮廓】，在弹出的列表框中选择“虚线”→“方点”；单击【形状轮廓】，在弹出的列表框中选择“粗细”→“2.25 磅”。

㉑单击图表的【绘图区】，再单击【图表工具】→【格式】/【形状样式】中的【形状填充】，在弹出的列表框中选择“纹理”→“粉色面巾纸”。

㉒ 单击【图表工具】→【布局】→【标签】中的【数据标签】，在弹出的列表框中选择“显示”。

实验 8　设置格式与打印(1)

1. 实验目的

- ◆ 熟练掌握 Excel 2007 调整工作表行高、列宽的方法。
- ◆ 熟练掌握 Excel 2007 工作表中数据进行格式化的方法。
- ◆ 掌握 Excel 2007 工作表中插入和删除单元格的方法。
- ◆ 熟练掌握 Excel 2007 在工作表中如何设置条件格式。

2. 实验内容

- ◆ 设置工作表的行高、列宽。
- ◆ 工作表中单元格编辑与格式化操作。
- ◆ 设置条件格式。

3. 巩固练习和步骤

(1) 新建一个工作簿文档，并以“2002 年预算工作表”文件名保存到【我的文档】文件夹中，输入数据如图 3-61 所示。

	A	B	C	D	E	F
1	2002年预算工作表					
2			2001年		2002年	
3	帐目	项目	实际支出	预计支出	调配拔款	差额
4	A110	薪工	164146	199000	180000	19000
5	A120	保险	58035	73000	66000	7000
6	B140	通讯费	17138	20500	185000	2000
7	B201	差旅费	3319	3900	4300	-400
8	C311	设备	4048	4500	4250	250
9	C324	广告	902	1075	1000	75

图 3-61　2002 年预算工作表

具体要求如下：

- 将标题“2002 年预算工作表”字体设置为“隶书”，字号设置为“20”，加粗，字体颜色设置为“蓝色”，在 A1:F1 单元格区域跨列居中。
- 设置第一行行高为“40”。
- 将“2001 年”和“2002 年”相邻的两个单元格合并及居中。
- 将除标题外表中所有的数据字体设置为“华文楷体”，字号设置为“16”，加粗，字体颜色设置为“深绿色”。
- 将表中所有的数值添加“￥”货币符号，并加千分位分隔符号。
- 将表中所有数据添加绿色边框线，内部细实线，外部双实线(包括标题)。
- 将表第二行加上“紫色”、带“25% 灰色”的网格图案。
- 最终的效果如“样张 25”所示。

样张 25：

	A	B	C	D	E	F
1	2002年预算工作表					
2			2001年		2002年	
3	帐目	项目	实际支出	预计支出	调配拨款	差额
4	A110	薪工	￥164,146	￥199,000	￥180,000	￥19,000
5	A120	保险	￥58,035	￥73,000	￥66,000	￥7,000
6	B140	通讯费	￥17,138	￥20,500	￥185,000	￥2,000
7	B201	差旅费	￥3,319	￥3,900	￥4,300	￥-400
8	C311	设备	￥4,048	￥4,500	￥4,250	￥250
9	C324	广告	￥902	￥1,075	￥1,000	￥75

具体操作步骤

①单击【快速访问工具栏】中的【新建】按钮，新建一个工作簿。再单击【快速访问工具栏】中的【保存】按钮，弹出【另存为】对话框，如图 3-5 所示。在窗口左侧的预设位置列表中，单击【我的文档】文件夹图标，在【文件名】下拉列表中输入“2002 年预算工作表”，单击 保存(S) 按钮。

②按照图 3-61 格式输入数据。

③选择 A1:F1 单元格区域，在功能区【开始】选项卡的【对齐方式】组中选择按钮。

④在功能区【开始】选项卡的【字体】组中选择【字体】下拉列表中的“隶书”，选择【字号】下拉列表中的“20”；选择 B 按钮；选择【字体颜色】下拉列表中的“蓝色”，如图 3-62 所示。

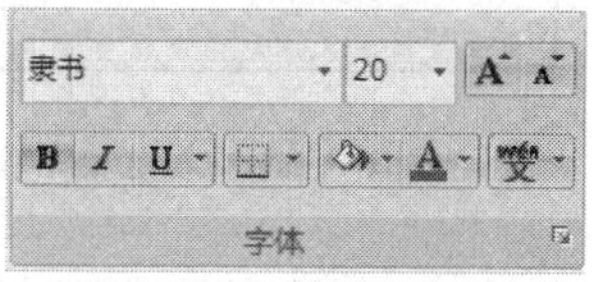

图 3-62 【字体】组

⑤选择第一行，在功能区【开始】选项卡的【单元格】组中选择【格式】下拉列表中的“行高”，弹出【行高】对话框，在编辑框中输入“40”。

⑥选择 C2:D2 单元格区域,在功能区【开始】选项卡的【对齐方式】组中选择按钮。再选择 E2:F2 单元格区域,在功能区【开始】选项卡的【对齐方式】组中选择按钮。

⑦选择 A2:F9 单元格区域,在功能区【开始】选项卡的【字体】组中选择【字体】下拉列表中的“华文楷体”;选择【字号】下拉列表中的“16”;选择 B 按钮;选择【字体颜色】下拉列表中的“深绿色”。

⑧选择 C4:F9 单元格区域,右键单击该单元格区域,在弹出的快捷菜单中选择【设置单元格格式】命令,在【数字】选项卡的“分类”选项中选择“货币”,在“小数位数”中选择“0”,在“货币符号”中选择“¥”,单击【确定】按钮。

⑨选择 C4:F9 单元格区域,右键单击该单元格区域,在弹出的快捷菜单中选择【设置单元格格式】命令,在【数字】选项卡的“分类”选项中选择“数值”,单击“使用千位分隔符”复选框,单击【确定】按钮。

⑩选择 A1:F9 单元格区域,右键单击该单元格区域,在弹出的快捷菜单中选择【设置单元格格式】命令,在【边框】选项卡的“颜色”下拉列表中选项“绿色”,在“样式”中选择“双实线”,单击【外边框】按钮;在“样式”中选择“细实线”,单击【内部】按钮,如图 3-63 所示,单击【确定】按钮。

⑪选择 A2:F2 单元格区域,右键单击该单元格区域,在弹出的快捷菜单中选择【设置单元格格式】命令,在【填充】选项卡的“图案颜色”下拉列表中选项“紫色”,在“图案样式”中选择“25% 灰色”,单击【确定】按钮。

(2)新建一个工作簿文档,并以“各种材料列表”文件名保存到【我的文档】文件夹中,输入数据如图 3-64 所示。

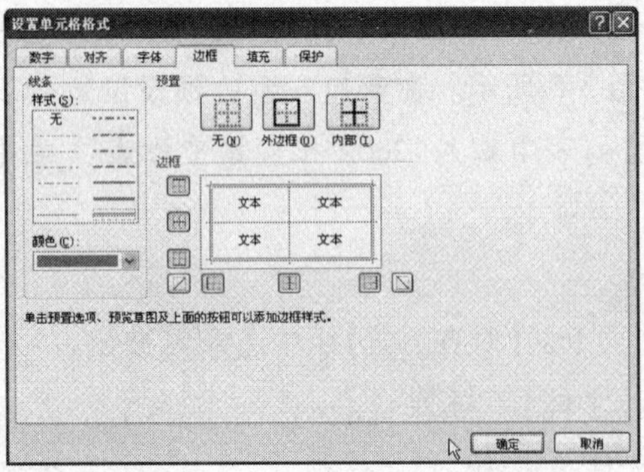

图 3-63 【设置单元格格式】对话框

	A	B	C	D
1	材料序号	材料名称	数量	单价(元)
2	1	方钢	400	1.4
3	2	圆钢	300	1.5
4	3	钢板	400	1.7
5	4	黄铜	100	3.2
6	5	紫铜	600	3.5
7	6	铝	1000	2.3
8	7	铁	2300	0.9
9	8	铅	200	5
10	9	铝合金	1400	2.1

图 3-64 各种材料列表

具体要求如下:

- 设置第一行行高为“25”。

- 将表中 A1:D1 单元格区域中的文字字体设置为“黑体”，字号为“16”，加粗，字体颜色设置为“红色”，背景色设置为“黄色”。
- 将表中 A2:A10 单元格区域中的文字字体颜色设置为“蓝色”，背景色设置为“橙色”。
- 将表中所有数据添加黑色边框线，内部细实线，外部粗实线。
- 将表中第一行设置黑色粗实线。
- 将表中“单价”超过“2”所对应的数字自动显示为“绿色粗体”，而“单价”在“2”以下所对应的数字将自动显示为“紫色粗斜体”。
- 最终的效果如“样张 26”所示。

样张 26：

	A	B	C	D
1	材料序号	材料名称	数量	单价（元）
2	1	方钢	400	*1.4*
3	2	圆钢	300	*1.5*
4	3	钢板	400	*1.7*
5	4	黄铜	100	3.2
6	5	紫铜	600	3.5
7	6	铝	1000	2.3
8	7	铁	2300	*0.9*
9	8	铅	200	5
10	9	铝合金	1400	2.1

具体操作步骤

①单击【快速访问工具栏】中的【新建】按钮，新建一个工作簿。再单击【快速访问工具栏】中的【保存】按钮，弹出【另存为】对话框，如图 3-5 所示。在窗口左侧的预设位置列表中，单击【我的文档】文件夹图标，在【文件名】下拉列表中输入“各种材料列表”，单击保存(S)按钮。

②按照图 3-64 格式输入数据。

③选择第一行，在功能区【开始】选项卡的【单元格】组中选择【格式】下拉列表中的“行高”，弹出【行高】对话框，在编辑框中输入“25”。

④选择 A1:D1 单元格区域，在功能区【开始】选项卡的【字体】组中选择【字体】下拉列表中的“黑体”，选择【字号】下拉列表中的“16”；选择 B 按钮；选择【字体颜色】下拉列表中的“红色”；选择【填充颜色】下拉列表中的“黄色”。

⑤选择 A2:A10 单元格区域，在功能区【开始】选项卡的【字体】组中选择【字体颜色】下拉列表中的“蓝色”，选择【填充颜色】下拉列表中的“橙色”。

⑥选择 A1:D10 单元格区域，右键单击该单元格区域，在弹出的快捷菜单中选择【设置单

元格格式】命令，在【边框】选项卡的“样式”中选择“粗实线”，单击【外边框】按钮；在“样式”中选择“细实线”，单击【内部】按钮，单击【确定】按钮。

⑦选择 A1:D1 单元格区域，右键单击该单元格区域，在弹出的快捷菜单中选择【设置单元格格式】命令，在【边框】选项卡的“颜色”下拉列表中选项“黑色”，在“样式”中选择“粗实线”，单击按钮，单击【确定】按钮。

⑧选择 D2:D10 单元格区域，单击【开始】→【样式】→【条件格式】中的“突出显示单元格规则”，在下拉列表中选择“大于”命令，弹出【大于】对话框，如图 3-65 所示，在第一个编辑框中输入“2”，在第二个下拉列表中选择“自定义格式”，弹出【设置单元格格式】对话框，在【字体】选项卡的“颜色”中选择“绿色”，在“字形”列表框中选择“加粗”，单击【确定】按钮。

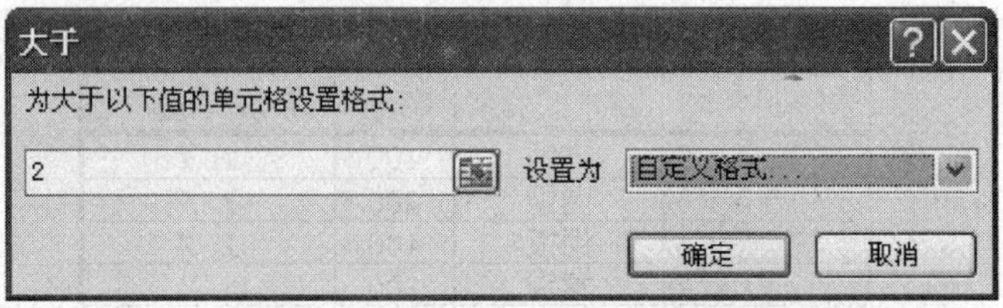

图 3-65 【大于】对话框

⑨选择 D2:D10 单元格区域，单击【开始】→【样式】→【条件格式】中的“突出显示单元格规则”，在下拉列表中选择“小于”命令，弹出【小于】对话框，在第一个编辑框中输入“2”，在第二个下拉列表中选择“自定义格式”，弹出【设置单元格格式】对话框，在【字体】选项卡的“颜色”中选择“紫色”，在“字形”列表框中选择“加粗 倾斜”，单击【确定】按钮。

(3)按照“样张 27”制作并美化一张课程表，并以“课程表”文件名保存到【我的文档】文件夹中。

样张 27：

	A	B	C	D	E	F	G
1	班级课程表						
2	节次 日期		星期一	星期二	星期三	星期四	星期五
3	上午	第1节					
4		第2节					
5		第3节					
6		第4节					
7	下午	第5节					
8		第6节					
9		第7节					

具体操作步骤

①单击【快速访问工具栏】中的【新建】按钮，新建一个工作簿。再单击【快速访问工具栏】中的【保存】按钮，弹出【另存为】对话框，如图3-5所示。在窗口左侧的预设位置列表中，单击【我的文档】文件夹图标，在【文件名】下拉列表中输入“课程表”，单击【保存(S)】按钮。

②选择A1:G1单元格区域，在功能区【开始】选项卡的【对齐方式】组中选择按钮。

③选择A2:B2单元格区域，在功能区【开始】选项卡的【对齐方式】组中选择按钮。

④选择A3:A6单元格区域，在功能区【开始】选项卡的【对齐方式】组中选择按钮。

⑤选择A7:A9单元格区域，在功能区【开始】选项卡的【对齐方式】组中选择按钮。

⑥选择第一行，在功能区【开始】选项卡的【单元格】组中选择【格式】下拉列表中的“行高”，弹出【行高】对话框，在编辑框中输入“32”。

⑦选择第二行，在功能区【开始】选项卡的【单元格】组中选择【格式】下拉列表中的“行高”，弹出【行高】对话框，在编辑框中输入“42”。

⑧选择A1单元格，在功能区【插入】选项卡的【文本】组中选择“艺术字”下拉列表中的任意一种样式，弹出“艺术字”文本框，在文本框中输入“班级课程表”，移动光标到文本框外边框线上，等光标变成形状时按住左键不放并拖动到A1单元格位置，松开鼠标。

⑨选中“班级课程表”文字，在功能区【开始】选项卡的【字体】组中选择【字号】下拉列表中的“20”。

⑩选择A2单元格，输入文字“日期”之后，按【Alt+Enter】组合键换行，输入文字“节次”，将光标移至文字“日”之前，按几下空格键，按【Enter】键。再选择A2单元格，在功能区【开始】选项卡的【对齐方式】组中选择“左对齐”按钮。

⑪选择A3单元格，输入文字“上”之后，按【Alt+Enter】组合键换行，输入文字“午”。或者选择A3单元格，在功能区【开始】选项卡的【对齐方式】组中选择【方向】下拉列表中的“竖排文字”命令，输入文字“上午”。

⑫选择A7单元格，输入文字“下”之后，按【Alt+Enter】组合键换行，输入文字“午”。

⑬其他文字按照样张27格式输入。

⑭选择A2:G9单元格区域，在功能区【开始】选项卡的【单元格】组中选择【格式】下拉列表中的“设置单元格格式”命令，弹出【设置单元格格式】对话框，在【边框】选项卡的“样式”中选择“粗实线”，单击【外边框】按钮;在“样式”中选择“细实线”，单击【内部】按钮，单击【确定】按钮。

⑮选择A2:G2单元格区域，在功能区【开始】选项卡的【单元格】组中选择【格式】下拉列表中的“设置单元格格式”命令，弹出【设置单元格格式】对话框，在【边框】选项卡的“样式”中选择“粗实线”，单击按钮，单击【确定】按钮。

⑯选择A2单元格，在功能区【开始】选项卡的【单元格】组中选择【格式】下拉列表中的

“设置单元格格式”命令，弹出【设置单元格格式】对话框，在【边框】选项卡的“样式”中选择“细实线”，单击按钮，单击【确定】按钮。

⑰选择 A2:G2 单元格区域，在功能区【开始】选项卡的【字体】组中选择【填充颜色】下拉列表中的“蓝色”。

实验 9　设置格式与打印(2)

1. 实验目的

- ◆ 熟练掌握 Excel 2007 调整工作表行高、列宽的方法。
- ◆ 熟练掌握 Excel 2007 工作表中数据进行格式化的方法。
- ◆ 掌握 Excel 2007 如何插入页眉和页脚的方法。
- ◆ 掌握设置页面的方法。

	A	B	C	D	E
1	销售汇总表				
2	季度	1公司	2公司	3公司	4公司
3	第1季度	300	355	285	635
4	第2季度	320	534	316	578
5	第3季度	308	456	409	645
6	第4季度	467	578	257	567
7					
8	合计				
9	最高				
10	最低				
11	平均				
12	是否达标				

图 3-66　销售汇总表

2. 实验内容

- ◆ 设置工作表的行高、列宽。
- ◆ 工作表中单元格编辑与格式化操作。
- ◆ 在工作表中插入页眉和页脚。

3. 巩固练习和步骤

(1) 新建一个工作簿文档，并以“销售汇总表”文件名保存到【我的文档】文件夹中，输入数据如图 3-66 所示。

具体要求如下：

- ● 使用公式或函数计算“合计”、“最高”、“最低”、“平均”。
- ● 使用 IF 函数统计是否达标(注：最高值和最低值之差不超过 200 为达标)。
- ● 将标题“销售汇总表”字体设置为“楷体”，字号设置为“20”，字体颜色设置为“绿色”，合并及居中。
- ● 将表中 A2:E12 单元格区域中的文字字号设置为“12”。
- ● 将表中 A2:E2 ，A3:A12 单元格区域中的文字字体设置为“黑体”，字体颜色设置为“红色”。
- ● 将表中数字数据设置为保留 1 位小数。
- ● 将表中 2 ~ 12 行的行高设置为“19”。
- ● 将表中 A2:E12 单元格区域添加黑色边框线，内部细实线，外部粗实线，第 2 行和第 7 行设置双实线。
- ● 将表中各公司的销售额(B3:E6 单元格区域)小于 350 的设置为“浅红色填充”。
- ● 最终的效果如“样张 28”所示。

样张 28：

	A	B	C	D	E
1	销售汇总表				
2	季度	1公司	2公司	3公司	4公司
3	第1季度	300.0	355.0	285.0	635.0
4	第2季度	320.0	534.0	316.0	578.0
5	第3季度	308.0	456.0	409.0	645.0
6	第4季度	467.0	578.0	257.0	567.0
7					
8	合计	1395.0	1923.0	1267.0	2425.0
9	最高	467.0	578.0	409.0	645.0
10	最低	300.0	355.0	257.0	567.0
11	平均	348.8	480.8	316.8	606.3
12	是否达标	达标		达标	达标

具体操作步骤

①单击【快速访问工具栏】中的【新建】按钮，新建一个工作簿。再单击【快速访问工具栏】中的【保存】按钮，弹出【另存为】对话框，如图 3-5 所示。在窗口左侧的预设位置列表中，单击【我的文档】文件夹图标，在【文件名】下拉列表中输入“销售汇总表”，单击 保存(S) 按钮。

②按照图 3-66 格式输入数据。

③单击 B8 单元格，在功能区【开始】选项卡的【编辑】组中单击 Σ· 按钮，在下拉菜单中选择【求和】命令，同时出现被虚线方框围住的用于求和的单元格区域，由于默认的求和区域不是我们需要选定的区域，所以再用鼠标选择 B3:B6 区域，按【Enter】键。

④拖动 B8 单元格右下角的填充柄至 E8 单元格，则 C8:E8 单元格区域自动填充相应的合计。

⑤单击 B9 单元格，在功能区【开始】选项卡的【编辑】组中单击 Σ· 按钮，在下拉菜单中选择【最大值】命令，同时出现被虚线方框围住的用于求最大值的单元格区域，由于默认的求最大值区域不是我们需要选定的区域，所以再用鼠标选择 B3:B6 区域，按【Enter】键。

⑥拖动 B9 单元格右下角的填充柄至 E9 单元格，则 C9:E9 单元格区域自动填充相应的最高。

⑦单击 B10 单元格，在功能区【开始】选项卡的【编辑】组中单击 Σ· 按钮，在下拉菜单中选择【最小值】命令，同时出现被虚线方框围住的用于求最小值的单元格区域，由于默认的求最小值区域不是我们需要选定的区域，所以再用鼠标选择 B3:B6 区域，按【Enter】键。

⑧拖动 B10 单元格右下角的填充柄至 E10 单元格，则 C10:E10 单元格区域自动填充相应的最低。

⑨单击 B11 单元格，在功能区【开始】选项卡的【编辑】组中单击 Σ 按钮，在下拉菜单中选择【平均值】命令，同时出现被虚线方框围住的用于求平均值的单元格区域，由于默认的求平均值区域不是我们需要选定的区域，所以再用鼠标选择 B3:B6 区域，按【Enter】键。

⑩拖动 B11 单元格右下角的填充柄至 E11 单元格，则 C11:E11 单元格区域自动填充相应的平均。

⑪单击 B12 单元格，输入“=IF((B9-B10)<200,“达标”,“ ”)”，按【Enter】键。

⑫拖动 B12 单元格右下角的填充柄至 E12 单元格，则 C12:E12 单元格区域自动填充相应的是否达标。

⑬选择 A1:E1 单元格区域，在功能区【开始】选项卡的【对齐方式】组中选择按钮。

⑭在功能区【开始】选项卡的【字体】组中选择【字体】下拉列表中的“楷体”，选择【字号】下拉列表中的“20”，选择【字体颜色】下拉列表中的“绿色”。

⑮选择 A2:E12 单元格区域，在功能区【开始】选项卡的【字体】组中选择【字号】下拉列表中的“12”。

⑯选择 A2:E2 单元格区域的同时按住【Ctrl】键，再选择 A3:A12 单元格区域，在功能区【开始】选项卡的【字体】组中选择【字体】下拉列表中的“黑体”，选择【字体颜色】下拉列表中的“红色”。

⑰选择 B3:E11 单元格区域，右键单击该单元格区域，在弹出的快捷菜单中选择【设置单元格格式】命令，在【数字】选项卡的“分类”选项中选择“数值”，小数位数设置为“1”，单击【确定】按钮。

⑱选择 A2:E12 单元格区域，在功能区【开始】选项卡的【单元格】组中选择【格式】下拉列表中的“行高”，弹出【行高】对话框，在编辑框中输入“19”。

⑲选择 A2:E12 单元格区域，在功能区【开始】选项卡的【单元格】组中选择【格式】下拉列表中的“设置单元格格式”命令，弹出【设置单元格格式】对话框，在【边框】选项卡的“样式”中选择“粗实线”，单击【外边框】按钮；在“样式”中选择“细实线”，单击【内部】按钮，单击【确定】按钮。

⑳选择 A2:E2 单元格区域的同时按住【Ctrl】键，再选择 A7:E7 单元格区域，在功能区【开始】选项卡的【单元格】组中选择【格式】下拉列表中的“设置单元格格式”命令，弹出【设置单元格格式】对话框，在【边框】选项卡的“样式”中选择“双实线”，单击按钮，单击【确定】按钮。

㉑选择 B3:E6 单元格区域，单击【开始】→【样式】→【条件格式】中的“突出显示单元格规则”，在下拉列表中选择“小于”命令，弹出【小于】对话框，在第一个编辑框中输入“350”，在第二个下拉列表中选择“浅红色填充”，单击【确定】按钮。

(2)新建一个工作簿文档，并以“销售日报表”文件名保存到【我的文档】文件夹中，输入数据如图 3-67 所示。

	A	B	C	D	E	F	G	H
1	南方寝饰销售日报表						No	0000950
2	商场名称:						日期	
3	品名及型号	规格	单位	数量	原价	现价	金额	备注
4								
5								
6								
7								
8								
9								
10								
11								
12								
13								
14	合计							
15		制表:						

图 3-67　销售日报表

具体要求如下：

- 将标题“南方寝饰销售日报表”字体设置为“黑体”，字号设置为“24”，加“双下划线”，字体颜色设置为“紫色”，合并及居中（A1:F1 单元格区域）。
- 将 G1:H1 单元格区域加上“深蓝色”、带“12.5%灰色”的网格图案。
- 将 B2:F2 单元格区域合并。
- 将表中 A3:H14 单元格区域添加黑色边框线，内部细实线，外部粗实线（注：表格左、右外边框不添加边框线）。
- 最终的效果如“样张 29”所示。

样张 29：

	A	B	C	D	E	F	G	H
1	南方寝饰销售日报表						No	0000950
2	商场名称:						日期	
3	品名及型号	规格	单位	数量	原价	现价	金额	备注
4								
5								
6								
7								
8								
9								
10								
11								
12								
13								
14	合计							
15		制表:						

具体操作步骤

①单击【快速访问工具栏】中的【新建】按钮，新建一个工作簿。再单击【快速访问工具

栏】中的【保存】按钮，弹出【另存为】对话框，如图3-5所示。在窗口左侧的预设位置列表中，单击【我的文档】文件夹图标，在【文件名】下拉列表中输入“销售日报表”，单击保存(S)按钮。

②按照图3-67格式输入数据。

③选择A1:F1单元格区域，在功能区【开始】选项卡的【对齐方式】组中选择按钮。

④在功能区【开始】选项卡的【字体】组中选择【字体】下拉列表中的“黑体”，选择【字号】下拉列表中的“24”，选择【下划线】下拉列表中的“双下划线”，选择【字体颜色】下拉列表中的“紫色”。

⑤选择G1:H1单元格区域，右键单击该单元格区域，在弹出的快捷菜单中选择【设置单元格格式】命令，在【填充】选项卡的“图案颜色”下拉列表中选项“深蓝色”，在“图案样式”中选择“12.5%灰色”，单击【确定】按钮。

⑥选择B2:F2单元格区域，在功能区【开始】选项卡的【对齐方式】组中选择按钮。

⑦选择A3:H14单元格区域，在功能区【开始】选项卡的【单元格】组中选择【格式】下拉列表中的“设置单元格格式”命令，弹出【设置单元格格式】对话框，在【边框】选项卡的“样式”中选择“粗实线”，单击和边框按钮；在“样式”中选择“细实线”，单击【内部】按钮，单击【确定】按钮。

(3)新建一个工作簿文档，并以“园林1班学生登记表”文件名保存到【我的文档】文件夹中，输入数据如图3-68所示。

	A	B	C	D	E	F	G	H	I	J	K
1	园林1班学生登记表										
2											
3	学号	姓名	性别	生日	语文	数学	外语	科学	总分	住址	手机
4											
5											

图3-68 园林1班学生登记表

具体要求如下：

- 将标题“园林1班学生登记表”字体设置为“黑体”，字号设置为“22”，合并及居中(A1:K1单元格区域)。
- 将表头A3:K3单元格区域中的文字设置为竖排文字并居中，字体设置为“华文新魏”，字号设置为“12”，水平居中对齐，并将背景色设置为“渐变双色填充”，颜色1为“白色”，颜色2为“橙色”。
- 为表格“学号”一列，添加“39”条记录。
- 将表中A3:K42单元格区域添加边框线，外部是黑色粗实线，内部是红色细实线。
- 在标题处插入一个植物类剪贴画或图片，并调整到合适位置。
- 将表纸张大小设为A4及方向设为横向。

- 在学号“23”前插入分页符。
- 设置每页都保留顶端标题行。
- 在页眉区输入文字“2012 届”。
- 预览所制作的表格。
- 最终的效果如“样张 30”所示。

样张 30:

2012届

园林1班学生登记表

学号	姓名	性别	生日	语文	数学	外语	科学	总分	住址	手机
1										
2										
3										
4										
5										
6										
7										
8										
9										
10										
11										
12										
13										
14										
15										
16										
17										
18										
19										
20										
21										
22										

具体操作步骤

①单击【快速访问工具栏】中的【新建】按钮，新建一个工作簿。再单击【快速访问工具栏】中的【保存】按钮，弹出【另存为】对话框，如图 3-5 所示。在窗口左侧的预设位置列表中，单击【我的文档】文件夹图标，在【文件名】下拉列表中输入“园林 1 班学生登记表”，单击 保存(S) 按钮。

②按照图 3-68 格式输入数据。

③选择 A1:K1 单元格区域，在功能区【开始】选项卡的【对齐方式】组中选择按钮。

④在功能区【开始】选项卡的【字体】组中选择【字体】下拉列表中的“黑体”，选择【字号】下拉列表中的“22”。

⑤选择 A3:K3 单元格区域，在功能区【开始】选项卡的【对齐方式】组中选择【方向】下拉列表中的“竖排文字”命令；在功能区【开始】选项卡的【对齐方式】组中选择【居中】按钮。

⑥在功能区【开始】选项卡的【字体】组中选择【字体】下拉列表中的“华文新魏”，选择【字号】下拉列表中的“12”。

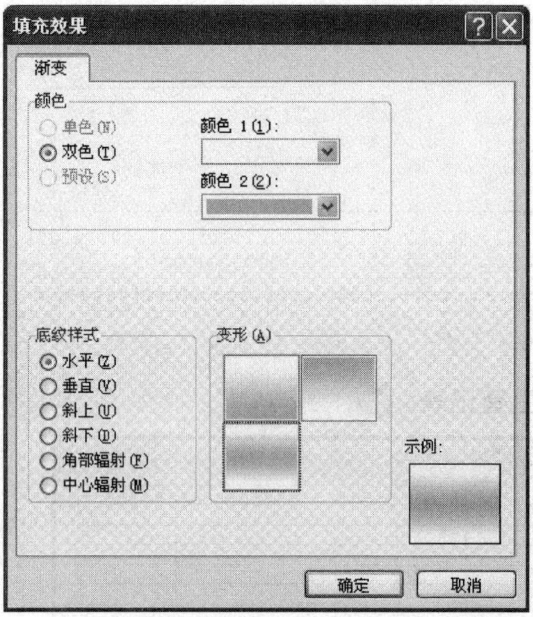

图3-69 【填充效果】对话框

⑦在功能区【开始】选项卡的【单元格】组中选择【格式】下拉列表中的“设置单元格格式”，在【填充】选项卡中，单击【填充效果(I)...】按钮，弹出【填充效果】对话框，选择“双色”单选按钮，将“颜色 2”设置为“橙色”，如图3-69所示，单击【确定】按钮。

⑧在A4单元格中输入“1”，按住【Ctrl】键的同时用鼠标拖动A4单元格右下角的填充柄至A42单元格。

⑨选择A3:K42单元格区域，在功能区【开始】选项卡的【单元格】组中选择【格式】下拉列表中的“设置单元格格式”命令，弹出【设置单元格格式】对话框，在【边框】选项卡的“样式”中选择“粗实线”，单击【外边框】按钮；在“颜色”中选择“红色”，在“样式”中选择“细实线”，单击【内部】按钮，单击【确定】按钮。

⑩单击A1单元格，在功能区【插入】选项卡的【插图】组中选择【剪贴画】，弹出【剪贴画】任务窗格，在“搜索文字”文本框中输入“植物”，单击【搜索】按钮，在列表框中选择一个“剪贴画”。

⑪移动光标到图片外边框线上，等光标变成形状时按住左键不放并拖动到A1单元格适当位置，松开鼠标，调整大小。

⑫右键单击图片，在弹出的快捷菜单中选择“复制”命令，右键单击A1单元格，在弹出的快捷菜单中选择“粘贴”命令，调整图片位置。

⑬在功能区【页面布局】选项卡的【页面设置】组中选择【纸张大小】下拉列表中的“A4”选项。

⑭在功能区【页面布局】选项卡的【页面设置】组中选择【纸张方向】下拉列表中的“横向”选项。

⑮单击A26单元格，在功能区【页面布局】选项卡的【页面设置】组中选择【分隔符】下拉列表中的“插入分页符”选项。

图3-70 【页面设置】组

⑯单击功能区【页面布局】选项卡的【页面设置】组中的【页面设置】按钮，如图3-70所示，弹出【页面设置】对话框，选择【工作表】选项卡，

在顶端标题行编辑框中英文状态下输入“＄1：＄3”，如图3-71所示，单击【确定】按钮。

⑰在功能区【插入】选项卡的【文本】组中选择【页眉和页脚】按钮，在“页眉”处输入“2012届”。

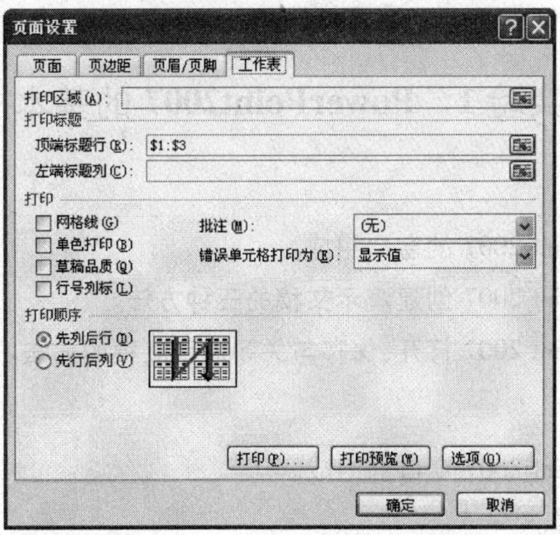

图3-71　【页面设置】对话框

第 4 章　演示文稿软件应用

实验 1　PowerPoint2007 的基本操作

1. 实验目的

- ◆ 熟悉 PowerPoint 2007 的窗口组成。
- ◆ 掌握 PowerPoint 2007 创建演示文稿的三种方法。
- ◆ 掌握 PowerPoint 2007 打开、保存与关闭演示文稿的方法。

2. 实验内容

- ◆ 熟悉 PowerPoint 2007 窗口的组成。
- ◆ 新建演示文稿。
- ◆ 保存演示文稿。
- ◆ 打开与关闭演示文稿。

3. 巩固练习及步骤

具体要求如下:

- ● 创建一个空白演示文稿。
- ● 分别使用模板“现代型相册”、“古典型相册”创建新演示文稿。
- ● 分别使用主题“暗香扑面”、“跋涉”创建新演示文稿。
- ● 将创建的演示文稿保存到“我的文档”中。

具体操作步骤

(1)熟悉窗口的组成

请同学们仔细观察 Office 按钮、快速访问工具栏、标题栏、功能区和状态栏等窗口的组成,如图 4-1 所示。

(2)创建演示文稿

创建一个空白演示文稿有启动 PowerPoint 2007 自动创建、使用 Office 按钮创建和通过快速访问工具栏创建三种方式,这三种方式的步骤如下:

①启动 PowerPoint 2007 自动创建空演示文稿。

②使用 Office 按钮创建空演示文稿。

a. 单击工作界面左上角的 Office 按钮,在弹出的菜单中选择【新建】命令,打开如图 4-2 所示的【新建演示文稿】对话框。

b. 在“模板”列表框中选择【空白文档和最近使用的文档】选项中的【空白演示文稿】。

c. 单击【创建】按钮，即可新建一个空演示文稿。

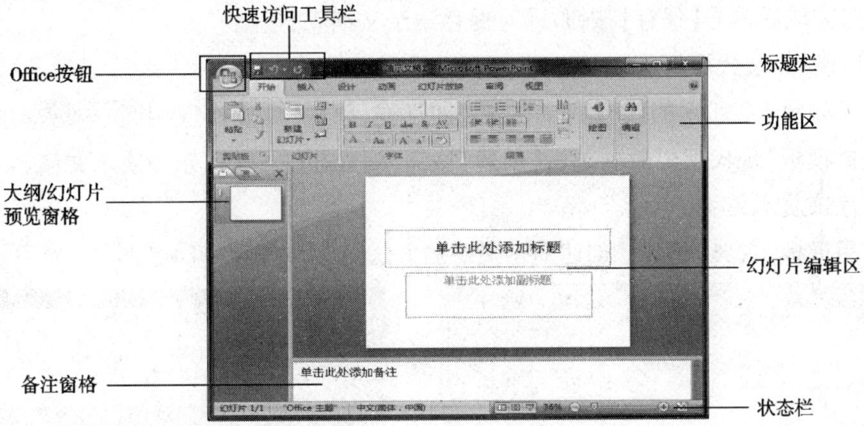

图 4-1　PowerPoint 2007

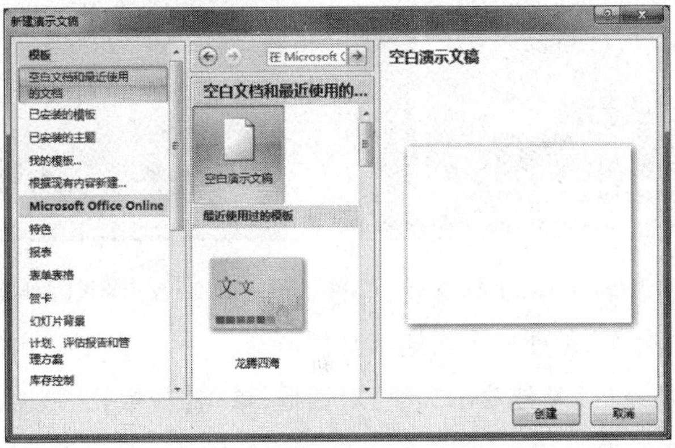

图 4-2　【新建演示文稿】对话框

③通过快速访问工具栏创建空演示文稿。

a. 单击快速访问工具栏右侧的下拉箭头，从弹出的快捷菜单中选择【新建】命令，这时【新建】命令按钮被添加到快速访问工具栏中，如图 4-3 所示。

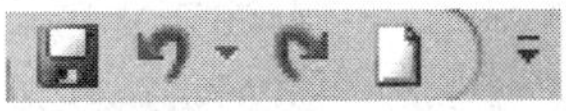

图 4-3　添加【新建】命令按钮到快速访问工具栏中

b. 单击【新建】按钮，即可新建一个空演示文稿。

c. 新建演示文稿的默认版式为标题版式。

d. 在标题幻灯片中输入幻灯片的标题和副标题。

e. 若要插入新幻灯片，可以单击功能区的【新建幻灯片】按钮，或按【ctrl + M】组合键，再选择所需要的版式。

f. 在新幻灯片中根据需要输入相关的内容。

g. 要继续插入新的幻灯片，可以重复步骤 e 和步骤 f 的操作，并添加所需的其他设计元素或效果。

h. 单击快速访问工具区的【保存】命令，打开【另存为】对话框。

i. 选择保存位置并为文件取名。

j. 设置完成后单击【保存】按钮，即可保存演示文稿。

④使用模板“现代型相册”创建一个新演示文稿。

a. 打开如图 4-2 所示的【新建演示文稿】对话框，单击【模板】区域中 已安装的模板 按钮。

b. 选择模板“现代型相册”，单击【创建】按钮，创建如图 4-4 所示的演示文稿。

c. 保存该演示文稿。

d. 使用模板“古典型相册”创建演示文稿的方法同上，效果如图 4-5 所示。

图 4-4　使用模板【现代型相册】创建的演示文稿

图 4-5　使用模板【古典型相册】创建的演示文稿

⑤使用主题“暗香扑面”创建一个新演示文稿。

a. 打开如图 4-2 所示的【新建演示文稿】对话框，单击【模板】区域中 已安装的模板 按钮。

b. 选择主题“暗香扑面”，单击【创建】按钮，创建如图 4-6 所示演示文稿。

c. 保存该演示文稿。

d. 使用主题“跋涉”创建演示文稿的方法同上，效果如图 4-7 所示。

(3) 保存演示文稿

Office 软件提供的保存方式有【保存】(同【Ctrl + S】组合键) 和【另存为】两个命令，这两个命令在第一次使用时效果相同，都为【另存为】命令，将弹出【另存为】对话框，由用户选择保存位置及为文件起名后保存；在第二次使用时效果不同，点击【保存】命令将不弹出任何对话框，默认将文件以上次的文件名保存在上次保存的位置，点击【另存为】命令仍将弹出【另存为】对话框，用户可以选择保存位置及为文件换名保存。具体使用方法如下：

①单击工作界面左上角的 Office 按钮，在弹出的菜单中选择【保存】命令或者【另存为】命令即可。

②单击图 4-8 上的【保存】按钮即可。

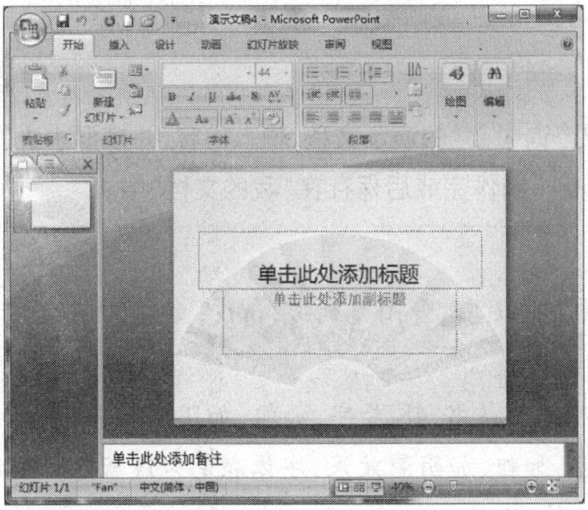

图 4-6　使用主题【暗香扑面】创建的演示文稿

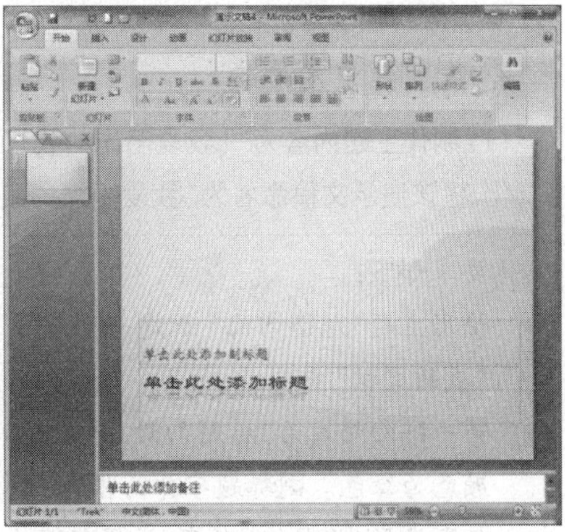

图 4-7　使用主题【跋涉】创建的演示文稿

(4)打开与关闭演示文稿

①对于已经建立好的演示文稿,可按以下步骤打开:

a. 单击在快速访问工具栏右侧的下拉箭头,从弹出的快捷菜单中选择【打开】命令,这时【新建】命令按钮被添加到快速访问工具栏中,如图 4-8 所示。

b. 单击按钮,或者单击 Office 按钮,在弹出的菜单中选择【打开】命令,则弹出【打开】对话框。

c. 在对话框中找到要打开的文件,单击【打开】按钮,完成演示文稿的打开。

图 4-8　添加【打开】命令按钮到快速访问工具栏中

②用户可按以下步骤关闭演示文稿:

a. 单击 Office 按钮,在弹出的菜单中选择【关闭】命令。

b. 若演示文稿已保存,则系统立即关闭文稿。若演示文稿进行修改后未保存,系统会弹出询问对话框,单击【是】按钮,则保存后关闭演示文稿;单击【否】按钮,则对修改内容不保存,直接关闭演示文稿;单击【取消】,不关闭演示文稿。

实验 2　幻灯片文本的格式化

1. 实验目的

- 掌握幻灯片中文本的格式化设置。
- 掌握幻灯片中段落的格式化设置。

2. 实验内容

- 输入文本。

◆ 格式化文本。

◆ 格式化段落。

3. 巩固练习及步骤

(1)制作主题内容为"'我爱阳光的我'心理咨询中心"的演示文稿，输入内容，并按要求进行格式化，将该演示文稿命名为"我爱阳光的我.pptx"，制作完成后保存在"我的文档"中。

具体要求如下：

- 使用主题"龙腾四海"新建一个演示文稿，并以"我爱阳光的我.pptx"文件名保存到"我的文档"中。
- 第一张幻灯片为"标题幻灯片"，主标题字体为隶书，48号字，加粗、加阴影效果，字体颜色为绿色。副标题字体为楷体，28号字，加粗、加阴影效果，字体颜色为浅蓝色。副标题设置为"居中"对齐，设置行距为固定值40磅。
- 添加第二张幻灯片为"标题和内容"版式。设置标题字体为华文彩云，60号字，加粗，并调整为一定的旋转角度，字体颜色为"橙色，强调文字颜色6，深色25%，"。正文为竖排文字，第一段加蓝色、波浪线下划线。
- 添加第三张幻灯片为"标题和内容"版式；设置标题字体为华文彩云，48号字，加粗，并调整为一定的旋转角度，字体颜色为"橙色，强调文字颜色6，深色25%，"；正文为华文楷体，20号字，正文标题加粗并居中；正文段落设置缩进为文本之前0磅，首行缩进1.5cm，段前间距为10磅，单倍行距。
- 添加第四张幻灯片为"标题和内容"版式；幻灯片标题字体为幼圆，44号字，加粗、加阴影效果，字体颜色为橙色；正文项目符号选择三个雪花样式，设置项目符号大小为90，颜色为深红色。
- 添加第五张幻灯片为"两栏内容"版式；设置标题字体为华文琥珀，60号字，字体颜色为"深蓝，文字2，淡色25%，"；正文字体为华文行楷，28号字，每栏设置对应的项目符号，段后间距为30磅；段落设置自动编号。
- 最后效果在幻灯片浏览视图下如图4-9所示。

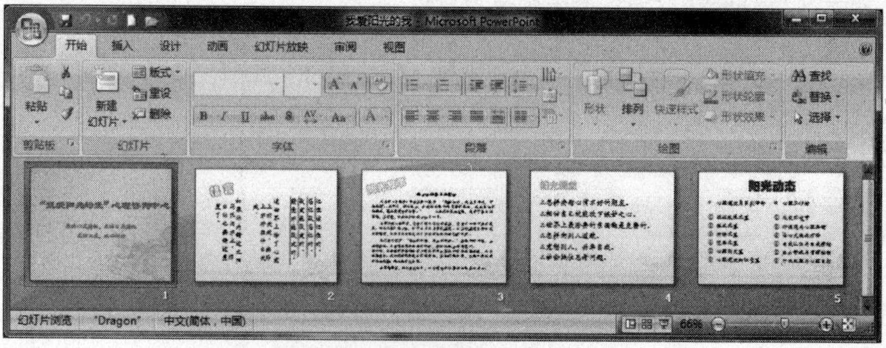

图4-9 "我爱阳光的我"演示文稿效果图

具体操作步骤

①第一张幻灯片即标题幻灯片制作:

a. 应用上次实训练习过的内容,使用 已安装的主题 中的“龙腾四海”创建一个新的演示文稿,创建后效果如图 4-10 所示。

b. 在【单击此处添加标题】占位符中输入文字“‘我爱阳光的我’心理咨询中心”;在【单击此处添加副标题】占位符中输入 2 行文字,如图 4-11 所示。

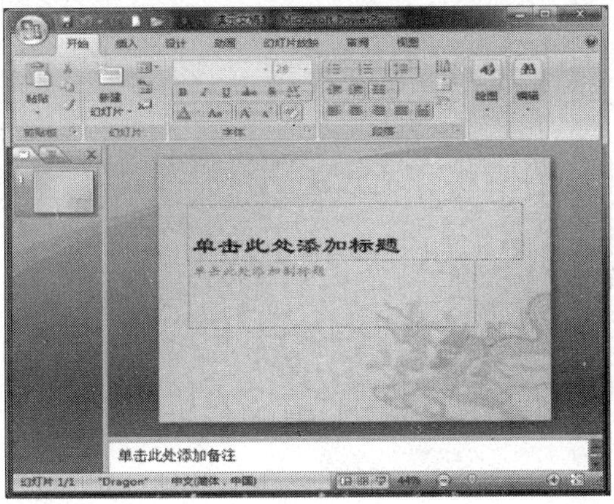

图 4-10　主题“龙腾四海”效果图

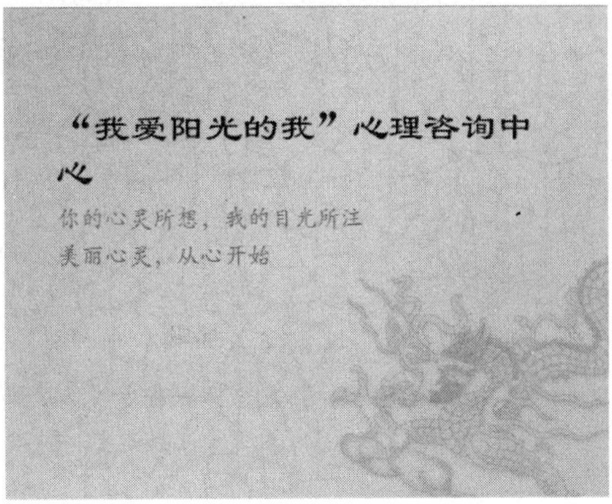

图 4-11　在文本占位符中输入文字

c. 在【开始】选项卡的【字体】组中,设置标题文字字体为“隶书”,字号为 48,字形为加粗 B,字体效果为文字阴影 S,字体颜色为绿色 A;设置副标题文字字体为“楷体”,字号为 28,字形为加粗 B,字体效果为文字阴影 S,字体颜色为浅蓝。

d. 选中副标题占位符,在【开始】选项卡中的【段落】组中单击【行距】按钮,在弹出的菜单中选择【行距选项】命令,打开【段落】对话框,如图 4-12 所示。

e. 设置【对齐方式】为“居中”,【行距】为“固定值”,【设置值】为“40 磅”,单击【确定】按钮。

f. 调整两个占位符的位置及大小,此时幻灯片效果如图 4-13 所示。

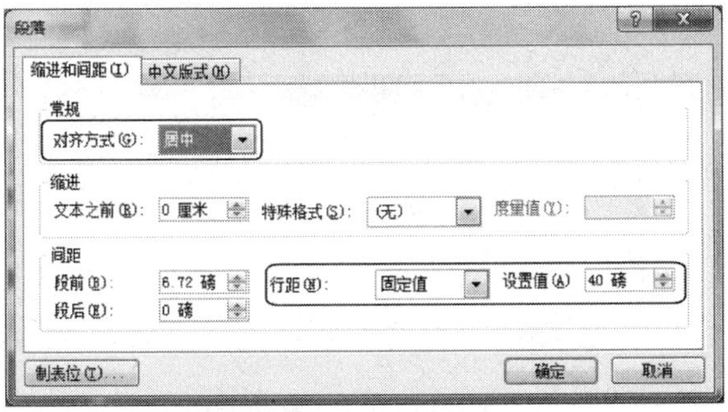

图 4-12　【段落】对话框中设置对齐方式及行距

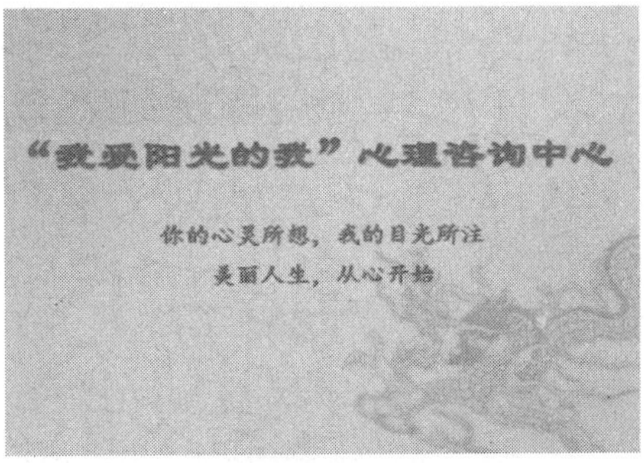

图 4-13　第一张幻灯片完成效果图

②第二张幻灯片制作:

a. 在【开始】选项卡的【幻灯片】组中单击【新建幻灯片】按钮旁的倒三角，在弹出的菜单中选择【标题和内容】板式，完成添加一张新幻灯片，如图 4-14 所示。

b. 在【单击此处添加标题】文本占位符中输入标题文字“格言”，设置字体为“华文彩云”，字号为 60，字形为加粗，并调整占位符大小及位置，并旋转一定角度，如图 4-15 所示。

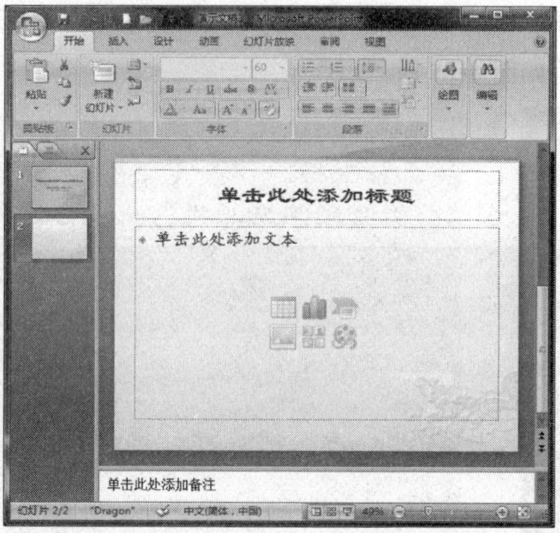

图 4-14　添加“标题和内容”版式幻灯片

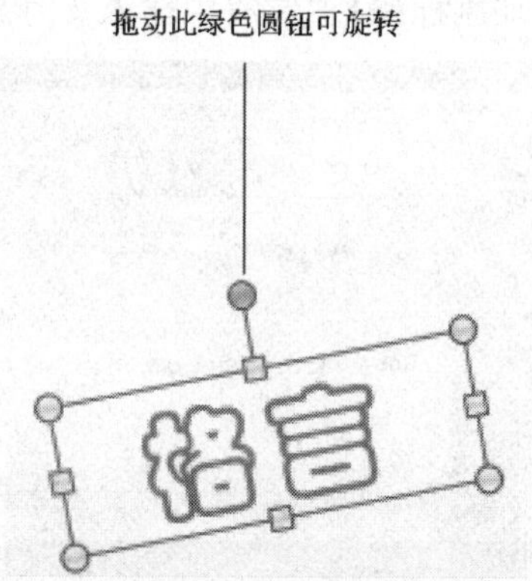

图 4-15　标题设置

c. 单击【单击此处添加文本】占位符，在【开始】选项卡的【段落】组中单击【文字方向】按钮，在弹出的菜单中选择【竖排】，并单击【项目符号】按钮，取消默认项目符号，效果如图 4-16 所示。

d. 输入文字内容后，选中第一段格言，单击【字体】组中右下角的对话框启动器，打开【字体】对话框，如图 4-17 所示。

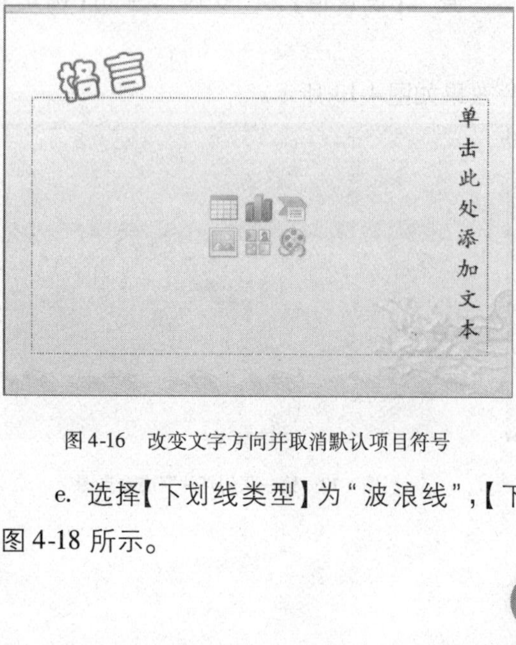

图 4-16　改变文字方向并取消默认项目符号

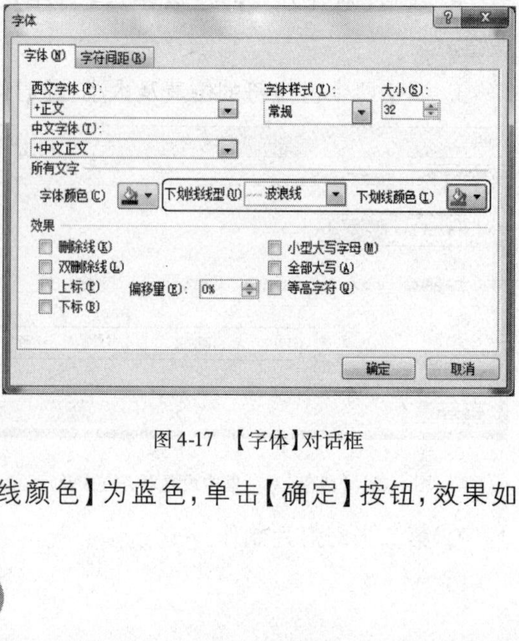

图 4-17　【字体】对话框

e. 选择【下划线类型】为“波浪线”，【下划线颜色】为蓝色，单击【确定】按钮，效果如图 4-18 所示。

③第三张幻灯片制作：

a. 重复本节巩固练习及步骤中②中的 a，添加一张新幻灯片。

b. 重复本节巩固练习及步骤中②中的 b，制作幻灯片标题“阳光故事”，字号设置为 48。

c. 单击【单击此处添加文本】占位符，并单击【开始】选项卡【段落】组中【项目符号】按钮，取消默认项目符号，并输入文字内容“低下头就能看见美丽”及正文内容。

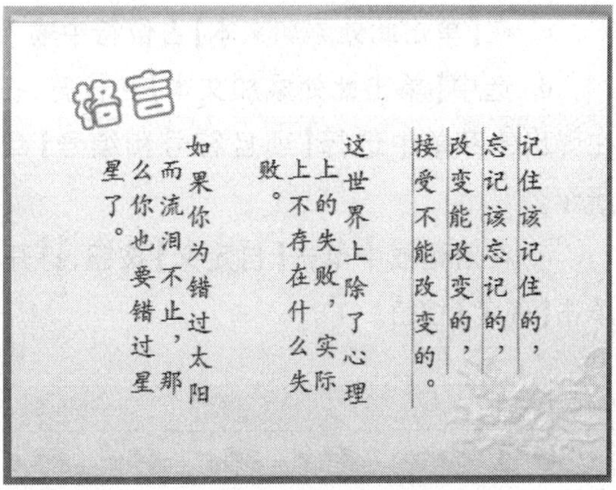

图 4-18　第二张幻灯片效果图

d. 选中故事标题“低下头就能看见美丽”，设置字体为“华文楷体”，字号为 20 磅，字形加粗，居中对齐。

e. 选中故事正文部分，单击【段落】组中右下角的对话框启动器，打开【段落】对话框，如图 4-12 所示。

f. 设置【缩进】中【文本之前】为 0，【特殊格式】为“首行缩进”，【度量值】为 1. 5 厘米。

g. 设置【间距】中【段前】为 10 磅，行距为“单倍行距”，单击【确定】按钮，最终效果图如 4-19 所示。

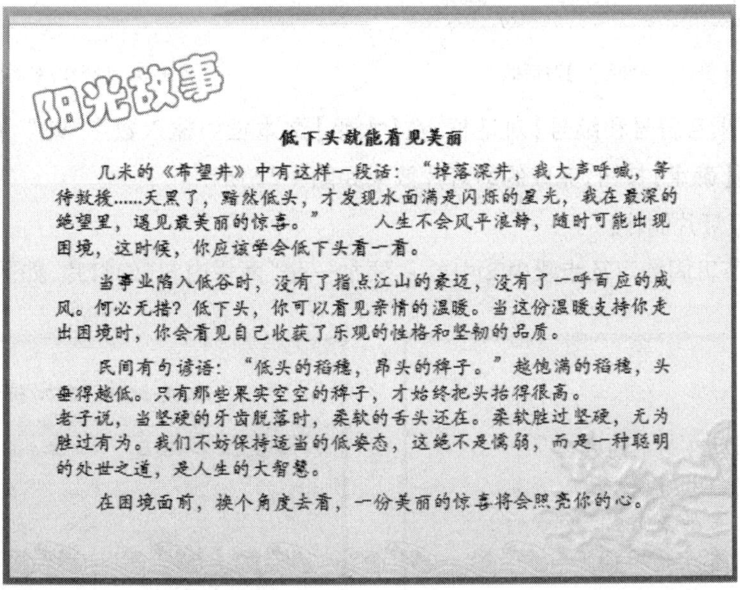

图 4-19　第三张幻灯片效果图

④第四张幻灯片制作：

a. 重复本节巩固练习及步骤中②中的 a，添加一张新幻灯片。

b. 输入幻灯片标题“阳光课堂”，设置字体为“幼圆”，字号为 44，字形为加粗，字体效果为“文字阴影”，并调节占位符大小及位置。

c. 在【单击此处添加文本】占位符中输入文字，设置字体为“华文行楷”，字号为36。

d. 选中【单击此处添加文本】占位符，在【段落】组中单击【项目符号】按钮右侧的箭头，在弹出的菜单中选择【项目符号和编号】命令，打开【项目符号和编号】对话框，如图4-20所示。

e. 在对话框中单击【自定义】按钮，打开【符号】对话框，选择如图4-21所示的符号样式，单击【确定】按钮。

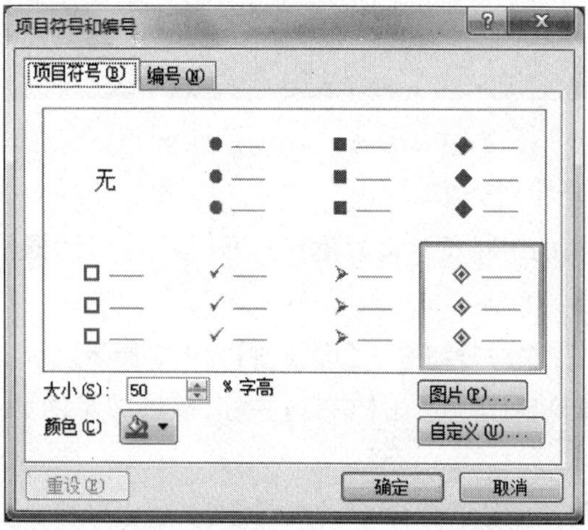

图4-20 【项目符号和编号】对话框

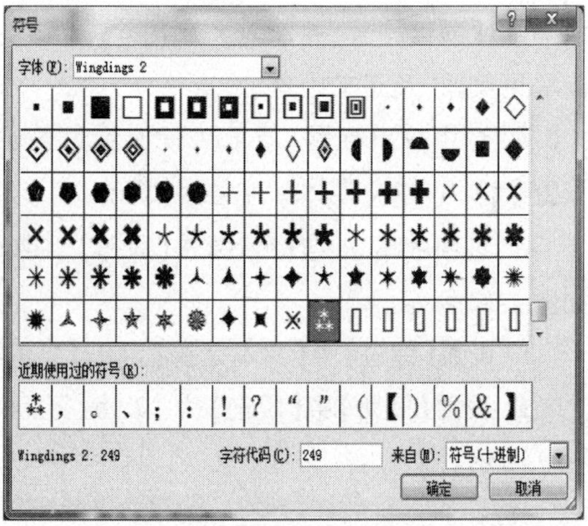

图4-21 【符号】对话框

f. 返回到【项目符号和编号】对话框，在【大小】文本框中输入数字“90”，选择【颜色】为“深红色”，单击【确定】按钮，完成的幻灯片效果如图4-22所示。

⑤第五张幻灯片制作：

a. 重复本节巩固练习及步骤中②中的a，添加一张“两栏内容”幻灯片，如图4-23所示。

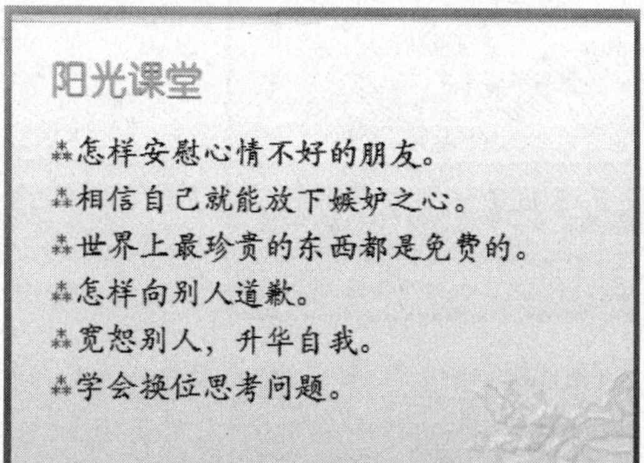

图4-22 第四张幻灯片效果图

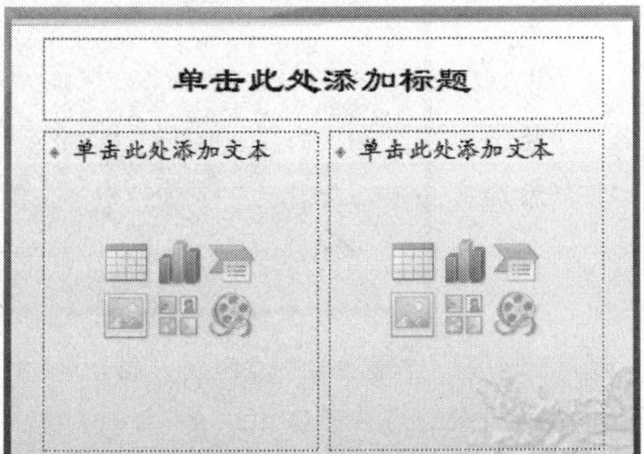

图4-23 “两栏内容”幻灯片

b. 输入幻灯片标题“阳光动态”，设置字体为“华文琥珀”，字号为60。

c. 在两栏【单击此处添加文本】占位符中输入相应文字，设置字体为“华文行楷”，字号为28；每栏的标题设置相应的项目符号，段后间距为30磅。

d. 选中左侧占位符，在【段落】中单击【编号】按钮右侧的箭头，在弹出的菜单中选择如图4-24所示的编号。

e. 选中右侧占位符，重复d，完成的幻灯片效果如果4-25所示。

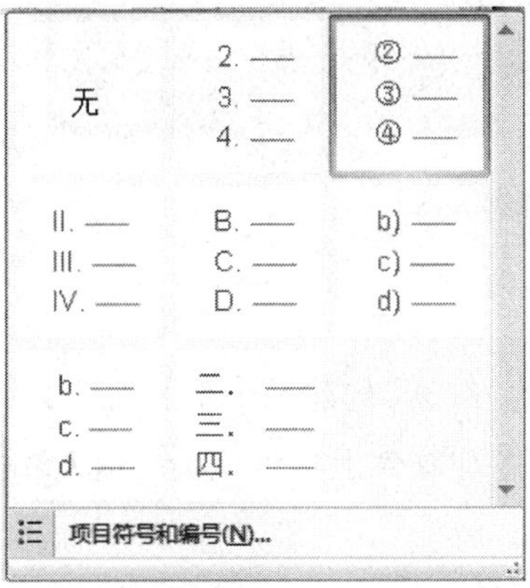

图4-24　选择编号样式

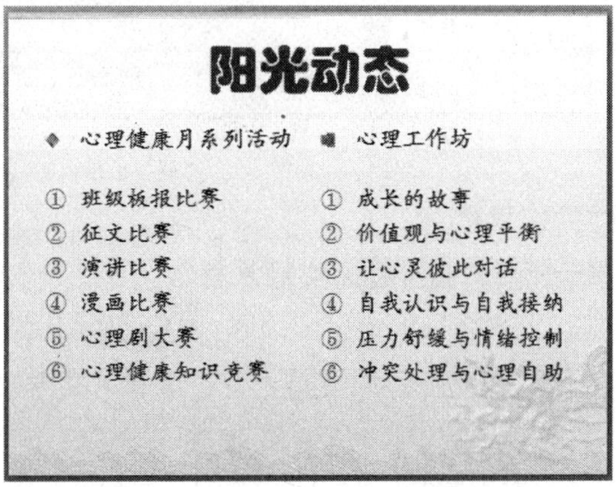

图4-25　第五张幻灯片效果图

(2) 创建一个新的演示文稿，保存为“软件上市说明.pptx”，输入内容，并按要求格式化，制作完成后保存到“我的文档”中。

具体要求如下：

- 使用主题“跋涉”新建一个演示文稿，并以“软件上市说明.pptx”文件名保存到【我的文档】中。
- 第一张幻灯片为“标题幻灯片”，主标题字体为华文琥珀，54号字；副标题字体为隶书，36号字。
- 添加第二张幻灯片为“标题和内容”版式；设置标题字体为幼圆，48号字，加粗；正文为竖排文字。
- 添加第三张幻灯片为“标题和内容”版式；设置标题字体为华文琥珀，48号字，调整为一定的旋转角度，字体颜色为深红色；正文为华文楷体，32号字，字体颜色为蓝色；正文段落设置缩进为文本之前0磅，首行缩进1.5厘米，单倍行距。
- 添加第四张幻灯片为“标题和内容”版式；标题字体为华文琥珀，48号字，调整为一定的旋转角度，字体颜色为深红色；正文项目符号为图片中的小树叶，设置项目符号大小为90。
- 添加第五张幻灯片为“两栏内容”版式；设置标题字体为幼圆，54号字，加粗；正文字体为华文行楷，40号字；段落设置自动编号。
- 保存该演示文稿，最后效果在幻灯片浏览视图下如图4-26所示。

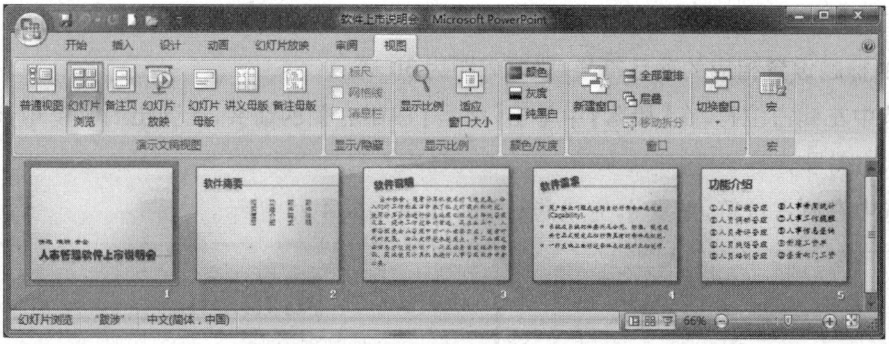

图 4-26 “软件上市说明”演示文稿效果图

具体操作步骤

①第一张幻灯片即标题幻灯片制作：

a. 应用上次实训练习过的内容，使用 已安装的主题 中的“跋涉”创建一个新的演示文稿。

b. 在【单击此处添加标题】占位符中输入文字“人事管理软件上市说明会”；在【单击此处添加副标题】占位符中输入“快速 准确 安全”。

c. 在【开始】选项卡的【字体】组中，设置标题文字字体为“华文琥珀”，字号为 54；设置副标题文字字体为“隶书”，字号为 36，此时幻灯片效果如图 4-27 所示。

②第二张幻灯片制作：

a. 在【开始】选项卡的【幻灯片】组中单击【新建幻灯片】按钮旁的倒三角，在弹出的菜单中选择【标题和内容】板式，完成添加一张新幻灯片。

b. 在【单击此处添加标题】文本占位符中输入标题文字“软件摘要”，设置字体为“幼圆”，字号为 48，字形为加粗。

c. 单击【单击此处添加文本】占位符，在【开始】选项卡的【段落】组中单击【文字方向】按钮，在弹出的菜单中选择【竖排】，并单击【项目符号】按钮，取消默认项目符号，并输入正文内容，此时幻灯片效果如图 4-28 所示。

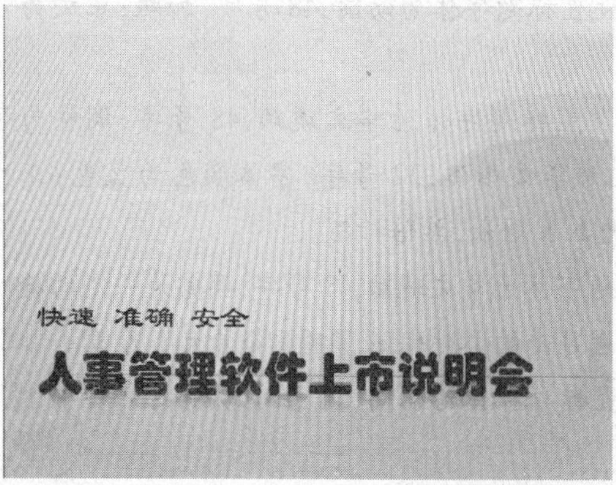

图 4-27 “软件上市说明”演示文稿第一张幻灯片效果图

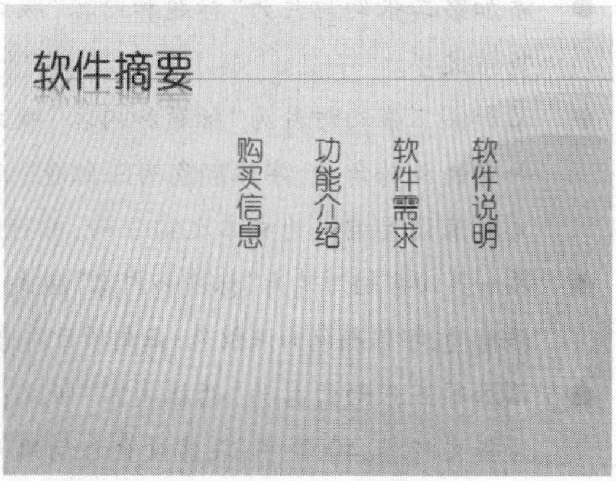

图 4-28 第二张幻灯片效果图

③第三张幻灯片制作：

a. 重复本节巩固练习及步骤中②中的 a，添加一张新幻灯片。

b. 输入幻灯片标题“软件说明”，设置标题字体为“华文琥珀”，字号为 48，并调整旋转一定的角度，字体颜色为深红色。

c. 单击【单击此处添加文本】占位符，并单击【开始】选项卡【段落】组中【项目符号】按钮，取消默认项目符号，并输入文字正文内容。

d. 选中正文部分，单击【段落】组中右下角的对话框启动器，打开【段落】对话框，设置【缩进】中【文本之前】为 0，【特殊格式】为“首行缩进”，【度量值】为 1.5 厘米，设置【行距】为“单倍行距”，单击【确定】按钮，此时幻灯片效果如图 4-29 所示。

④第四张幻灯片制作：

a. 重复本节巩固练习及步骤中②中的 a，添加一张新幻灯片。

b. 重复本节巩固练习及步骤中③中的 b，修改幻灯片标题为“软件需求”。

c. 选中【单击此处添加文本】占位符，在【段落】组中单击【项目符号】按钮右侧的箭头，在弹出的菜单中选择【项目符号和编号】命令，打开【项目符号和编号】对话框。

d. 在对话框中单击【图片】按钮，打开【图片项目符号】对话框，选择“buttons”（小树叶）符号样式，单击【确定】按钮。

e. 返回到【项目符号和编号】对话框，在【大小】文本框中输入数字“90”，单击【确定】按钮，此时幻灯片效果如图 4-30 所示。

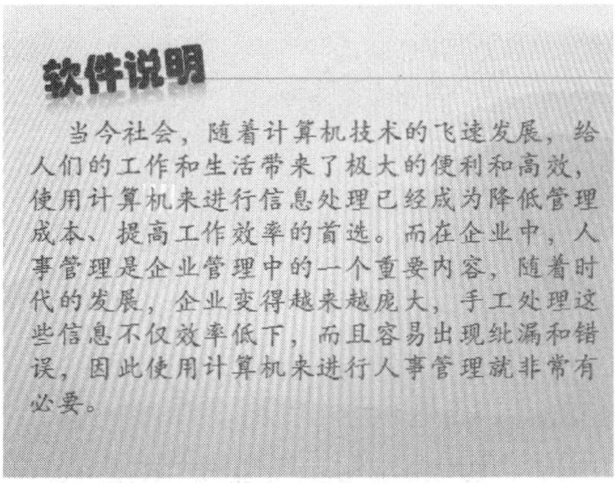

图 4-29　第三张幻灯片效果图

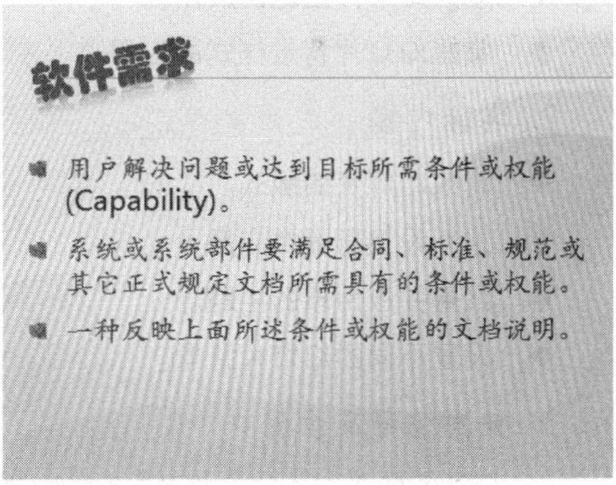

图 4-30　第四张幻灯片效果图

⑤第五张幻灯片制作：

a. 重复本节巩固练习及步骤中②中的 a，添加一张“两栏内容”幻灯片。

b. 输入幻灯片标题“功能介绍”，设置字体为“幼圆”，字号为 54。

c. 在两栏【单击此处添加文本】占位符中输入相应文字，设置字体为“华文行楷”，字号为 40。

d. 选中左侧占位符，在【段落】中单击【编号】按钮右侧的箭头，在弹出的菜单中选择相应的编号。

e. 选中右侧占位符,重复 d,完成的幻灯片效果如果 4-31 所示。

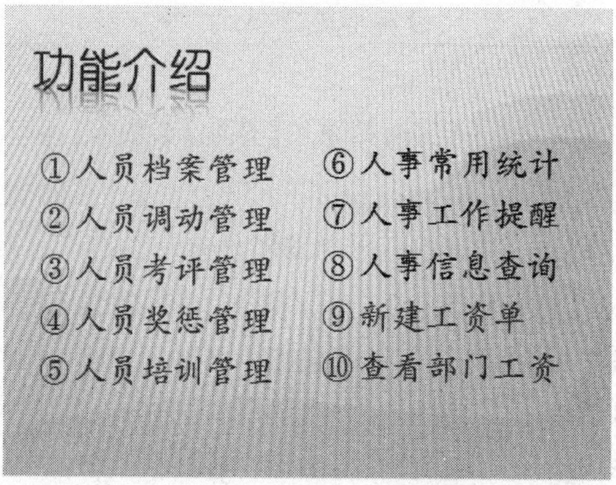

图 4-31　第五张幻灯片效果图

实验 3　演示文稿的外观设计

1. 实验目的

◆ 掌握应用幻灯片版式完成对幻灯片的布局。

◆ 掌握幻灯片母版的使用和设置方法。

◆ 掌握幻灯片主题的应用。

◆ 掌握幻灯片背景样式的应用。

2. 实验内容

◆ 修改幻灯片的版式。

◆ 重新设置母版并应用。

◆ 设置并应用新的主题。

◆ 设置不同的幻灯片背景。

3. 巩固练习及步骤

(1)打开实验 2 制作的幻灯片“我爱阳光的我 . pptx”,修改标题幻灯片版式,重新设置演示文稿母版并应用。

具体要求如下:

● 将第一张标题幻灯片版式修改为“节标题”;将第五张幻灯片版式修改为“比较”。

● 重新设置幻灯片母版,在演示文稿右上角放置一张体现演示文稿主题的图片;修改标题幻灯片母版文本格式,设置标题样式字体为微软雅黑,60 号字,字体颜色为蓝色,居中显示;设置副标题样式字体为隶书,32 号字,加粗,字体颜色为绿色,居中显示。

- 设置页眉和页脚，设置显示日期和时间并自动更新；显示幻灯片编号；设置页脚文字为“美丽人生，从心开始”；标题幻灯片不显示页眉页脚；设置页脚文本框形状样式为“细微效果－强调颜色3”。
- 保存演示文稿，最后效果在幻灯片浏览视图下如图4-32所示。

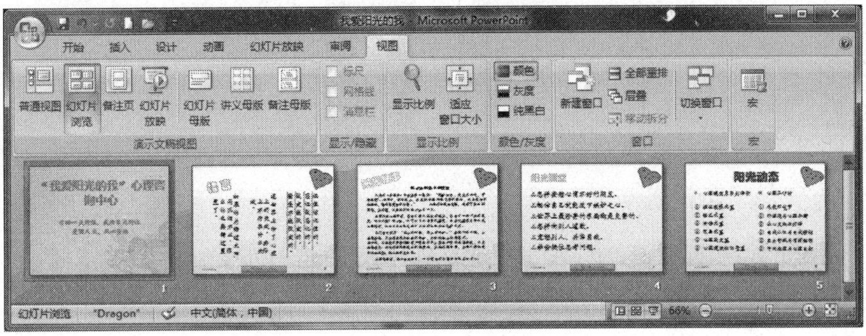

图4-32 “我爱阳光的我”演示文稿

具体操作步骤

①幻灯片版式的应用：

a. 打开实验2制作的演示文稿“我爱阳光的我”，选择第一张幻灯片。

b. 在【开始】选项卡的【幻灯片】组中单击【版式】按钮旁的倒三角，从弹出的下拉列表中选择“节标题”版式，即可应用新的版式，效果如图4-33所示。

c. 选择该演示文稿的第五张幻灯片，应用版式“比较”，效果如图4-34所示。

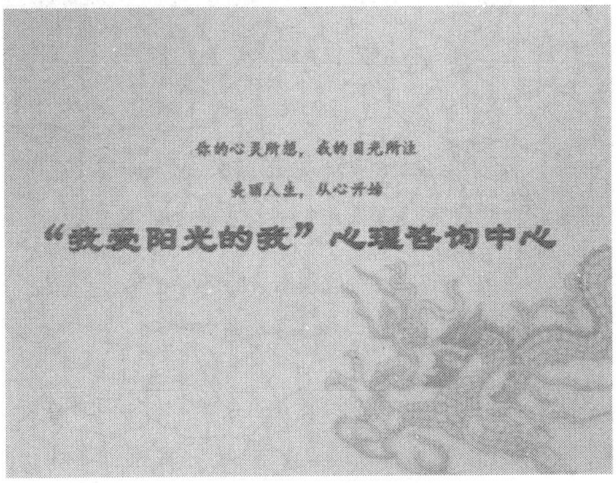

图4-33 应用“节标题”版式的幻灯片

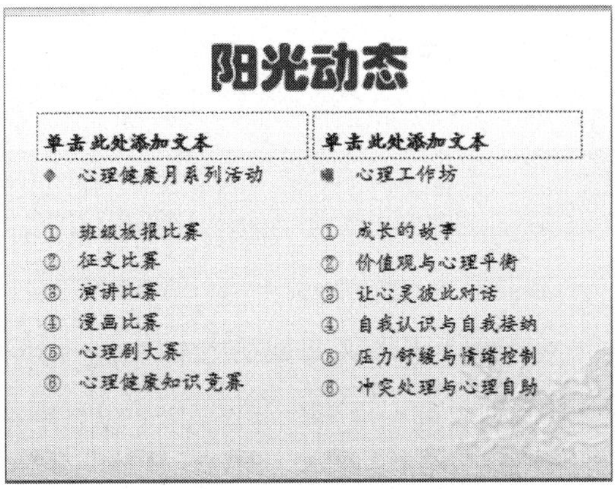

图4-34 应用“比较”版式的幻灯片

②幻灯片母版的设置和应用：

a. 打开“我爱阳光的我”演示文稿，在【视图】选项卡的【演示文稿视图】组中，单击【幻灯片母版】按钮，并切换到幻灯片母版视图中，如图4-35所示。

b. 单击窗口左侧幻灯片缩略图窗口中的第一张幻灯片，将其显示在母版编辑区，如图4-36所示。

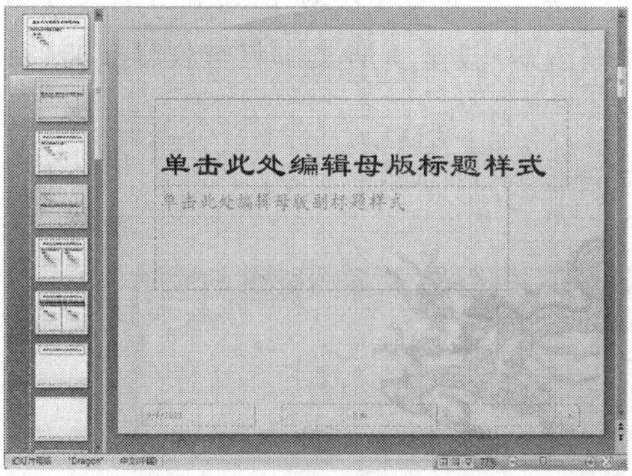

图 4-35　切换到幻灯片母版视图

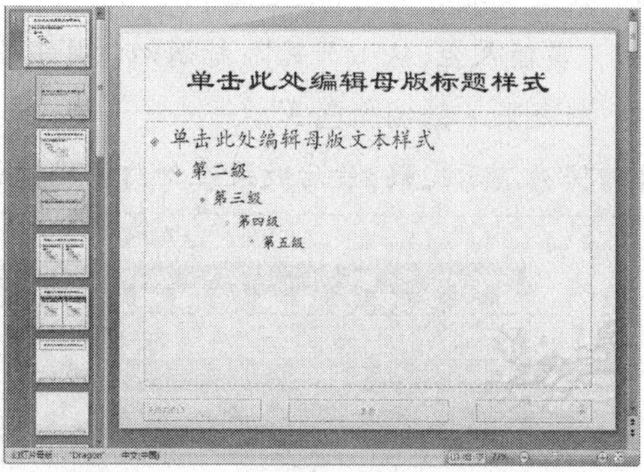

图 4-36　显示第一张缩略图

c. 在幻灯片母版视图中粘贴一张图片，调整该图片的大小和位置。在【格式】选项卡的【排列】组中单击【置于底层】按钮，此时母版效果如图 4-37 所示。

d. 在【幻灯片母版】选项卡中单击【关闭母版视图】按钮，返回到普通视图模式下，此时的演示文稿效果如图 4-38 所示。

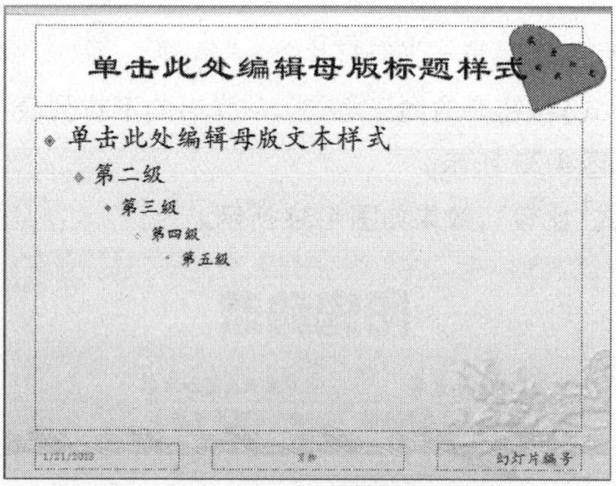

图 4-37　在幻灯片母版视图中添加背景图片

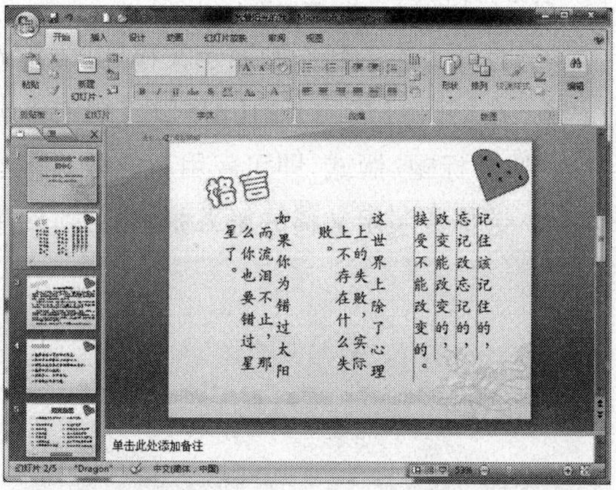

图 4-38　在普通视图下的最终效果

e. 切换到幻灯片母版视图中，如图 4-35 所示。

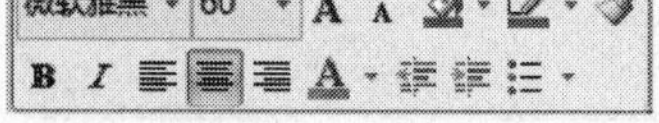

图 4-39　快捷工具栏

f. 选中【单击此处编辑母版标题样式】占位符，右击鼠标，在打开的快捷工具栏中（如图 4-39 所示）设置文字标题样式的字体为“微软雅黑”，字号为 60，字体颜色为蓝色，居中显示。

g. 选中【单击此处编辑母版副标题样式】占位符，右击鼠标，在打开的快捷工具栏中设置文字标题样式的字体为“隶书”，字号为 32，字体颜色为绿色，居中显示，字形加粗，此时幻灯片母版效果如图 4-40 所示。

h. 在【幻灯片母版】选项卡中单击【关闭母版视图】按钮，返回到普通视图模式下，此时的演示文稿效果如图 4-41 所示。

③设置页眉和页脚：

a. 切换到幻灯片母版视图中，如图 4-35 所示。

b. 打开【插入】选项卡，在【文本】组中单击【页眉和页脚】按钮，打开【页眉和页脚】对话框。

c. 选中【日期和时间】复选框和【自动更新】单选按钮；选中【幻灯片编号】和【页脚】复选框；在【页脚】文本框中输入“美丽人生，从心开始”，然后单击【全部应用】按钮，如图 4-42 所示。

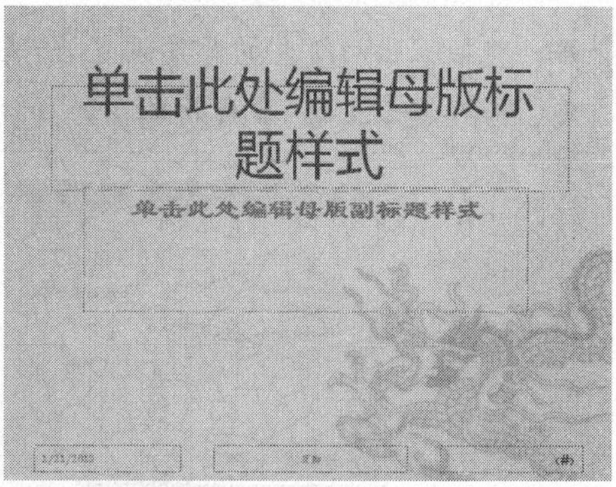

图 4-40　更改母版中的文字格式

d. 选中【页脚】文本框，在【格式】选项卡的【形状样式】组中，单击【其他】按钮，从弹出的样式列表中选择“细微效果-强调颜色 3”选项，应用该样式。

图 4-41　应用更改母版文字格式的幻灯片

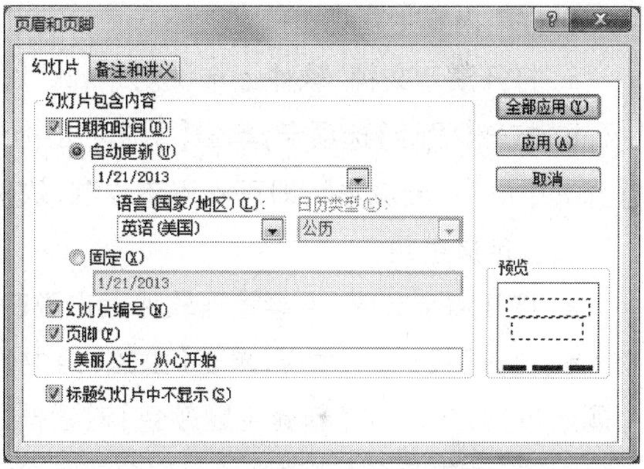

图 4-42　【页眉和页脚】对话框

e. 在【幻灯片母版】选项卡中单击【关闭母版视图】按钮，返回到普通视图模式下。

f. 保存该演示文稿。

（2）打开实验 2 制作的幻灯片“软件上市说明 . pptx”，修改演示文稿主题并为各张幻灯片设置不同的背景，完成后重命名为“人事管理软件上市说明会 . pptx”并保存在“我的文档”中。

具体要求如下：

- 将演示文稿主题修改为内置主题“行云流水”。
- 将第一张幻灯片的背景设置为“样式 6”。
- 将第二张幻灯片的背景设置为“纯色填充”，填充颜色为“红色，强调文字颜色 1”。
- 将第三张幻灯片的背景设置为“渐变填充”，使用预设颜色中的“麦浪滚滚”，类型为矩形，颜色为橙色。
- 将第四张幻灯片的背景设置为“纹理填充”，使用纹理“水滴”。

- 将第五张幻灯片的背景设置为“图片填充”，并设置图片透明度为30%。
- 保存演示文稿，最后效果在幻灯片浏览视图下如图4-43所示。

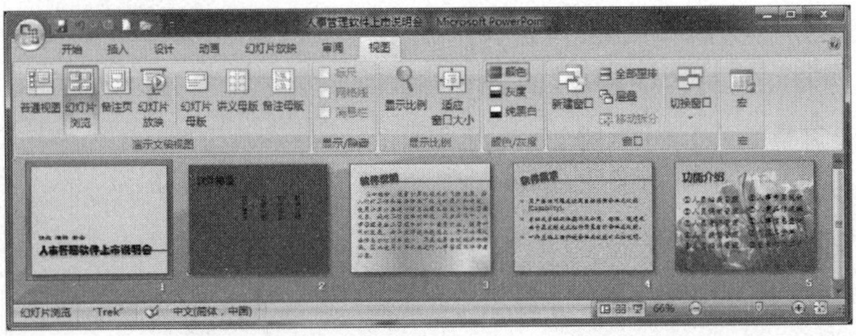

图4-43 演示文稿“人事管理软件上市说明会”最终效果

具体操作步骤

①应用内置主题：

a. 打开演示文稿“软件上市说明.pptx”，另存为“人事管理软件上市说明会.pptx”。

b. 打开【设计】选项卡，单击【主题】组中的【颜色】按钮 颜色，将打开【主题颜色】菜单，选择其中的“行云流水”，即可应用该主题，效果如图4-44所示。

②自定义主题：

a. 打开演示文稿“人事管理软件上市说明会”。

b. 打开【设计】选项卡，单击【主题】组中的【颜色】按钮，从弹出的下拉菜单中选择【新建主题颜色】命令，打开【新建主题颜色】对话框，如图4-45所示。

c. 在【主题颜色】选项区中可以单击各个色块后的倒三角，在打开的颜色面板中选择喜欢的颜色，单击【保存】按钮即可。

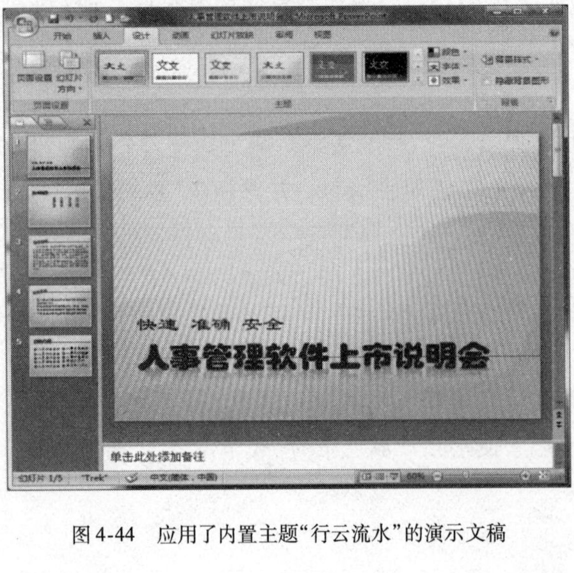

图4-44 应用了内置主题“行云流水”的演示文稿

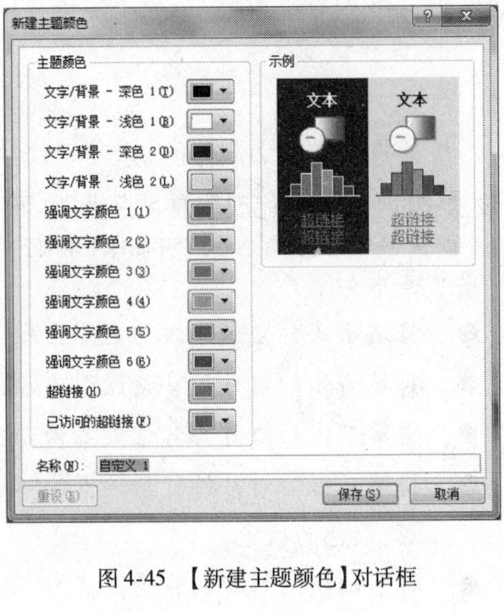

图4-45 【新建主题颜色】对话框

③应用内置背景样式:

a. 打开演示文稿“人事管理软件上市说明会”。

b. 打开【设计】选项卡,单击【背景】组中的【背景样式】下拉按钮 背景样式 ,在弹出的菜单中选择【样式6】,幻灯片效果如图4-46所示。

④自定义背景样式——纯色填充:

a. 选择演示文稿“人事管理软件上市说明会”的第二张幻灯片。

b. 打开【设计】选项卡,单击【背景】组中的【背景样式】下拉按钮,在弹出的菜单中选择【设置背景格式】命令,打开如图4-47所示对话框。

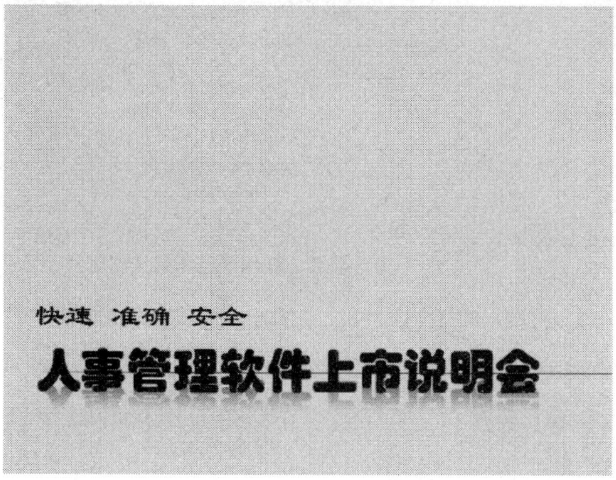

图4-46　应用内置的【样式6】的幻灯片

图4-47　【设置背景格式】对话框

c. 选择【纯色填充】单选按钮,在颜色下拉列表中选择喜欢的颜色后,单击【关闭】按钮,效果如图4-48所示。

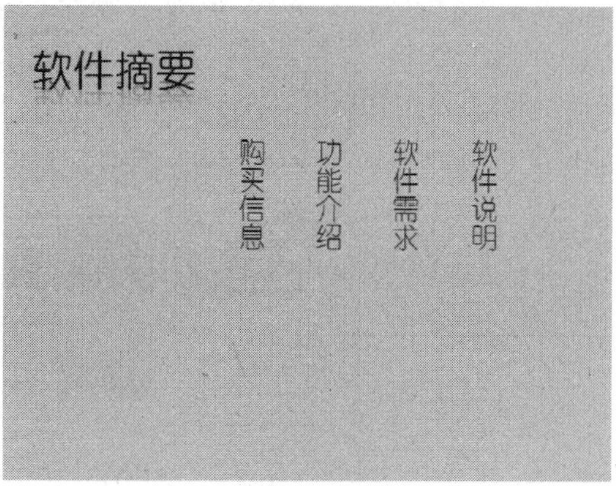

图4-48　设置了纯色填充背景的幻灯片

⑤自定义背景样式——渐变填充:

a. 选择演示文稿“人事管理软件上市说明会”的第三张幻灯片。

b. 打开【设计】选项卡,单击【背景】组中的【背景样式】下拉按钮,在弹出的菜单中选择【设置背景格式】命令,打开如图4-47所示对话框。

c. 选择【渐变填充】单选按钮,在【预设颜色】下拉列表中选择一种颜色,如“麦浪滚滚”;在【类型】下拉列表中选择渐变的类型,如“矩形”,在【颜色】面板中可以设置其颜色,如“橙色”等,单击【关闭】按钮,效果如图4-49所示。

⑥自定义背景样式——纹理填充:

a. 选择演示文稿“人事管理软件上市说明会”的第四张幻灯片。

b. 打开【设计】选项卡，单击【背景】组中的【背景样式】下拉按钮，在弹出的菜单中选择【设置背景格式】命令，打开如图4-47所示对话框。

c. 选择【图片或纹理填充】单选按钮，在【纹理】下拉列表中选择需要的纹理图案，如“水滴”，单击【关闭】按钮，效果如图4-50所示。

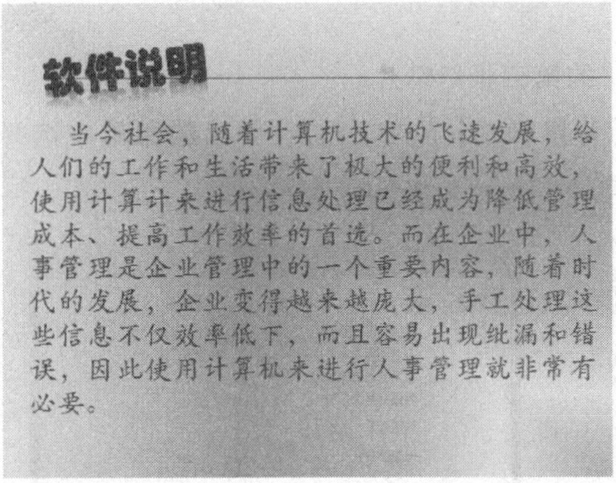

图4-49　设置了渐变填充背景的幻灯片

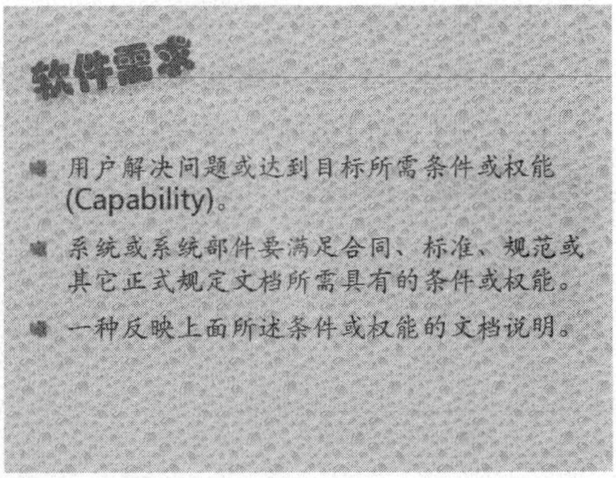

图4-50　设置了纹理填充背景的幻灯片

⑦自定义背景样式——图片填充：

a. 选择演示文稿“人事管理软件上市说明会”的第五张幻灯片。

b. 打开【设计】选项卡，单击【背景】组中的【背景样式】下拉按钮，在弹出的菜单中选择【设置背景格式】命令，打开如图4-47所示对话框。

c. 选择【图片或纹理填充】单选按钮和【隐藏背景图形】复选框，在【插入自】选项区域中单击【文件】按钮，打开【插入图片】对话框，选择需要插入的背景图片，如图4-51所示。

图4-51　【插入图片】对话框

d. 单击【插入】按钮，返回到【设置背景格式】对话框，设置【透明度】为30%，单击【关闭】按钮，效果如图4-52所示。

e. 保存演示文稿。

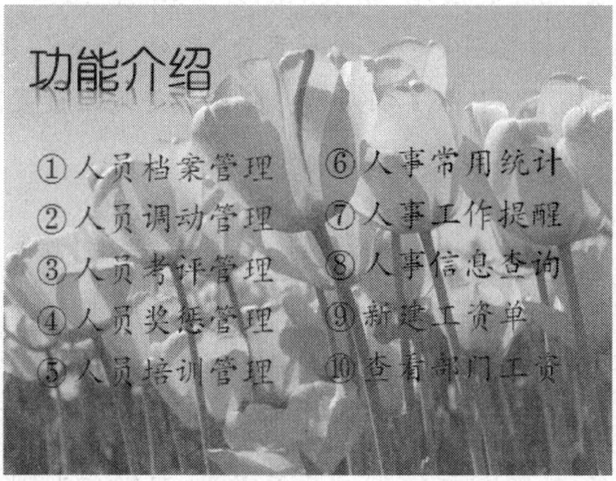

图4-52　设置图片填充背景的幻灯片

实验4　编辑演示文稿对象——图形对象

1. 实验目的

- ◆ 掌握创建艺术字的方法。
- ◆ 掌握插入图片及美化图片的方法。
- ◆ 掌握绘制图形的方法。
- ◆ 掌握创建 SmartArt 图形的方法。

2. 实验内容

- ◆ 创建艺术字。
- ◆ 插入剪贴画。
- ◆ 插入来自文件的图片及美化图片。
- ◆ 绘制图形并格式化图形。
- ◆ 创建 SmartArt 图形并格式化 SmartArt 图形。

3. 巩固练习及步骤

制作演示文稿“美丽的家乡.pptx”，按要求编辑后保存在“我的文档”中。

具体要求如下：

- ● 使用主题“凸显”创建一个新的演示文稿，并命名为“美丽的家乡”，保存在“我的文档”中。
- ● 在第一张幻灯片中创建标题艺术字，样式为“渐变填充-强调文字颜色1”，内容为“美丽的家乡”，主题填充为“强烈效果-强调颜色3”，形状效果为“强调文字颜色3，18pt发光”，文本效果为“上弯弧”。
- ● 插入剪贴画“活动，爆竹，祝贺”，并将其放置在艺术字下方，颜色框内。

- 插入 4 张“来自文件”的素材图片“春”、“秋”、“夕阳”、“鹤”，调节他们的位置及大小，使 4 张图片平铺分布；设置图片“秋”的样式为“旋转，白色”；设置图片“春”的样式为“柔滑边缘椭圆”；设置图片“夕阳”的样式为“棱台透视”；设置图片“鹤”的样式为“全映像，接触”。
- 插入一张空白幻灯片，创建艺术字标题“携手发展，共创未来”，样式自定。
- 在第二张幻灯片中绘制图形“同心圆”，设置同心圆高度及宽度为 6 厘米，将内圆直径变大；复制出两个同心圆，为三个同心圆分别应用样式“中等效果，强调颜色 2”、“中等效果，强调颜色 3”、“彩色填充，强调颜色 4”；调整他们的位置并同心圆组合。
- 在第二张幻灯片中绘制图形“饼形”；复制出两个饼形，并分别应用样式“彩色填充，强调颜色 1”、“彩色填充，强调颜色 4”、“中等效果，强调颜色 2”；将第二个饼形进行水平翻转，第三个饼形进行“ -125°”旋转，调整他们的位置并组合。
- 在第二张幻灯片中绘制“燕尾形”，调整大小及位置。
- 插入一张空白幻灯片，创建艺术字标题“支柱产业”，样式自定。
- 在第三张幻灯片中插入样式为“分段循环”的 SmartArt 图形，并输入文字“工业、农业、旅游”；“SmartArt 样式”为“鸟瞰场景”，颜色为“彩色范围-强调文字颜色 2 至 3”。
- 插入一张空白幻灯片，创建艺术字标题“行政区域划分”，样式自定。
- 在第四张幻灯片中插入样式为“层次结构”的 SmartArt 图形，在其上添加形状，使其第二层为 3 个形状，第三层为 6 个形状；更改形状颜色为“彩色轮廓-强调文字颜色 2”；并输入第四张幻灯片的内容。
- 保存该演示文稿，最终效果在幻灯片浏览视图下如图 4-53 所示。

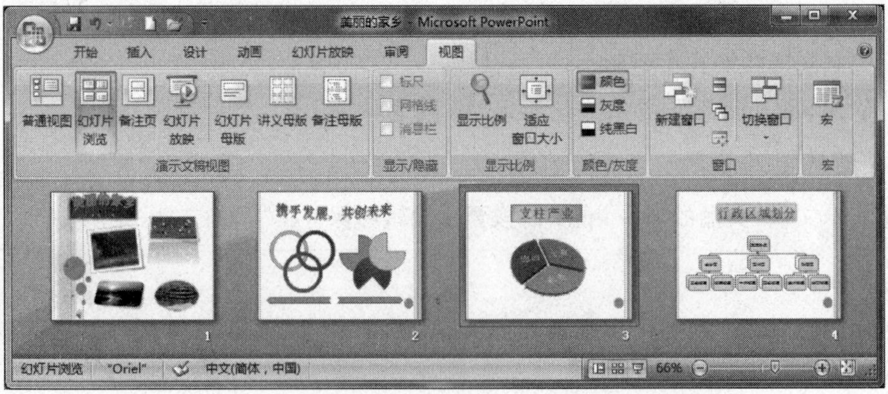

图 4-53　演示文稿“美丽的家乡 . pptx”效果图

具体操作步骤

①创建和设置艺术字：

a. 使用主题“凸显”创建一个新的演示文稿，并保存为“美丽的家乡”。

b. 打开【插入】选项卡，单击【文本】组中的【艺术字】按钮，弹出【艺术字样式】列表，如图4-54所示。

c. 选择“渐变填充-强调文字颜色1”样式，将其应用在幻灯片中，直接在占位符中输入文字“美丽的家乡”，此时幻灯片效果如图4-55所示。

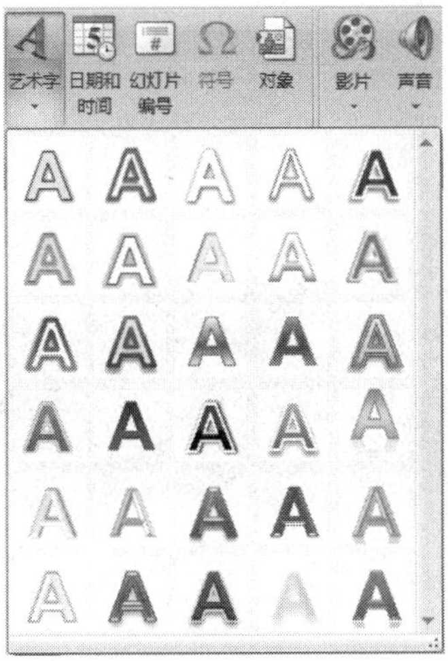

图4-54　艺术字样式列表

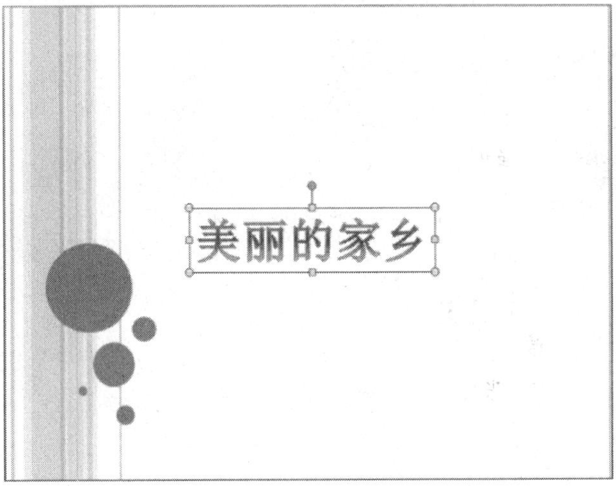

图4-55　应用了艺术字样式的幻灯片

d. 打开【格式】选项卡，单击【形状样式】组中的【其他】按钮，打开【主题填充】列表（如图4-56所示），选择“强烈效果-强调颜色3”，单击【形状效果】下拉按钮，在弹出的菜单中选择“发光”组的“强调文字颜色3，18pt发光”。

e. 单击【艺术字样式】组中的【文本效果】按钮 文本效果，在弹出的下拉列表中选择“转换”→“跟随路径”→“上弯弧”，并将其拖动到幻灯片的标题位置，效果如图4-57所示。

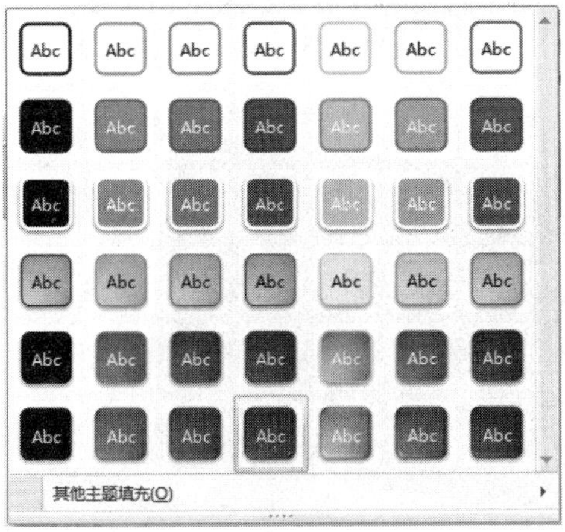

图4-56　【主题填充】列表

图4-57　艺术字“美丽的家乡”效果图

②插入剪贴画：

a. 打开【插入】选项卡，单击【插图】组中的【剪贴画】按钮，打开【剪贴画】任务窗格，在【搜索文字】文本框中输入“祝贺”，单击【搜索】按钮，此时与祝贺有关的剪贴画都显示在预览列表中，选择剪贴画“活动，爆竹，祝贺”（如图 4-58 所示），单击将其添加到幻灯片中。

b. 在幻灯片中拖动剪贴画到艺术字位置，效果如图 4-59 所示。

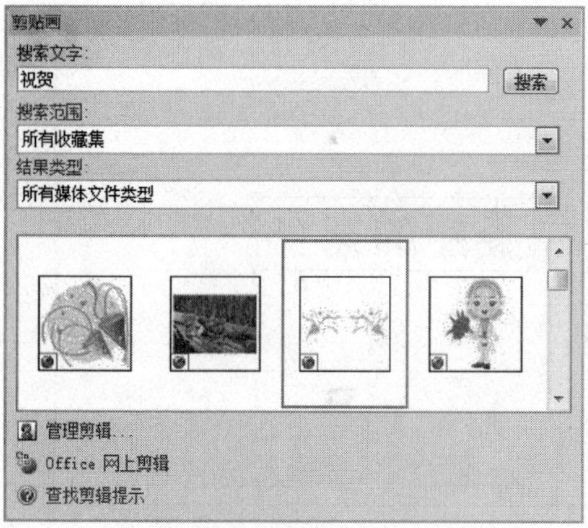

图 4-58 【剪贴画】任务窗格

图 4-59 将剪贴画放置在艺术字上

③插入来自文件的图片：

a. 打开【插入】选项卡，单击【插图】组中的【图片】按钮，打开【插入图片】对话框，选择四张素材图片，点击【插入】按钮。

b. 分别选择每张图片，调节他们的大小及位置。

c. 选中其中“秋”图片，打开【格式】选项卡，单击【图片样式】组的其他按钮，打开【图片样式】列表（如图 4-60 所示），选择“旋转，白色”样式，应用后该图片效果如图 4-61 所示。

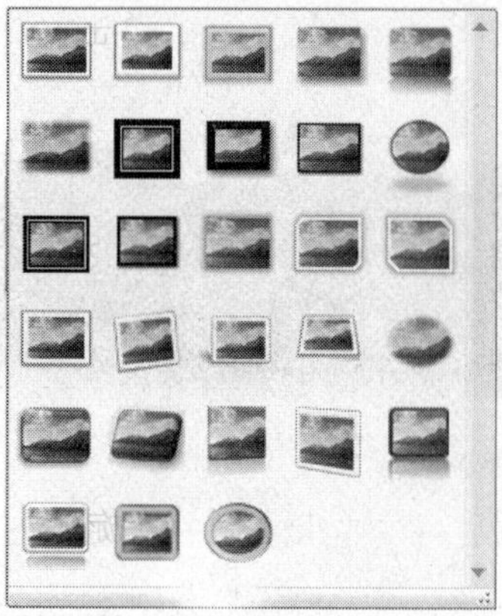

图 4-60 【图片样式】列表

图 4-61 应用“旋转，白色”样式的图片

d. 分别设置图片“春”及“夕阳”，设置样式为“柔滑边缘椭圆”和“棱台透视”。

e. 选中“鹤”图片，单击【图片样式】组的【图片效果】按钮，在弹出的下拉列表中选择“映像”中的“全映像，接触”，最终幻灯片效果如图4-62所示。

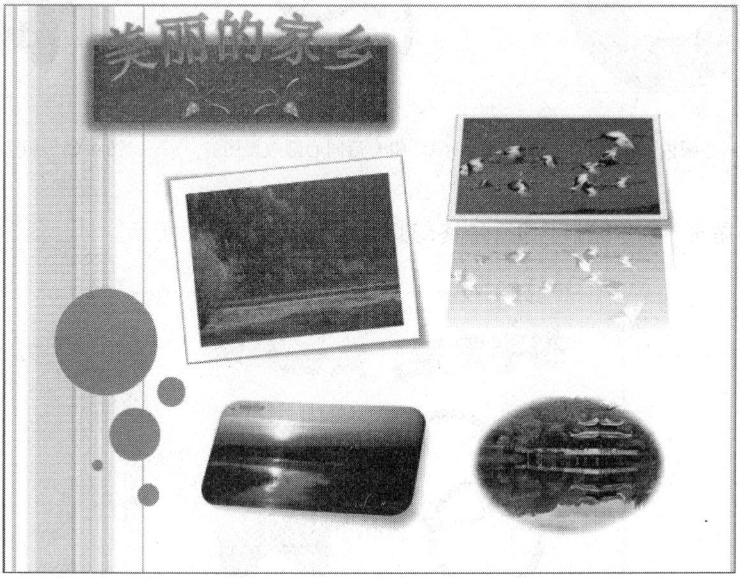

图4-62　“美丽的家乡”幻灯片效果图

④绘制图形：

a. 在演示文稿“美丽的家乡”中新建一张空白幻灯片。

b. 创建艺术字“携手发展，共创未来”作为幻灯片标题。

c. 打开【插入】选项卡，在【插图】组中单击【形状】按钮，在弹出的菜单中选择“同心圆”命令，将鼠标移动到幻灯片中，在适当的位置拖动鼠标绘制同心圆。

d. 选中同心圆，打开【格式】选项卡，在【大小】组中输入同心圆高度及宽度分别为“6厘米”，向外拖动如图4-63所示黄色按钮，使同心圆的内圆直径变大。

e. 将同心圆复制出两个，分别选中这三个同心圆，打开【格式】选项卡，单击【形状样式】组的【其他】按钮，为这三个同心圆分别应用样式“中等效果，强调颜色2”、“中等效果，强调颜色3”、“彩色填充，强调颜色4”。

f. 调整三个同心圆的位置，按住shift键分别选中三个同心圆，右击鼠标，在弹出的快捷菜单中选择“组合”，效果如图4-64所示。

g. 打开“插入”选项卡，在【插图】组中单击【形状】按钮，在弹出的菜单中选择“饼形”命令，将鼠标移动到幻灯片中，在适当的位置拖动鼠标绘制饼形。

h. 重复e为三个“饼形”填充颜色，打开【格式】选项卡，单击【排列】组的【旋转】按钮，分别进行水平翻转和“－125°”旋转，然后调整三个饼形的位置，并组合，最终效果如图4-65所示。

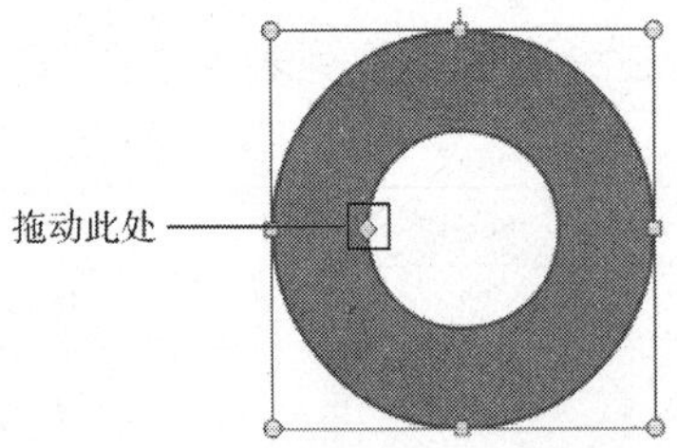

图 4-63　改变同心圆内圆直径

图 4-64　组合后同心圆效果图

图 4-65　组合后饼形效果图

i. 使用"燕尾形"命令绘制图形,最终幻灯片效果如图 4-66 所示。

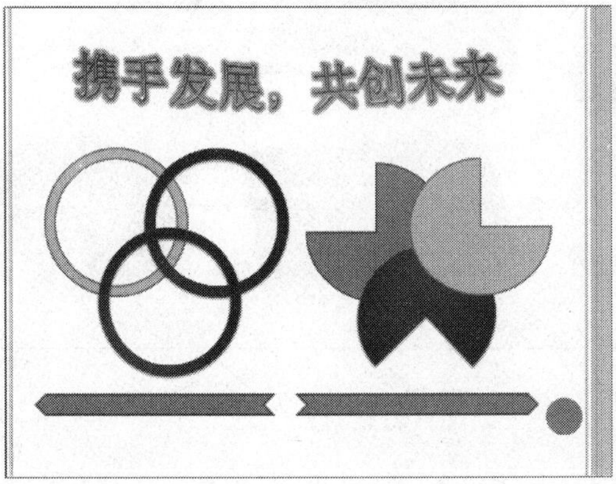

图 4-66　绘制图形后的幻灯片效果图

⑤创建 SmartArt 图形:

a. 在演示文稿"美丽的家乡"中新建一张空白幻灯片。

b. 创建艺术字"支柱产业"作为幻灯片标题。

c. 打开【插入】选项卡,在【插图】组中单击【SmartArt】按钮,打开【选择 SmartArt 图形】对话框,选择左侧列表的【循环】,在右侧选择【分段循环】,如图 4-67 所示,单击【确定】按钮。

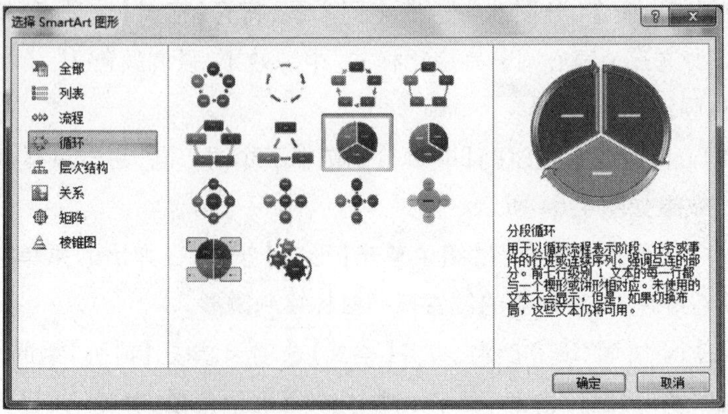

图 4-67　【选择 SmartArt 图形】对话框

d. 在“在此处键入文字”栏中输入“工业、农业、旅游”，如图 4-68 所示。

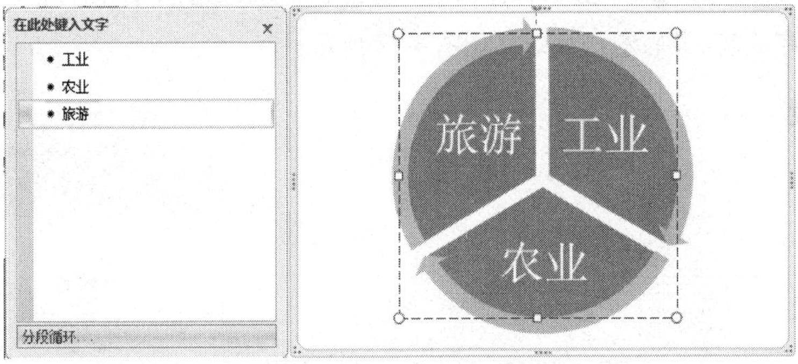

图 4-68 在 SmartArt 图形上输入文字

e. 单击“在此处输入文字”右上角关闭按钮。

f. 选中图形，打开【设计】选项卡，单击【SmartArt 样式】组中的【其他】按钮，在打开的列表中选择“鸟瞰场景”；单击【更改颜色】，在打开的列表中选择“彩色范围-强调文字颜色 2 至 3”，完成的幻灯片效果如图 4-69 所示。

g. 在演示文稿“美丽的家乡”中新建一张空白幻灯片。

h. 创建艺术字“行政区域划分”作为幻灯片标题。

i. 打开【插入】选项卡，在【插图】组中单击【SmartArt】按钮，打开【选择 SmartArt 图形】对话框，选择左侧列表的【层次结构】，在右侧选择【层次结构】，单击【确定】按钮。

j. 选中图形，打开【设计】选项卡，单击【SmartArt 样式】组中的【更改颜色】按钮，在打开的列表中选择“彩色轮廓-强调文字颜色 2”，如图 4-70 所示。

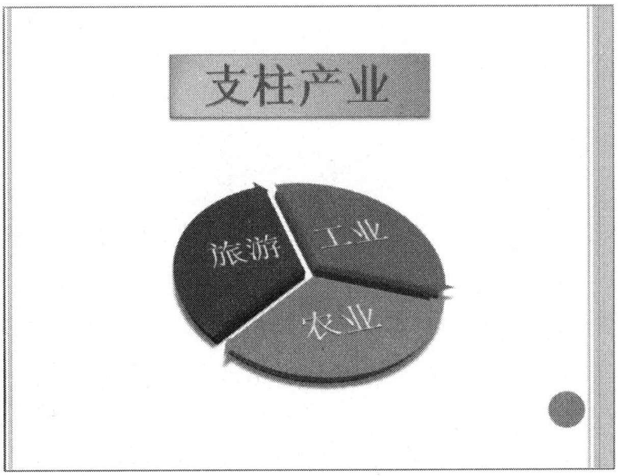

图 4-69 创建 SmartArt 图形后的幻灯片效果图

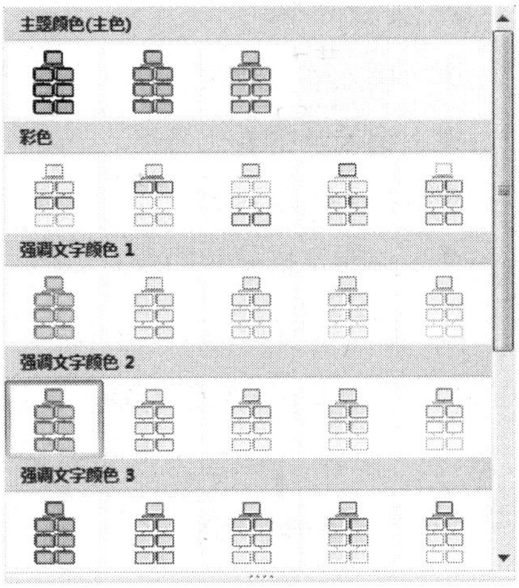

图 4-70 SmartArt 图形“主题颜色”列表

k. 选中最上层(第一层)的图形，右击鼠标，在弹出的菜单中选择命令“添加形状”→“在下方添加形状”。

l. 重复 k，为第二层的每个形状补齐两个下方形状，效果如图 4-71 所示。

m. 输入文字内容，最后幻灯片效果如图 4-72 所示。

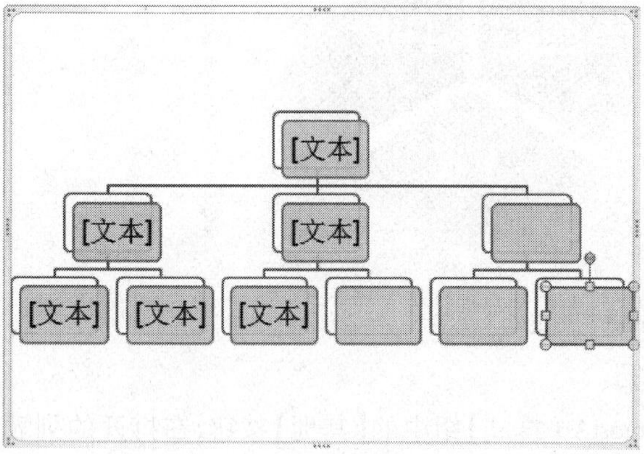

图 4-71　为 SmartArt 图形添加形状

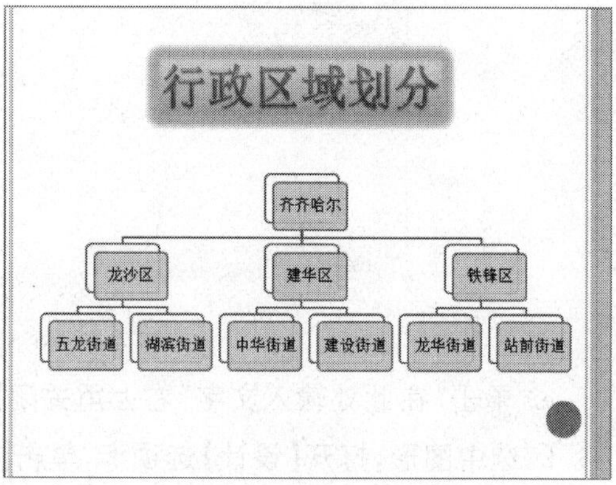

图 4-72　幻灯片“行政区域划分”效果图

实验 5　编辑演示文稿对象——表格和图表

1. 实验目的

◆ 掌握创建、编辑及格式化表格的方法。

◆ 掌握创建、编辑及格式化图表的方法。

2. 实验内容

◆ 插入表格对象。

◆ 编辑及格式化表格。

◆ 插入图表对象。

◆ 编辑及格式化图表。

3. 巩固练习及步骤

(1) 打开实验 4 制作的演示文稿“美丽的家乡 . pptx”，添加两张新幻灯片，一张插入表格对象，输入内容，一张插入图表对象，输入数据，并对表格和图表进行格式化，完成后另存为“美丽的家乡鹤城 . pptx”。

具体要求如下：

● 在演示文稿中插入第五张幻灯片，创建标题艺术字“土地资源”。

● 在该幻灯片中插入 8 行 3 列的表格，输入表格内容。将各行平均分配高度；将第一列的

2～8 单元格合并；设置表格样式为“主题样式 1-强调”；外边框深红色线，粗细为 3.0 磅，内边框线为“橙色，强调文字颜色 1，深色 25%”，粗细为 1.5 磅；表格标题行字体为隶书，24 号，加粗，其他文字为楷体，20 号；表格文字对齐方式为水平垂直均居中。

- 在演示文稿中插入第六张张幻灯片，创建标题艺术字“人口分布”。
- 在该幻灯片中插入“簇状柱形图”图表，输入数据；“图表样式”为“样式 34”；图表背景为“形状填充”中的“线性向下”渐变。
- 保存该演示文稿。

具体操作步骤

①插入表格：

第一种方法：通过占位符插入表格。

a. 打开演示文稿“美丽的家乡”，新建一张“标题和内容”版式幻灯片，删除【添加此处添加标题】占位符，创建艺术字“土地资源”。

b. 单击占位符中的【插入表格】按钮，打开【插入表格】对话框，在【行数】和【列数】文本框中输入行数和列数，如图 4-73 所示。

c. 单击【确定】按钮，即可快速插入表格，如图 4-74 所示。

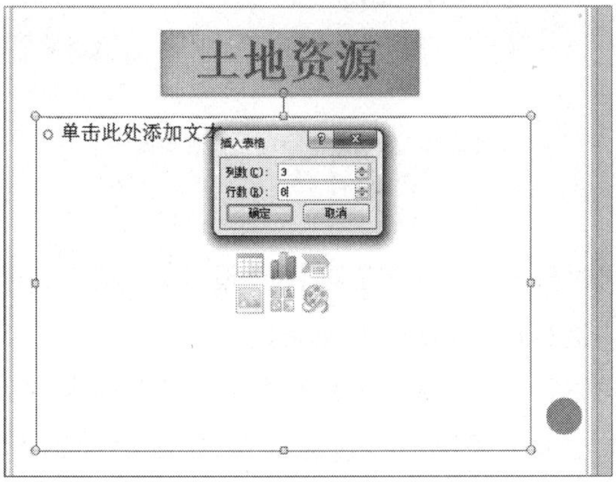

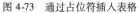

图 4-73　通过占位符插入表格

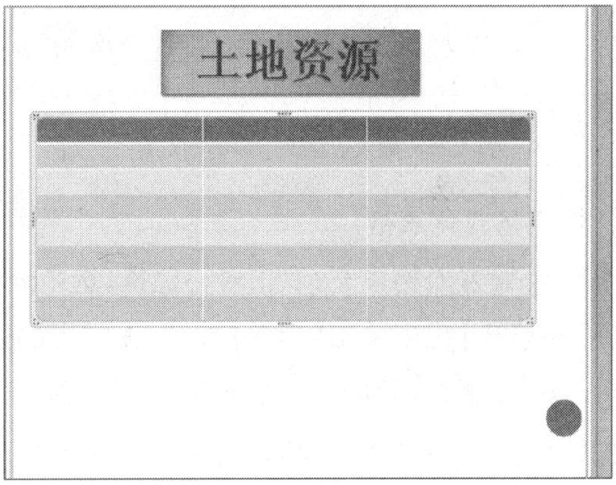

图 4-74　插入表格后幻灯片效果

第二种方法：通过【表格】组插入表格。

a. 打开演示文稿“美丽的家乡”，新建一张“空白”版式幻灯片，创建艺术字“土地资源”。

b. 打开【插入】选项卡，在【表格】组中单击【表格】下拉按钮，从弹出的下拉列表中选择行数和列数，即可完成插入表格，结果同第一种方法，效果如图 4-74 所示。

②在表格中输入文本：

a. 单击表格第一行第一列的单元格，输入“资源名称”。

b. 按 Tab 键或【↑】【↓】【←】和【→】键切换到其他单元格中继续输入文本，输入完成后的效果如图 4-75 所示。

③编辑表格:

a. 调整行高和列宽:通过拖动行、列边界线可以调整行高或列宽,或者打开【布局】选项卡,在【单元格大小】组中的【表格行高度】和【表格列宽度】微调框中输入相应的数值,即可快速调整表格的行高和列宽。

b. 平均分配各行:选中表格,打开【布局】选项卡,在【单元格大小】组中单击【分布行】按钮,使各行高度相同。

c. 合并单元格:选中第一列的第二至最后一个单元格,打开【布局】选项卡,在【合并】组中单击【合并单元格】按钮,将选中的单元格合并成一个,效果如图 4-76 所示。

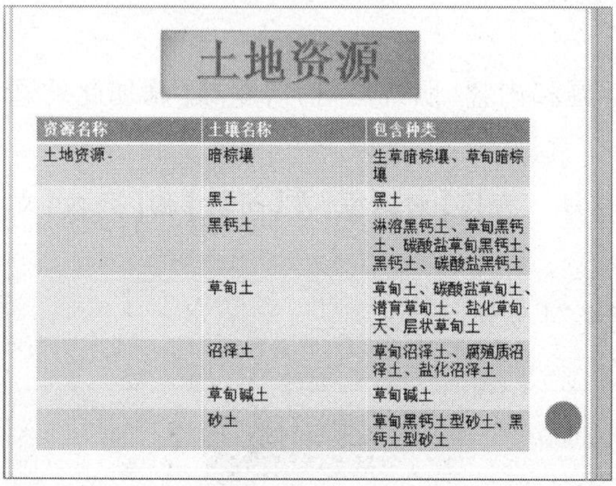

图 4-75　输入表格文字后的幻灯片

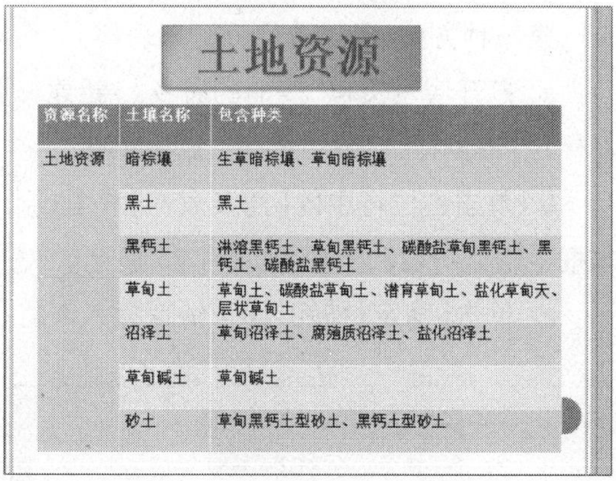

图 4-76　对表格简单编辑后效果图

④格式化表格:

a. 设置表格填充:双击表格边框,选中表格,同时打开了【表格工具】的【设计】选项卡,在【表格样式】组中单击【其他】按钮,在弹出的列表中选择【主题样式 1-强调】。

b. 设置边框颜色:双击表格边框,选中表格,同时打开了【表格工具】的【设计】选项卡,在【绘图边框】组中单击笔颜色按钮 笔颜色,在弹出的下拉列表中选择红色,选择线粗细为 3.0 磅;单击【表格样式】组中边框按钮旁的倒三角,选择其中的外边框。用相同的方法设置内部框线颜色为"橙色,强调文字颜色 1,深色 25%",粗细为 1.5 磅,设置好效果如图 4-77 所示。

⑤设置文本格式:

a. 设置字体及字号:将表格标题行设置为"隶书",24 号,加粗,其他文字为楷体,20 号。

b. 设置文字对齐方式:选中整张表格,打开【布局】选项卡,在【对齐方式】组中单击【居中】按钮及【垂直居中】按钮,设置后幻灯片效果如图 4-78 所示。

⑥插入图表。

第一种方法:通过占位符插入图表。

a. 打开演示文稿"美丽的家乡",新建一张"标题和内容"版式幻灯片,删除【添加此处添加标题】占位符，创建艺术字“人口分布”。

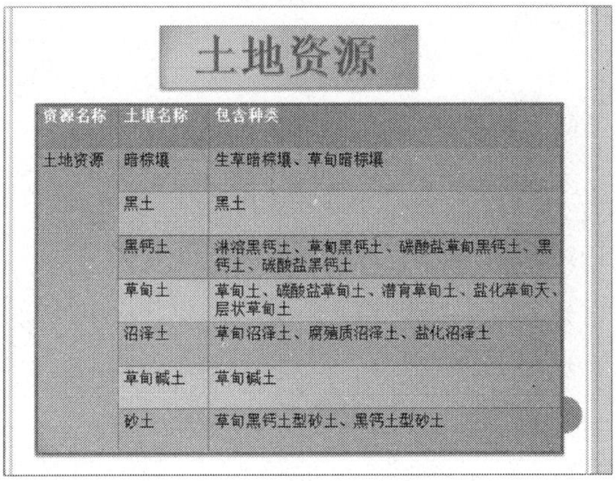

图 4-77　对表格进行格式化后的效果

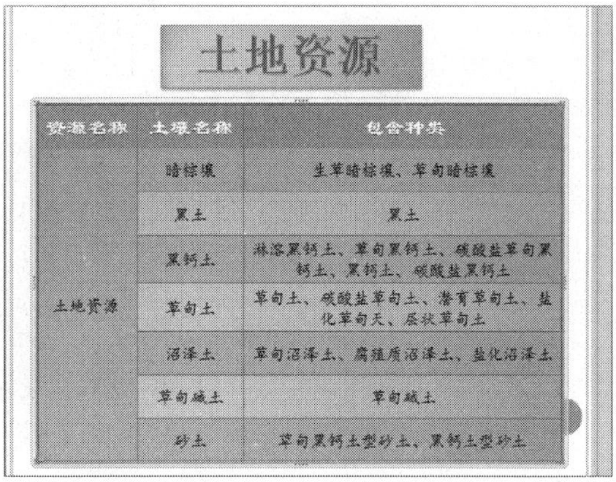

图 4-78　设置文本格式后的幻灯片效果图

b. 单击占位符中的【插入图表】按钮，打开【插入图表】对话框，如图 4-79 所示。

c. 在对话框中选择“簇状圆柱图”，单击【确定】按钮，此时打开 Excel 2007 应用程序。

d. 在 Excel 2007 工作界面中修改类别值和系列值，如图 4-80 所示。

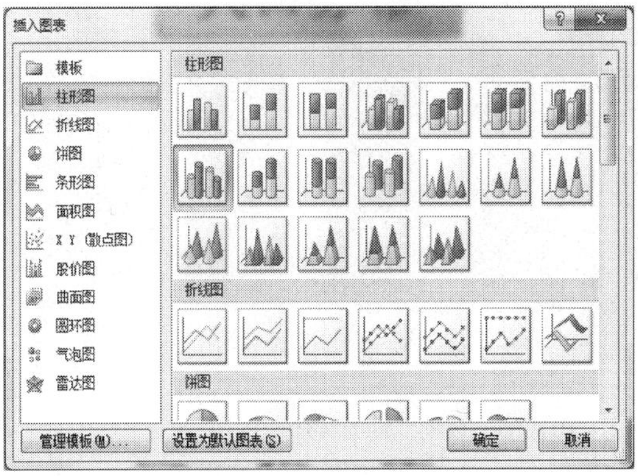

图 4-79　【插入图表】对话框

图 4-80　在数据表中修改数值

e. 关闭 Excel 2007 程序，此时图表已添加到幻灯片中，效果如图 4-81 所示。

第二种方法：通过【插图】组插入图表。

a. 打开演示文稿“美丽的家乡”，新建一张“空白”版式幻灯片，创建艺术字“人口分布”。

b. 打开【插入】选项卡，在【插图】组中单击【图表】按钮，弹出【插入图表】对话框，如图 4-79 所示，其他步骤同第一种方法。

⑦编辑及格式化图表：

a. 选中图表，拖动图表四周句柄修改图表到合适大小，并将图表拖拽到幻灯片居中位置。

b. 选中图表，打开【设计】选项卡，单击【图表样式】组的其他按钮，在弹出的列表中选择“样式 34”，效果如图 4-82 所示。

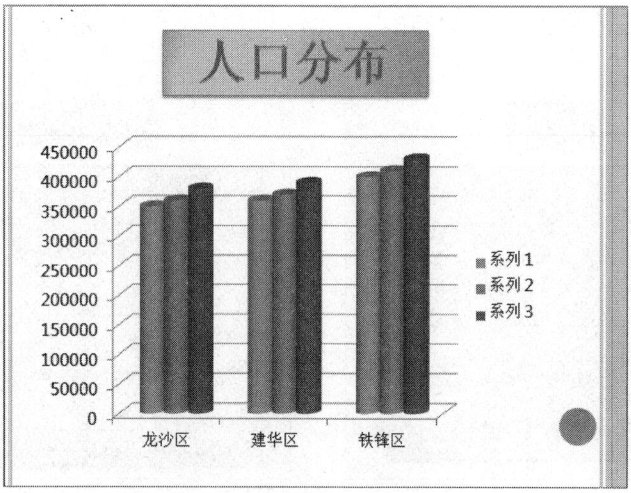

图 4-81　添加了图表的幻灯片效果

c. 选中图表，打开【格式】选项卡，单击【形状样式】组的【形状填充】按钮，选择【渐变】效果中的“线性向下”，效果如图 4-83 所示。

d. 保存该演示文稿。

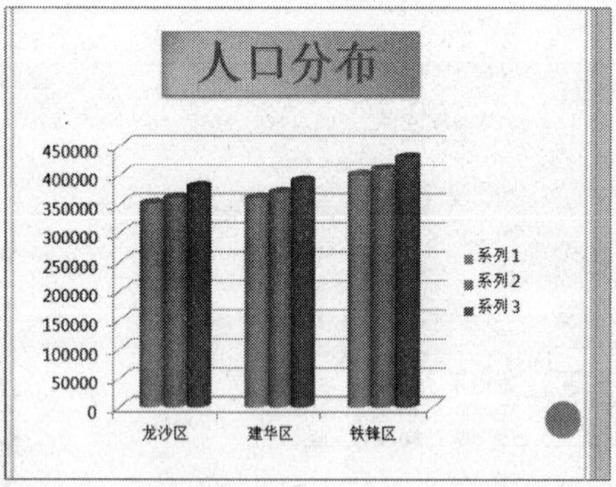

图 4-82　设置了样式的图表效果

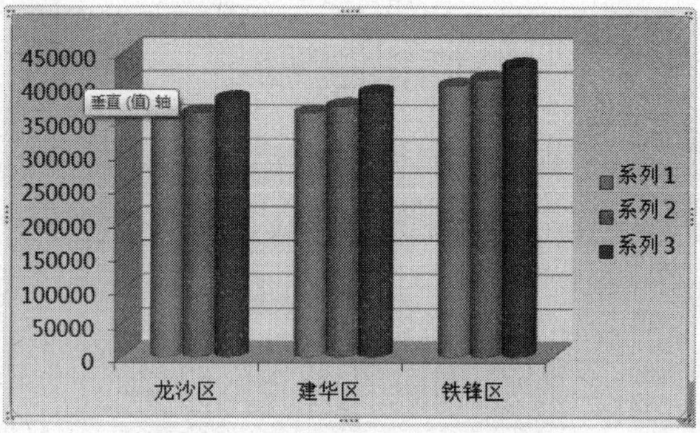

图 4-83　设置了背景填充的图表效果

(2) 根据目前所学知识，创建主题为“我的母校”的演示文稿，要求包括文字、图片、艺术字、SmartArt 图、表格、图表等元素，制作完成后命名为“我的母校 . pptx”并保存到“我的文档”中。

具体要求如下：

- 使用主题“华丽”创建新演示文稿，命名为“我的母校. pptx”并保存到“我的文档”中。
- 在第一张幻灯片中输入主标题“我的母校”，副标题“××大学”。
- 第二张幻灯片为“标题和内容”版式，输入幻灯片标题为“学校简介”，字体为华文新魏，54 号，加粗、加阴影效果；正文为楷体，24 号；插入一张图片，设置“图片效果”为“全映像，4pt 偏移量”；幻灯片背景为“背景样式”中的“样式 6”。

- 第三张幻灯片为“空白”版式，输入幻灯片标题为“专业设置”，字体为华文新魏，54号，加粗、加阴影效果；创建 SmartArt 图形，样式为“循环”中的“基本循环”，输入文字；修改 SmartArt 图形样式为“粉末”；设置幻灯片背景为“纹理填充”→“纸莎草纸”。
- 第四张幻灯片为“空白”版式，输入幻灯片标题为“专业设置”，字体为华文新魏，54号，加粗、加阴影效果；插入 10 行 3 列的表格，输入内容；按效果进行单元格合并，文字水平垂直均居中；设置幻灯片背景为“渐变填充”→“预设”→“雨后初晴”。
- 第五张幻灯片为“空白”版式，输入幻灯片标题为“专业设置”，字体为华文新魏，54号，加粗、加阴影效果；插入“堆积折线图”型图表，输入数据；设置图表区背景为“纯色填充”→“橙色，强调文字颜色 6，深色 25%”。
- 保存该演示文稿，最终效果在幻灯片浏览视图下如图 4-84 所示。

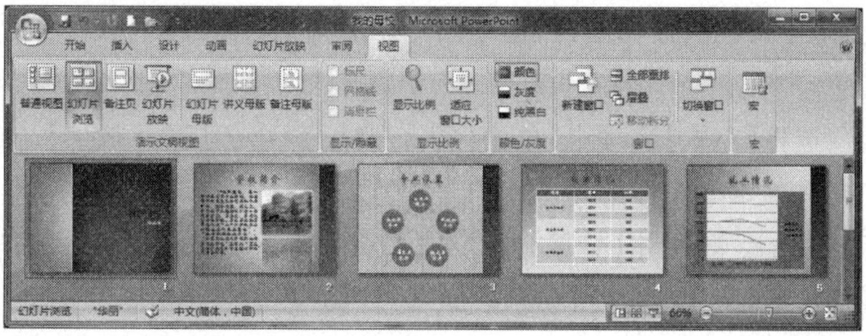

图 4-84　演示文稿“我的母校”参考内容及效果图

具体操作步骤

①第一张幻灯片制作：

a. 使用主题“华丽”创建新演示文稿，命名为“我的母校 . pptx”并保存到“我的文档”中。

b. 在第一张幻灯片的【单击此处添加标题】占位符中输入主标题“我的母校”，在【单击此处添加副标题】占位符中输入副标题“ × × 大学”。

②第二张幻灯片制作：

a. 在【开始】选项卡的【幻灯片】组中单击【新建幻灯片】按钮旁的倒三角，在弹出的菜单中选择【标题和内容】板式，完成添加一张新幻灯片，输入幻灯片标题为“学校简介”，字体为“华文新魏”，字号为 54，字形为加粗、加阴影效果。输入如图 4-85 所示正文内容，正文字体为“楷体”，字号为 24。

b. 选中正文文本框，选择【开始】选项卡，单击【段落】组中的【项目符号】按钮，取消正文部分的项目符号。

c. 选中正文文字，右击鼠标，在弹出的菜单中选择【段落】命令，打开【段落】对话框。

d. 设置“对齐方式”为“两端对齐”，【缩进】组“文本之前”为 0 厘米，首行缩进 4 个字符，单击【确定】按钮。

e. 拖动文本框边框，修改文本框大小，使之在幻灯片左半边，效果如图 4-86 所示。

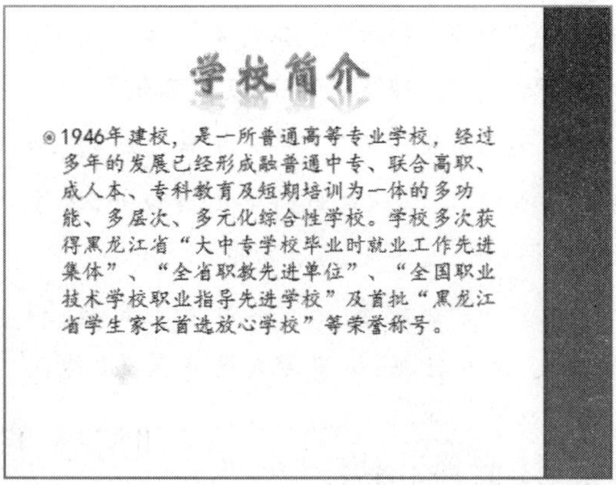

图 4-85　第二张幻灯片正文内容

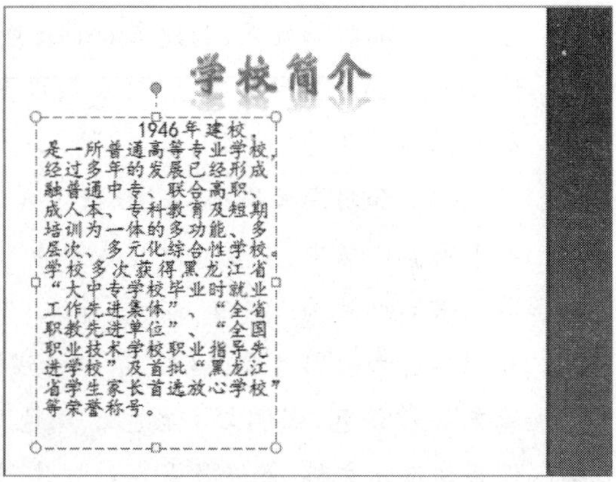

图 4-86　设置幻灯片正文格式

f. 插入一张来自文件的素材图片，拖动图片四周句柄，修改图片大小使之在幻灯片右半边上侧。

g. 双击图片，选择【格式】选项卡，单击【图片样式】组中的【图片效果】，在打开的列表中选择“映像”→“全映像，4pt 偏移量”。

h. 打开【设计】选项卡，单击【背景】组中的【背景样式】按钮，在打开的列表中选择“样式 6”，完成后幻灯片效果如图 4-87 所示。

③第三张幻灯片制作：

a. 插入一张“空白版式”幻灯片，将第二张幻灯片标题复制到本张幻灯片中，将文字改为“专业设置”。

b. 打开【插入】选项卡，单击【插图】组中的【SmartArt】按钮，打开【选择 SmartArt 图形】对话框，选择左侧列表的【循环】，在右侧选择【基本循环】，单击【确定】按钮。

c. 输入 SmartArt 图形上相应的文字，如图 4-88 所示。

图 4-87　第二张幻灯片效果图

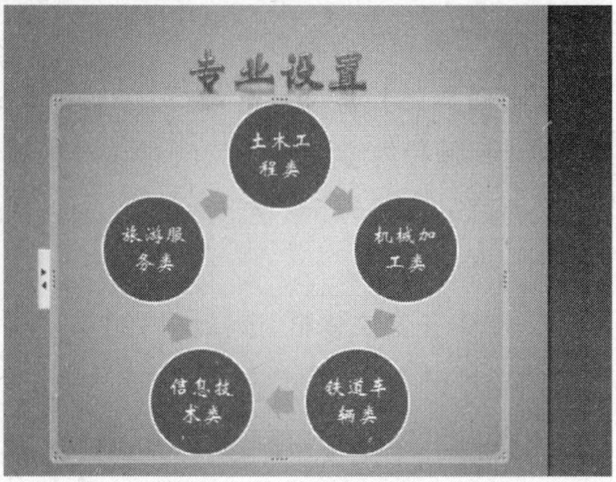

图 4-88　输入 SmartArt 图形上文字

d. 打开【设计】选项卡，单击【SmartArt 样式】组中的【其他】按钮，在列表中选择“三维”→“粉末”，效果如图 4-89 所示。

e. 取消 SmartArt 图形的选定状态，打开【设计】选项卡，单击【背景】组中的【背景样式】按钮，在打开的列表中选择【设置背景格式】，打开【设置背景格式】对话框，设置幻灯片背景为“纹理填充”→“纸莎草纸”，单击【关闭】按钮，效果如图 4-90 所示。

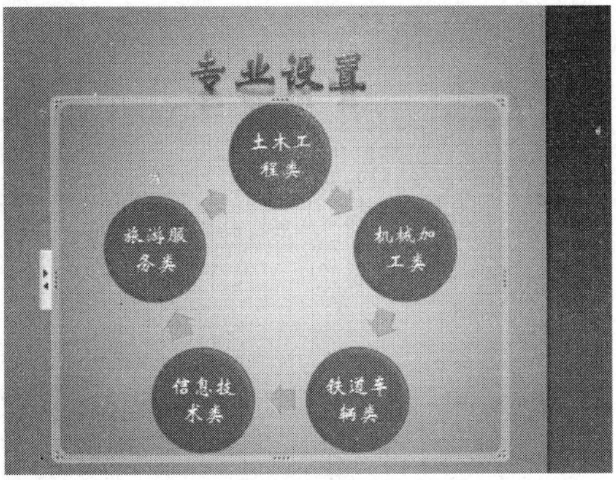

图 4-89　修改 SmartArt 图形样式

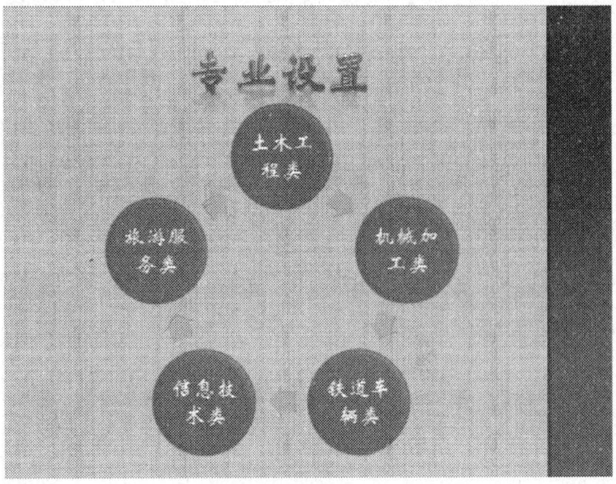

图 4-90　第三张幻灯片效果图

④第四张幻灯片制作：

a. 插入一张“空白版式”幻灯片，将第二张幻灯片标题复制到本张幻灯片中，将文字改为“招生情况”。

b. 打开【插入】选项卡，单击【表格】组中的【表格】按钮，插入一个 10 行 3 列的表格，如图 4-91 所示。

c. 输入如图 4-92 所示的表格内容。

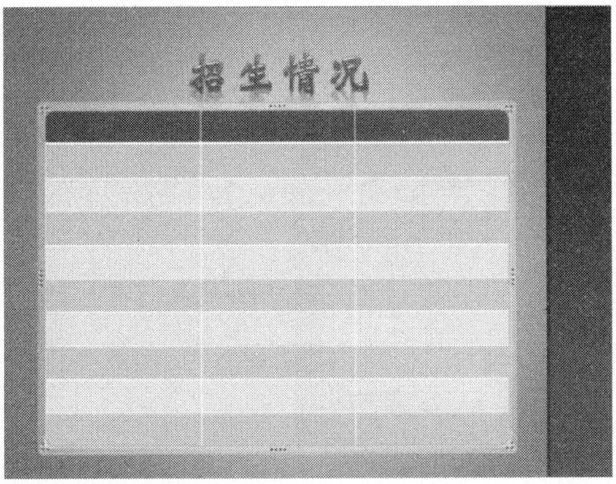

图 4-91　在幻灯片中插入 10 行 3 列的表格

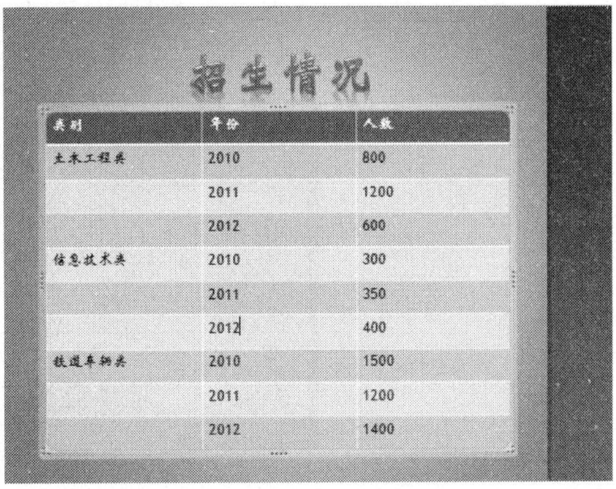

图 4-92　输入表格数据

d. 选中第 1 列第 2、3、4 单元格，右击鼠标，在弹出的菜单中选择“合并单元格”命令，并按相同方法将第 5、6、7 单元格和第 8、9、10 单元格分别合并。

e. 选中整张表格，打开【开始】选项卡，单击【段落】组中的“居中”和“对齐文本”→“中部对齐”按钮，将表格文字设置为水平垂直均居中，效果如图 4-93 所示。

f. 取消表格选定状态，打开【设计】选项卡，单击【背景】组中的【背景样式】按钮，在打开的列表中选择【设置背景格式】，打开【设置背景格式】对话框，设置幻灯片背景为“渐变填充”→“预设”→“雨后初晴”，单击【关闭】按钮，效果如图 4-94 所示。

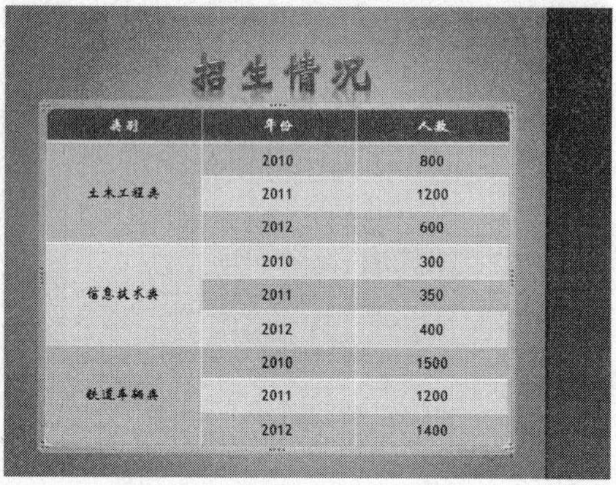

图 4-93　合并单元格和设置文本对齐效果

图 4-94　第四张幻灯片效果图

⑤第五张幻灯片制作：

a. 插入一张“空白版式”幻灯片，将第二张幻灯片标题复制到本张幻灯片中，将文字改为“就业情况”。

b. 打开【插入】选项卡，单击【插图】组中的【图表】按钮，打开【插入图表】对话框。

c. 选择“堆积折线图”，单击【确定】按钮，此时打开 Excel 2007 应用程序，输入如图 4-95 所示的数据后关闭 Excel 2007 应用程序，效果如图 4-96 所示。

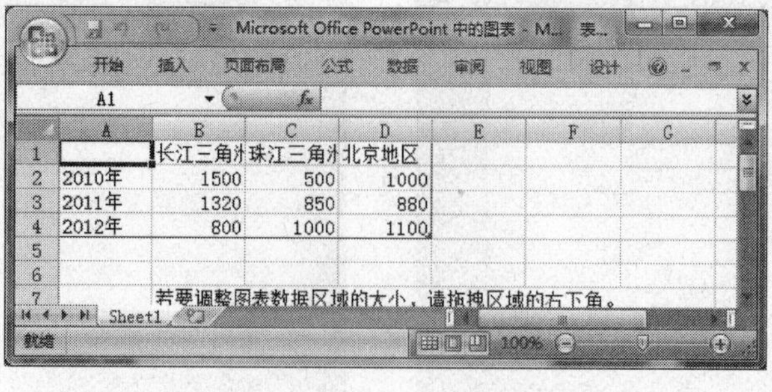

图 4-95　输入图表数据

d. 选中图表右击鼠标，在弹出的菜单中选择【设置图表区格式】命令，打开【设置图标区格式】对话框。

e. 选择“纯色填充”→“橙色，强调文字颜色 6，深色 25%”，单击【关闭】按钮，效果如图 4-97 所示。

f. 保存该演示文稿。

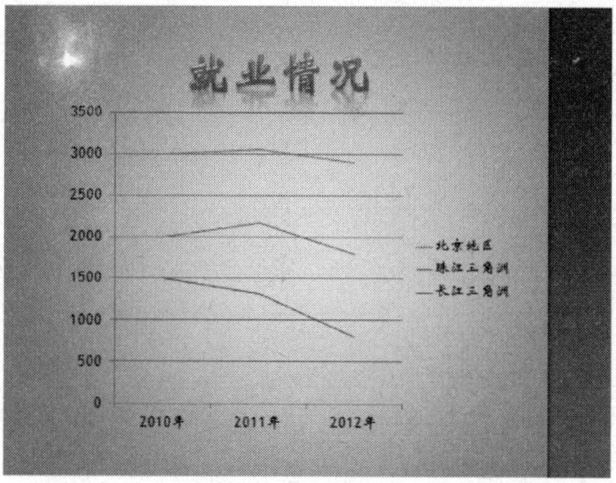

图 4-96　插入图表后幻灯片

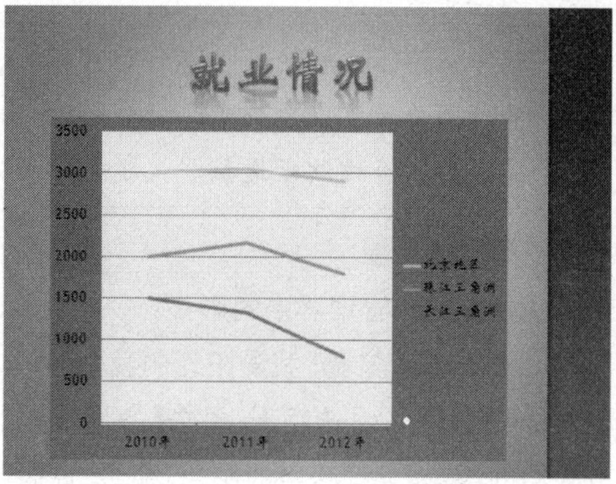

图 4-97　第五张幻灯片效果图

实验 6　编辑演示文稿对象——多媒体对象

1. 实验目的

◆ 掌握在幻灯片中插入影片及设置影片属性的方法。

◆ 掌握在幻灯片中插入声音及设置声音属性的方法。

2. 实验内容

◆ 插入影片并设置其属性。

◆ 插入声音并设置其属性。

3. 巩固练习及步骤

(1) 打开实验 3 完成的演示文稿“我爱阳光的我 . pptx”和实验 5 完成的演示文稿“美丽的家乡鹤城 . pptx”，在两个演示文稿中分别插入影片及声音并设置属性。

具体要求如下：

● 打开演示文稿“我爱阳光的我. pptx”，在第一张幻灯片中插入剪辑管理器中的影片“businessmen”，调整到合适大小，将其放置在幻灯片左下角。

● 在第一张幻灯片上插入剪辑管理器中的声音“claps cheers，鼓掌欢迎”，并设置为自动播放，调整声音图标到合适大小，将其放置在幻灯片右下角。

● 完成后保存该演示文稿。

- 打开演示文稿“美丽的家乡鹤城.pptx”，插入一张“内容版式”幻灯片；创建标题艺术字“美丽风光”；插入一个“文件中的影片”素材，并设置为自动播放；将该影片设置样式为“裁剪对角线，白色”，边框设置为粗细6磅；设置影片为循环播放；完成后保存该演示文稿。
- 选中该演示文稿的第一张幻灯片，插入“文件中的声音”素材，并设置为自动播放，将声音图标放置在左下角。
- 完成后保存该演示文稿。

具体操作步骤

①插入剪辑管理器中的影片：

a. 打开演示文稿“我爱阳光的我.pptx”，选中第一张幻灯片。

b. 打开【插入】选项卡，单击【媒体剪辑】组的【影片】按钮旁的倒三角 影片 ▾，选中下拉列表中的【剪辑管理器中的影片】命令，此时将打开【剪贴画】窗格，如图4-98所示。

c. 选择窗格中的第二个剪辑“businessmen”，将其添加到幻灯片中。

d. 单击【剪贴画】窗格右上角的关闭按钮，返回到幻灯片，选择的影片剪辑已经被添加到幻灯片中。

e. 拖动该剪辑四周的句柄，可以修改其显示大小，将该影片放置的幻灯片左下角，如图4-99所示。

f. 保存该演示文稿。

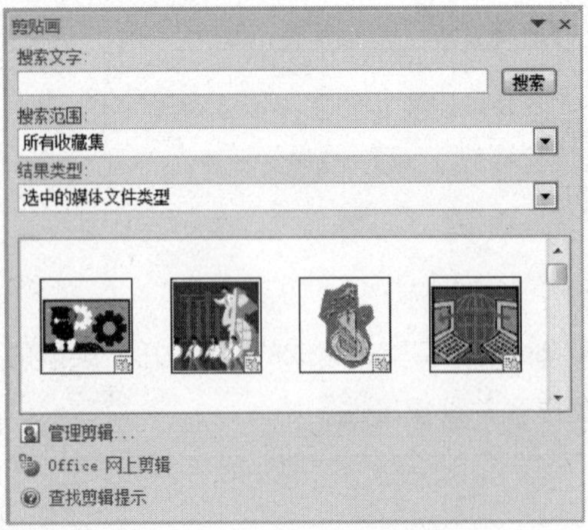

图4-98 【剪贴画】窗格

图4-99 插入影片剪辑后的幻灯片

②插入剪辑管理器中的声音：

a. 选中演示文稿“我爱阳光的我.pptx”中的第一张幻灯片。

b. 打开【插入】选项卡，单击【媒体剪辑】组的【声音】按钮旁的倒三角 声音 ▾，选中下拉列表中的【剪辑管理器中的声音】命令，此时将打开【剪贴画】窗格，如图 4-100 所示。

c. 选择窗格中的第一个声音文件“claps cheers，鼓掌欢迎”，此时打开一个消息对话框，单击【自动】按钮，如图 4-101 所示，将其添加到幻灯片中。

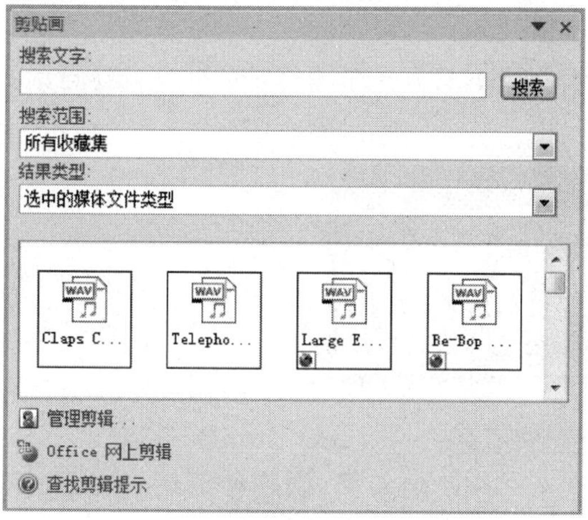

图 4-100　【剪贴画】窗格

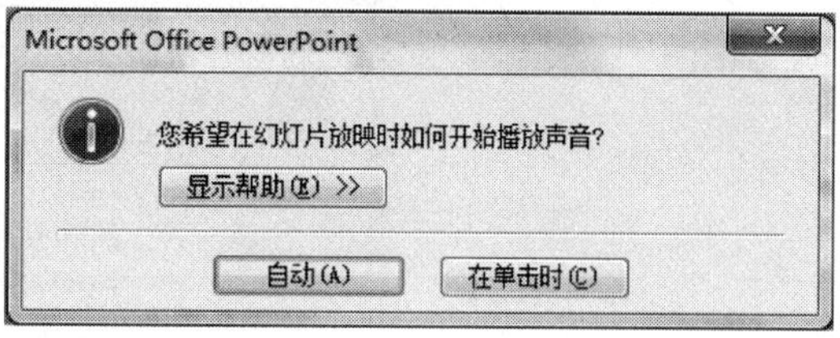

图 4-101　设置声音文件的播放方式

d. 单击【剪贴画】窗格右上角的关闭按钮，返回到幻灯片，选择的声音文件已经被添加到幻灯片中，显示为一个小喇叭图标。

e. 拖动小喇叭四周的句柄，可以修改其显示大小，将该声音放置的幻灯片右下角，如图 4-102 所示。

f. 保存该演示文稿。

图 4-102　插入剪辑库中声音文件的幻灯片

③插入来自文件的影片：

第一种方法：通过占位符插入。

a. 打开演示文稿“美丽的家乡 . pptx”，插入一张“内容版式”幻灯片，创建标题艺术字“美丽风光”。

b. 打开【插入】选项卡，单击【媒体剪辑】组的【影片】按钮旁的倒三角，选中下拉列表中的【文件中的影片】命令，此时将打开【插入影片】对话框。

c. 在磁盘中找到要插入的影片素材，双击该影片，此时打开一个消息对话框，单击【自动】按钮，如图 4-103 所示。

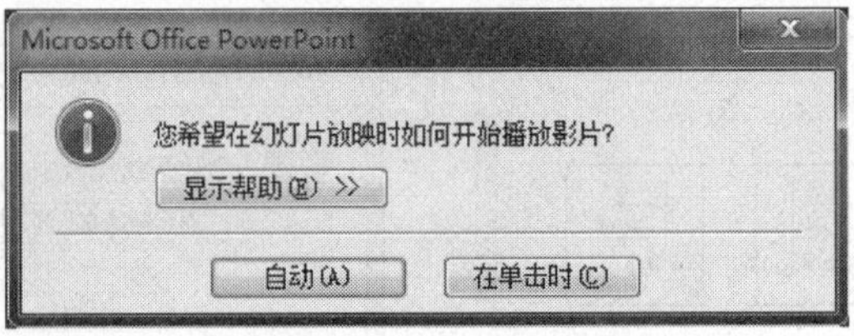

图 4-103　设置影片的播放方式

d. 此时幻灯片中显示插入的影片文件，拖拽该影片四周句柄，调整位置后，效果如图 4-104 所示（此时影片为黑色显示，当在影片上双击或在幻灯片播放时，该影片将自动播放）。

第二种方法：通过占位符插入。

a. 在幻灯片中，单击占位符中的【插入媒体剪辑】按钮，打开【插入影片】对话框。

b. 剩余步骤同第一种方法。

④设置影片属性：

a. 选中插入的影片文件，在功能区中打开【图片工具】的【格式】选项卡，在【图片样式】组中单击【其他】按钮，从弹出的列表中选择“裁剪对角线，白色”选项。

b. 单击该组中的【图片边框】按钮，选择边框粗细为 6 磅，此时幻灯片效果如图 4-105 所示。

图 4-104　插入影片的幻灯片效果

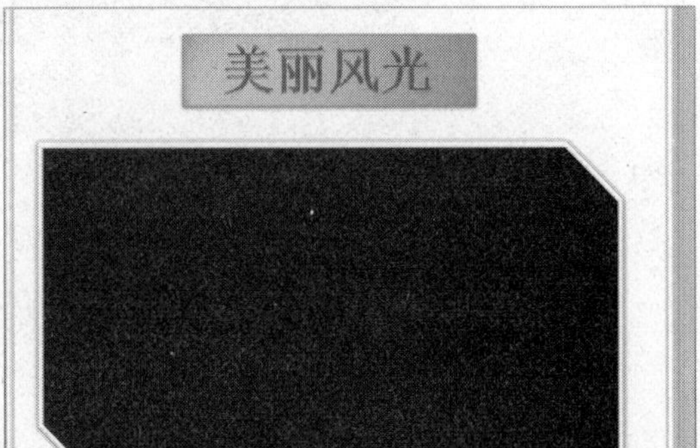

图 4-105　设置了外观样式的幻灯片

c. 在功能区中打开【影片工具】的【选项】选项卡，选中【循环播放，直到停止】复选框，即可实现影片的循环播放格式。

d. 保存该演示文稿。

⑤插入来自文件的声音:

a. 选择演示文稿"美丽的家乡 . pptx"的第一张幻灯片。

b. 打开【插入】选项卡,单击【媒体剪辑】组的【声音】按钮旁的倒三角,选中下拉列表中的【文件中的声音】命令,此时将打开【插入声音】对话框。

c. 在磁盘中找到要插入的声音素材,双击该文件,此时打开一个消息对话框,单击【自动】按钮,如图 4-101 所示。

d. 此时选择的声音文件以小喇叭图标的形式显示在幻灯片中,拖动小喇叭四周的句柄,将该声音放置的幻灯片左下角,如图 4-106 黑色框内所示。

⑥设置声音属性:

a. 选中声音文件图标,打开【选项】选项卡,在这里可以设置声音的播放方式等内容。

b. 保存该演示文稿。

图 4-106　插入来自文件中的声音文件的幻灯片

(2)打开实验 3 完成的演示文稿"人事管理软件上市说明会 . pptx"和实验 5 完成的演示文稿"我的母校 . pptx",在两个演示文稿中分别插入影片及声音并设置属性。

具体要求如下:

- 打开演示文稿"人事管理软件上市说明会. pptx",在第一张幻灯片中插入剪辑管理器中的影片"gears,males……",调整到合适大小,将其放置在幻灯片中部。
- 在第一张幻灯片上插入剪辑管理器中的声音"telephone",并设置为自动播放,调整声音图标到合适大小,将其放置在幻灯片右下角。
- 完成后保存该演示文稿。
- 打开演示文稿"我的母校. pptx",插入一张"内容版式"幻灯片;创建标题艺术字"校园风光";插入一个"文件中的影片"素材,并设置为自动播放;将该影片设置样式为"金属椭圆",边框设置为粗细 6 磅;设置影片为循环播放;完成后保存该演示文稿。
- 选中该演示文稿的第一张幻灯片,插入"文件中的声音"素材,并设置为自动播放,将声音图标放置在左下角。
- 完成后保存该演示文稿。

具体操作步骤

①插入剪辑管理器中的影片:

a. 打开演示文稿“人事管理软件上市说明会.pptx”，选中第一张幻灯片。

b. 打开【插入】选项卡，单击【媒体剪辑】组的【影片】按钮旁的倒三角，选中下拉列表中的【剪辑管理器中的影片】命令，此时将打开【剪贴画】窗格。

c. 选择窗格中的第一个剪辑“gears，males……”，将其添加到幻灯片中。

d. 单击【剪贴画】窗格右上角的关闭按钮，返回到幻灯片，选择的影片剪辑已经被添加到幻灯片中。

e. 拖动该剪辑四周的句柄，可以修改其显示大小，将该影片放置在幻灯片中部，如图4-107所示。

f. 保存该演示文稿。

②插入剪辑管理器中的声音：

a. 选中演示文稿“人事管理软件上市说明会.pptx”中的第一张幻灯片。

b. 打开【插入】选项卡，单击【媒体剪辑】组的【声音】按钮旁的倒三角，选中下拉列表中的【剪辑管理器中的声音】命令，此时将打开【剪贴画】窗格。

c. 选择窗格中的第二个声音文件“telephone”，此时打开一个消息对话框，单击【自动】按钮，将其添加到幻灯片中。

d. 单击【剪贴画】窗格右上角的关闭按钮，返回到幻灯片，选择的声音文件已经被添加到幻灯片中，显示为一个小喇叭图表。

e. 拖动小喇叭四周的句柄，可以修改其显示大小，将该声音放置在幻灯片右下角，如图4-108所示。

f. 保存该演示文稿。

图4-107 插入剪辑库中影片的幻灯片

图4-108 插入剪辑库中声音文件的幻灯片

③插入来自文件的影片：

第一种方法：通过占位符插入。

a. 打开演示文稿“我的母校.pptx”，插入一张“内容版式”幻灯片，创建标题艺术字“校园风光”。

b. 打开【插入】选项卡，单击【媒体剪辑】组的【影片】按钮旁的倒三角，选中下拉列表中的

【文件中的影片】命令，此时将打开【插入影片】对话框。

c. 在磁盘中找到要插入的影片素材，双击该影片，此时打开一个消息对话框，单击【自动】按钮。

d. 此时幻灯片中显示插入的影片文件，拖拽该影片四周句柄，调整好大小及位置（此时影片为黑色显示，当在影片上双击或在幻灯片播放时，该影片将自动播放）。

第二种方法：通过占位符插入。

a. 在幻灯片中，单击占位符中的【插入媒体剪辑】按钮，打开【插入影片】对话框。

b. 剩余步骤同第一种方法。

④设置影片属性：

a. 选中插入的影片文件，在功能区中打开【图片工具】的【格式】选项卡，在【图片样式】组中单击【其他】按钮，从弹出的列表中选择【金属椭圆】选项。

b. 单击该组中的【图片边框】按钮，选择边框粗细为 6 磅，此时幻灯片效果如图 4-109 所示。

c. 在功能区中打开【影片工具】的【选项】选项卡，选中【循环播放，直到停止】复选框，即可实现影片的循环播放格式。

d. 保存该演示文稿。

⑤插入来自文件的声音：

a. 选择演示文稿“我的母校 . pptx”的第一张幻灯片。

b. 打开【插入】选项卡，单击【媒体剪辑】组的【声音】按钮旁的倒三角，选中下拉列表中的【文件中的声音】命令，此时将打开【插入声音】对话框。

c. 在磁盘中找到要插入的声音素材，双击该文件，此时打开一个消息对话框，单击【自动】按钮。

d. 此时选择的声音文件以小喇叭图标的形式显示在幻灯片中，拖动小喇叭四周的句柄，将该声音放置的幻灯片左下角，如图 4-110 所示。

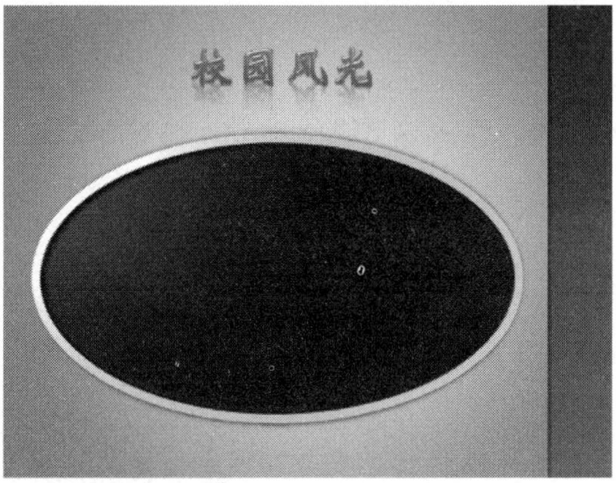

图 4-109　插入来自文件中影片的幻灯片

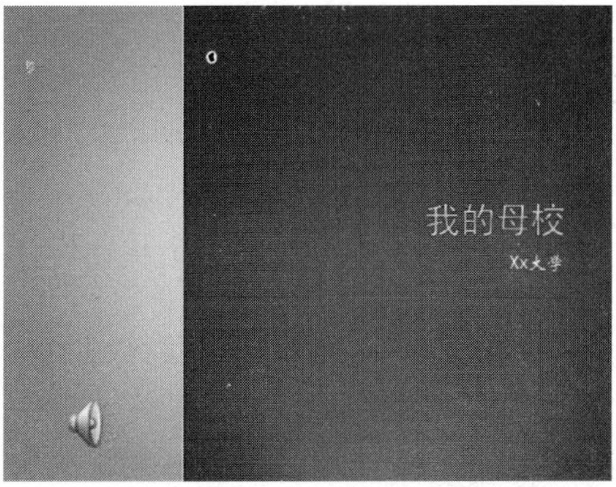

图 4-110　插入来自文件中声音的幻灯片

⑥设置声音属性:

a. 选中声音文件图标,打开【选项】选项卡,在这里可以设置声音的播放方式等内容。

b. 保存该演示文稿。

实验7　设置幻灯片切换及自定义动画效果

1. 实验目的

- ◆ 掌握设置幻灯片切换效果的方法。
- ◆ 掌握自定义动画的方法。
- ◆ 掌握设置超链接及添加动作按钮的方法。
- ◆ 掌握设置幻灯片放映的方式。

2. 实验内容

- ◆ 设置幻灯片切换效果。
- ◆ 设置自定义动画。
- ◆ 设置超链接及动作按钮。

3. 巩固练习及步骤

(1)打开实验6完成的演示文稿"美丽的家乡鹤城.pptx",为每张幻灯片设置切换效果,自定义动画及设置,增加超链接及动作按钮。

具体要求如下:

- ● 打开演示文稿"美丽的家乡鹤城.pptx",为所有幻灯片设置"切换效果"为"向左下揭开","切换声音"为"风铃",切换速度为"慢速"。
- ● 为第一张幻灯片标题"美丽的家乡"自定义动画为"进入"→"菱形",剪贴画上的艺术字动画相同并与标题文字同时进入;幻灯片上的4张图片设置自定义动画为"进入"→"其他效果"→"华丽型"→"浮动"。
- ● 为第二张幻灯片标题"携手发展,共创未来"自定义动画"进入"→"菱形";三组组合图形自定义动画"进入"→"中心旋转"。
- ● 为第三张幻灯片标题"支柱产业"自定义动画"进入"→"菱形";SmartArt图形自定义动画"强调"→"放大/缩小"。
- ● 为第四张幻灯片标题"行政区域划分"自定义动画"进入"→"棋盘";SmartArt图形自定义动画"强调"→"陀螺旋"。
- ● 为第五张幻灯片标题"土地资源"自定义动画"进入"→"阶梯状";表格自定义动画"强调"→"闪烁"。
- ● 为第六张幻灯片标题"人口分布"自定义动画"进入"→"随机线条";图表自定义动画"强调"→"忽明忽暗"。

- 在第二张幻灯片“携手发展，共创未来”之后插入一张新幻灯片，输入内容，并将正文每行超链接到相应的幻灯片上。
- 在第四张至第八张幻灯片上添加动作按钮“后退或前一项”，并链接到第三张幻灯片上。
- 完成后保存该演示文稿。

具体操作步骤

①设置幻灯片的切换效果：

a. 打开演示文稿“美丽的家乡鹤城.pptx”，选择第一张幻灯片。

b. 在功能区中打开【动画】选项卡，在【切换到此幻灯片】组中单击【其他】按钮，在弹出的菜单中选择“向左下揭开”选项，如图4-111所示。

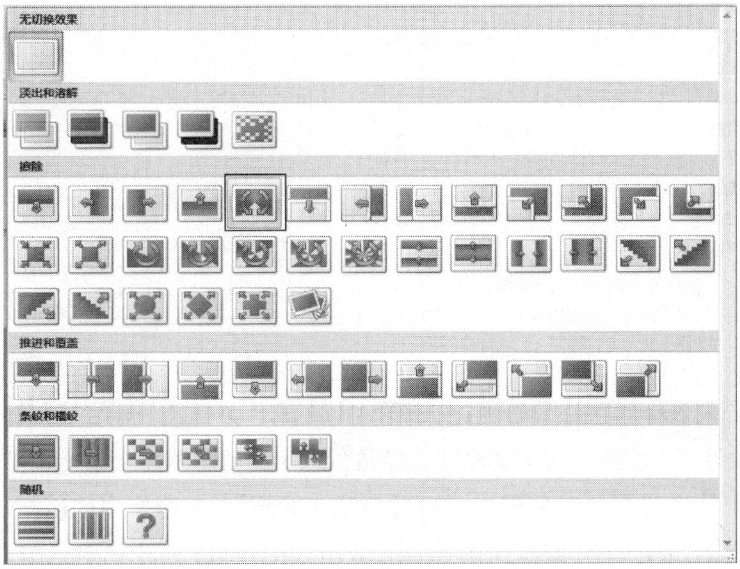

图4-111　设置切换效果

c. 在【切换到此幻灯片】组中单击【切换声音】右侧的下拉按钮，从弹出的【切换声音】下拉列表框中选择【风铃】选项，如图4-112所示。

d. 在【切换到此幻灯片】组中单击【切换速度】右侧的下拉按钮，从弹出的【切换速度】下拉列表框中选择【慢速】选项。

e. 单击【切换到此幻灯片】组中的全部应用按钮（如果想所有幻灯片用不同换片效果，则分别选择演示文稿中的其他幻灯片，重复步骤b、c、d，选择不同的效果即可）。

②自定义动画：

a. 选择第一张幻灯片的标题艺术字“美丽的家乡”，打开【动画】选项卡，单击【动画】组中的【自定义动画】按钮，打开【自定义动画】任务窗格，如图4-113所示。

b. 在该任务窗格中单击【添加效果】按钮，在弹出的菜单中选择“进入”→“菱形”命令。选择标题艺术字上的剪贴画，设置相同的动画，设置好效果如图4-114所示。

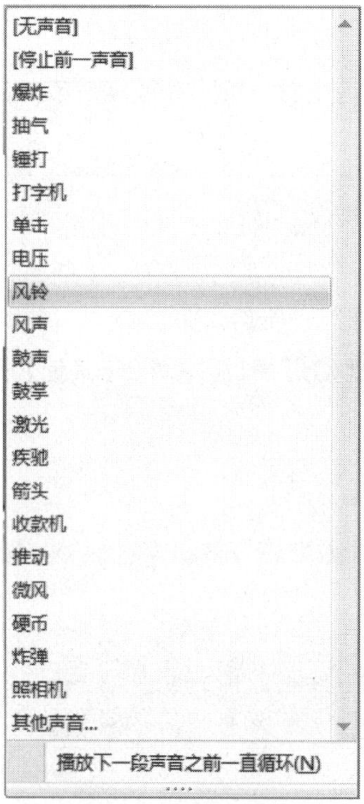

图 4-112　设置切换速度

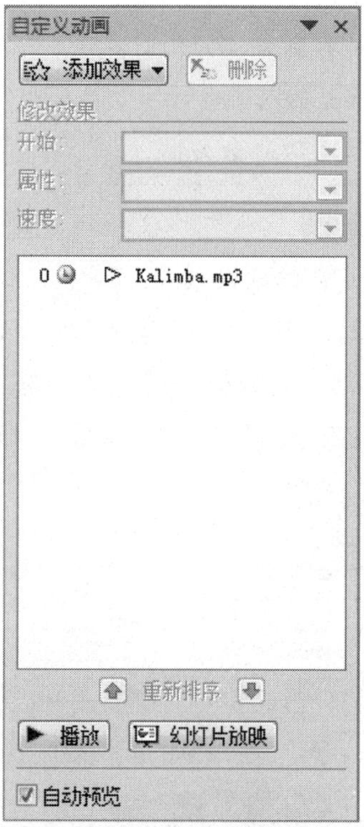

图 4-113　【自定义动画】任务窗格

c. 选择动画列表中的第二个动画，单击图 4-114 黑色方框内"开始"项后的倒三角，在打开的下拉列表中选择"之前"，这样设置好后标题艺术字和剪贴画将一起出现。

d. 选择幻灯片中代表"秋"的图片，单击【自定义动画】任务窗格中的【添加效果】按钮，在弹出的菜单中选择"进入"→"其他效果"命令，弹出如图 4-115 所示的对话框，选择"华丽型"中的"浮动"。

图 4-114　标题设置好动画后的效果

图 4-115　【添加进入效果】对话框

e. 分别选择其他三张图片，为他们依次设置上步骤 d 中的动画，设置好的效果如图 4-116 所示。

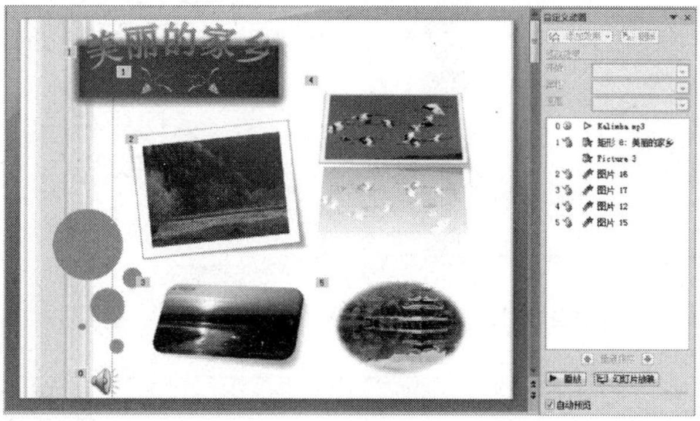

图 4-116　设置了“进入式”自定义动画效果的幻灯片

f. 重复 b ~ e 步骤，为演示文稿中第二张幻灯片的对象设置要求的自定义动画，设置好的效果如图 4-117 所示。

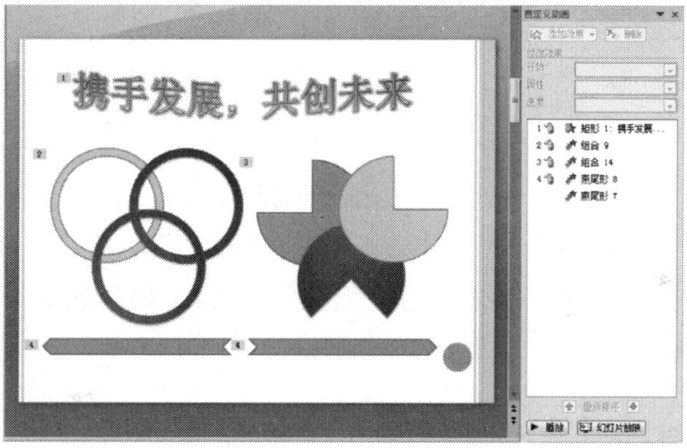

图 4-117　设置了“进入式”自定义动画效果的幻灯片

g. 选择第三张幻灯片中的标题艺术字，设置动画效果“进入”→“菱形”。

h. 选择该张幻灯片的 SmartArt 图形，单击【添加效果】→【强调】→【放大/缩小】，设置好动画后，效果如图 4-118 所示。

i. 按上述方法，将演示文稿的其他幻灯片设置上合适的动画。

j. 保存该演示文稿。

③设置超链接：

a. 在第二张幻灯片后添加一张新幻灯片，输入如图 4-119 所示的内容。

b. 选中该张幻灯片第一行文本“支柱产业”，在功能区中打开【插入】选项卡，单击【链接】组的【超链接】按钮，打开【插入超链接】对话框。

c. 在该对话框的【链接到】列表中单击【本文档中的位置】按钮，在“请选择文档中的位置”列表框中单击“幻灯片标题”展开列表中的“幻灯片 4”选项，如图 4-120 所示。

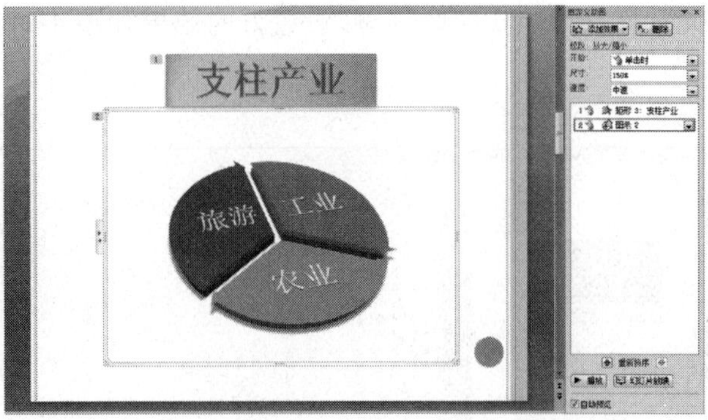

图 4-118　设置了“强调式”自定义动画效果的幻灯片

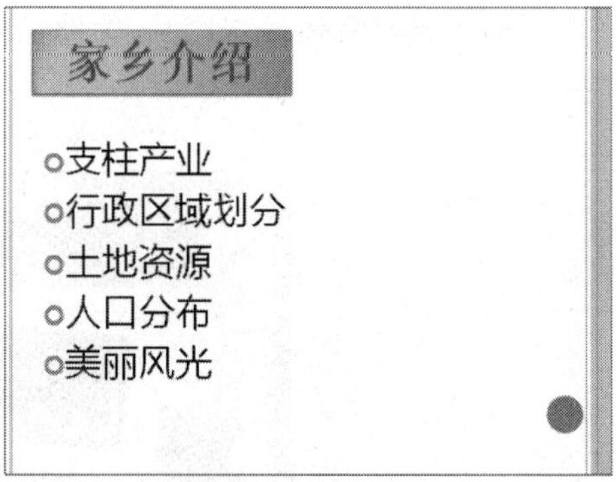

图 4-119　添加新的幻灯片

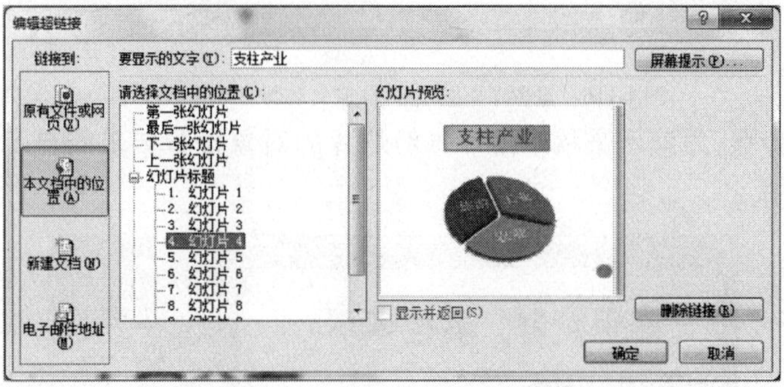

图 4-120　【编辑超链接】对话框

d. 单击【确定】按钮，返回到幻灯片中，效果如图 4-121 所示。

e. 重复步骤 b、c、d，为其他行文本设置上相应的超链接，效果如图 4-122 所示。

f. 保存该演示文稿。

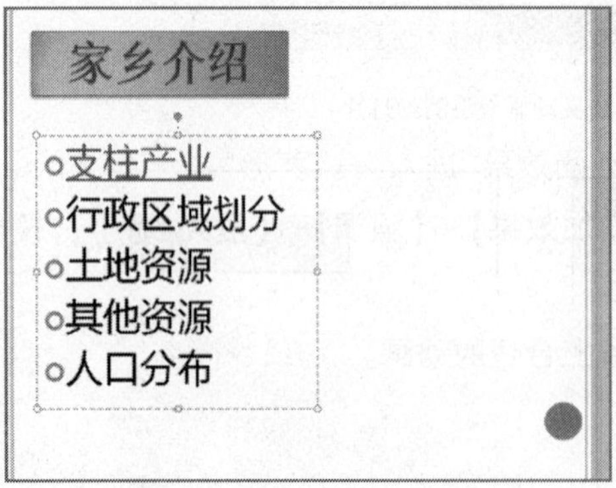

图 4-121　添加了超链接后的幻灯片

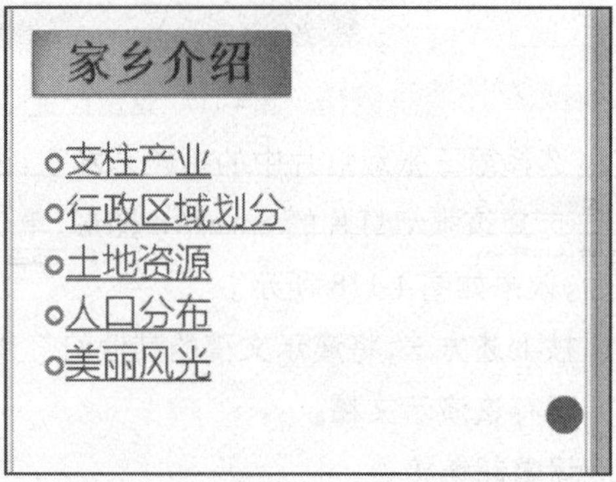

图 4-122　为所有文本添加了超链接后的幻灯片

④添加动作按钮:

a. 选择演示文稿中的第四张幻灯片。

b. 在功能区打开【插入】选项卡，在【插图】组中，单击【形状】按钮，在打开菜单的【动作按钮】选项区域中，选择【后退或前一项】命令◁，在幻灯片的左下角拖动鼠标绘制该图形，当释放鼠标时，系统将自动打开【动作设置】对话框，如图 4-123 所示。

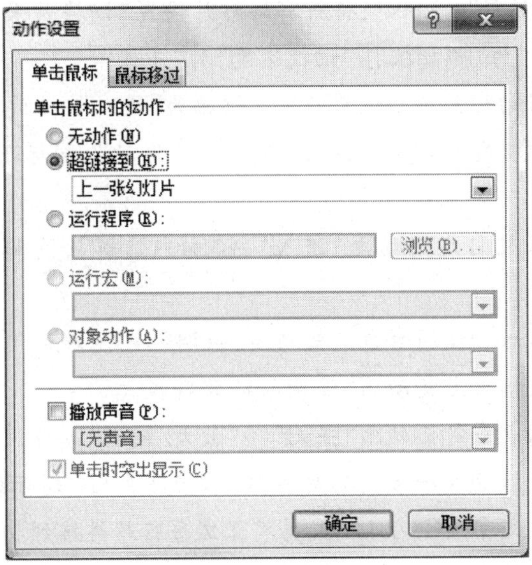

图 4-123　【动作设置】对话框

c. 在【超链接到】下拉列表中选择“幻灯片”选项，打开【超链接到幻灯片】对话框，在对话框中选择“幻灯片 3”，如图 4-124 所示。

d. 单击【确定】按钮，返回到【动作设置】对话框。

e. 在对话框中切换到【鼠标移过】选项卡，在该选项卡中选中【播放声音】复选框，并在其下拉列表框中选择“微风”。

f. 单击【确定】按钮，完成该动作设置，效果如图 4-125 所示。

g. 重复步骤 a ~ f，分别为第五张至第八张幻灯片设置动作按钮，均链接到第三张幻灯片。

h. 保存该演示文稿。

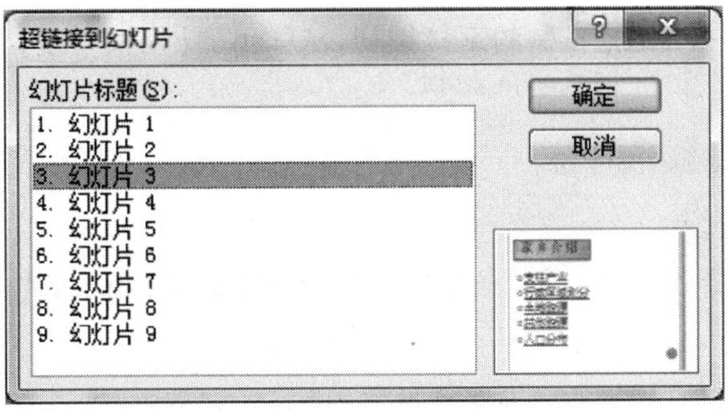

图 4-124　【超链接到幻灯片】对话框

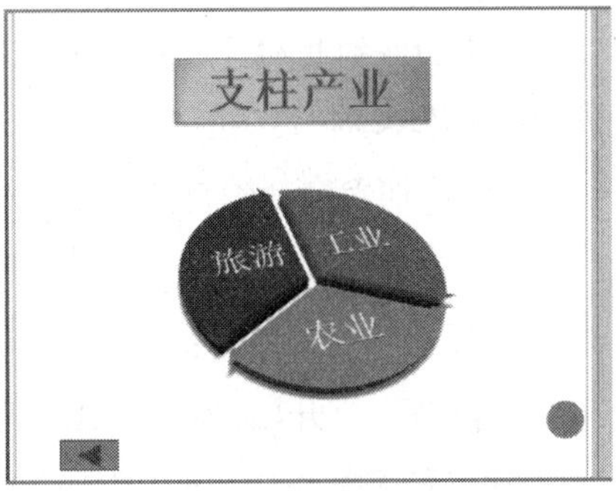

图 4-125　添加了动作按钮的幻灯片

(2) 打开实验 6 完成的演示文稿“我的母校 . pptx”，为每张幻灯片设置切换效果，自定义动画及设置，增加超链接及动作按钮。

具体要求如下：

- 打开演示文稿“我的母校.pptx”，将所有幻灯片设置“切换效果”为“顺时针回旋，4 根轮辐”，“切换声音”为“照相机”，“切换速度”为“中速”。
- 为演示文稿的每张幻灯片标题设置自定义动画为“进入”→“浮动”。
- 为第一张幻灯片主标题自定义动画为“进入”→“浮动”，副标题自定义动画“进入”→“飞入”。
- 为第二张幻灯片正文自定义动画“进入”→“向内溶解”，图片自定义动画“强调”→“陀螺旋”。
- 为第三张幻灯片 SmartArt 图形自定义动画“强调”→“陀螺旋”。
- 为第四张幻灯片表格自定义动画“强调”→“跷跷板”。
- 为第五张幻灯片图表自定义动画“强调”→“放大/缩小”。
- 在第一张幻灯片之后插入一张新幻灯片，输入如图 4-126 所示的内容，设置标题文字大小为 80 号，正文文字大小为 44 号，并将正文每行超链接到相应的幻灯片上。
- 在第三张至第七张幻灯片上添加动作按钮“后退或前一项”，并链接到第二张幻灯片上。
- 完成后保存该演示文稿。

具体操作步骤

①设置幻灯片的切换效果：

a. 打开演示文稿“我的母校.pptx”，选择第一张幻灯片。

b. 在功能区中打开【动画】选项卡，在【切换到此幻灯片】组中单击【其他】按钮，在弹出的菜单中选择“顺时针回旋，4 根轮辐”选项。

c. 在【切换到此幻灯片】组中单击【切换声音】右侧的下拉按钮，从弹出的【切换声音】下拉列表框中选择【照相机】选项。

d. 在【切换到此幻灯片】组中单击【切换速度】右侧的下拉按钮，从弹出的【切换速度】下拉列表框中选择“中速”选项。

e. 单击【切换到此幻灯片】组中的“全部应用”按钮。

②自定义动画：

a. 选择第一张幻灯片的主标题“我的母校”，打开【动画】选项卡，单击【动画】组中的【自定义动画】按钮，打开【自定义动画】任务窗格。

b. 在该任务窗格中单击【添加效果】按钮，在弹出的菜单中选择“进入”→“浮动”命令。

c. 选择副标题“××大学”，单击【自定义动画】任务窗格中的【添加效果】按钮，在弹出的菜单中选择“进入”→“飞入”命令。

d. 重复 c 步骤，为演示文稿的其他幻灯片的对象设置要求的自定义动画。

j. 保存该演示文稿。

③设置超链接：

a. 在第一张幻灯片后添加一张新幻灯片，输入如图 4-126 所示的内容。

b. 选中该张幻灯片第一行文本“学校简介”，在功能区中打开【插入】选项卡，单击【链接】组的【超链接】按钮，打开【插入超链接】对话框。

c. 在该对话框的“链接到”列表中单击“本文档中的位置”按钮，在“请选择文档中的位置”列表框中单击“幻灯片标题”展开列表中的“幻灯片 3”选项。

d. 单击【确定】按钮，返回到幻灯片中。

e. 重复步骤 b、c、d，为其他行文本设置上相应的超链接，效果如图 4-127 所示。

f. 保存该演示文稿。

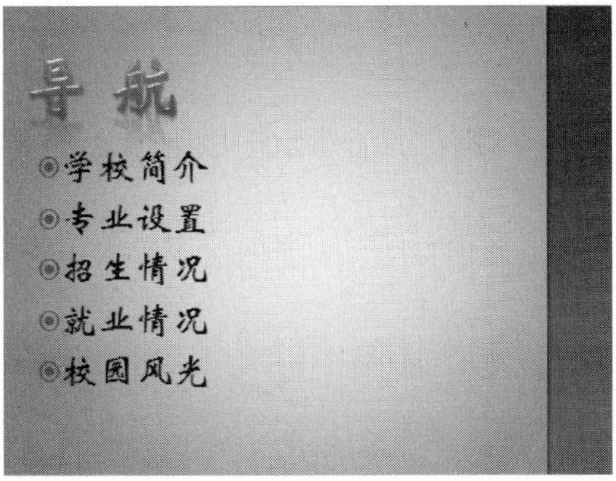

图 4-126　添加新幻灯片

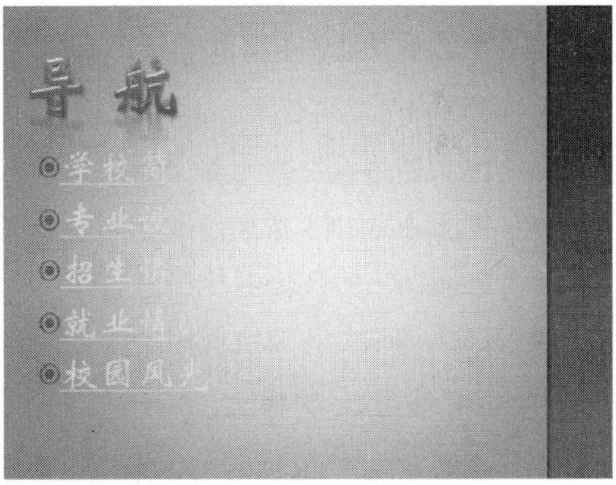

图 4-127　设置了超链接的幻灯片

④添加动作按钮：

a. 选择演示文稿中的第三张幻灯片。

b. 在功能区打开【插入】选项卡，在【插图】组中，单击【形状】按钮，在打开菜单的【动作按钮】选项区域中，选择【后退或前一项】命令◁，在幻灯片的左下角拖动鼠标绘制该图形，当释放鼠标时，系统将自动打开【动作设置】对话框。

c. 在“超链接到”下拉列表中选择“幻灯片”选项，打开【超链接到幻灯片】对话框，在对话框中选择“幻灯片 3”，单击【确定】按钮，返回到【动作设置】对话框。

d. 单击【确定】按钮，完成该动作设置，效果如图 4-128 示。

e. 重复步骤 a ~ d，分别为第四张至第七张幻灯片设置动作按钮，均链接到第二张幻灯片。

f. 保存该演示文稿。

图 4-128　添加了动作按钮的幻灯片

第5章　多媒体软件应用

实验1　利用 Photoshop CS3 进行图形图像处理(一)

1. 实验目的

- 掌握 Photoshop CS3 软件的基本操作方法。
- 掌握图层的简单使用。
- 熟悉选区的操作。
- 熟悉渐变羽化等工具的使用。

2. 实验内容

- Photoshop CS3 基本文件操作。
- Photoshop CS3 选区使用。
- Photoshop CS3 图层使用。
- Photoshop CS3 滤镜使用。

3. 巩固练习及步骤

制作水晶效果按钮，最终的效果如图 5-1 所示。

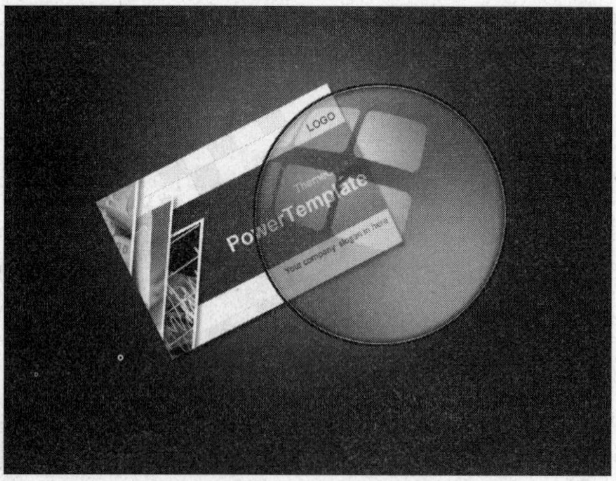

图 5-1　水晶效果按钮示意图

具体操作步骤

①单击"文件"→"新建"命令，或者按 Ctrl + N 组合键，弹出【新建】对话框，文件设置如图 5-2 所示。选择工具栏中的【渐变工具】，设置渐变颜色为"3eb0ec"和"0b1b42"，如图 5-3 所示。

②设置渐变类型为"径向渐变"，渐变属性栏设置如图 5-4 所示。

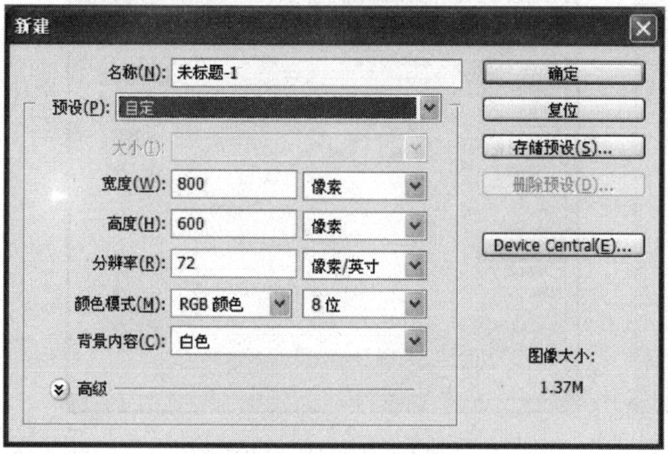

图 5-2　新建对话框

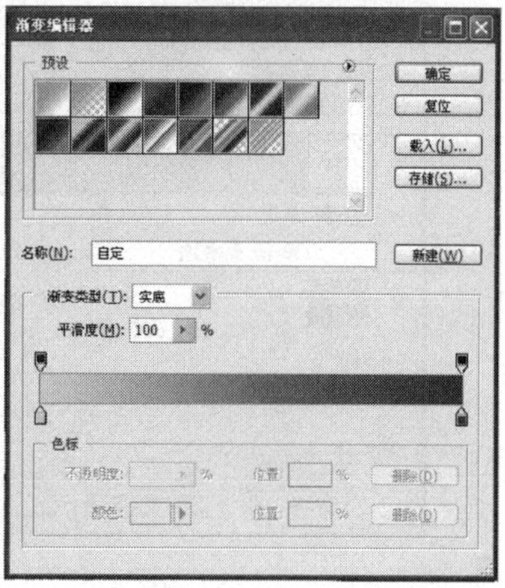

图 5-3　渐变编辑器

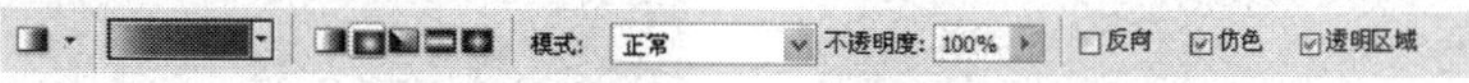

图 5-4　渐变属性栏

③使用径向渐变填充，效果如图 5-5 所示。选择工具栏中的【椭圆选择工具】，按住 Shift 键绘制正圆形选区，如图 5-6 所示。

图 5-5　使用径向渐变填充

图 5-6　绘制正圆形选区

④按 Ctrl + J 组合键，复制图层，【图层】面板如图 5-7 所示。选择【图层 1】，双击图层，弹出【图层样式】对话框，选择“渐变叠加”命令。设置渐变颜色为“b8e6fc”、“127cad”和“024c6e”，如图 5-8 所示，效果如图 5-9 所示。

⑤在【图层】面板中单击【新建图层】按钮，按【Ctrl】键单击“图层 1”，在“图层 2”中提取“图层 1”的选区。设置前景色为“0c6bc2”，按【Alt + Delete】组合键，填充前景色，并将“图层 2”的图层混合模式更改为“叠加”，按【Ctrl + D】组合键取消选区，效果如图 5-10 所示。【图层】面板如图 5-11 所示。

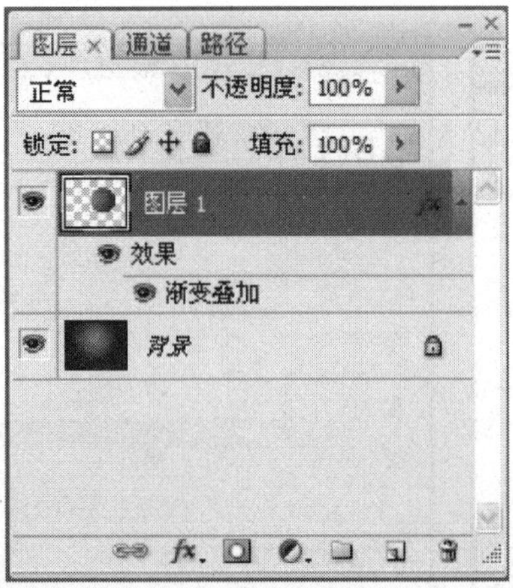

图 5-7　图层面板

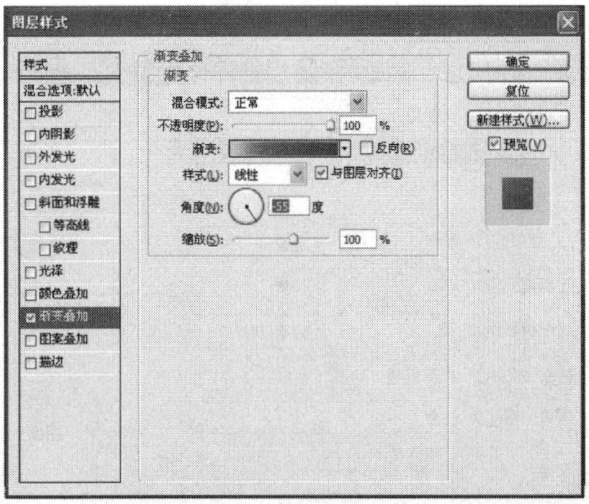

图 5-8　【图层样式】对话框

图 5-9　填充效果

图 5-10　叠加混合模式效果

⑥在【图层】面板中单击【新建图层】按钮,得到【图层 3】,按【Ctrl】键单击【图层 1】,在【图层 3】中提取【图层 1】的选区,效果如图 5-12 所示。单击“选择”→“修改”→“羽化”命令,弹出【羽化选区】对话框,设置羽化半径为 20 像素,如图 5-13 所示。

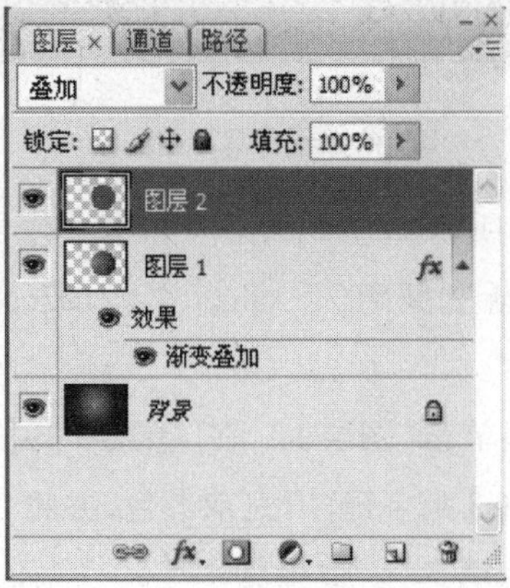

图 5-11　【图层】面板

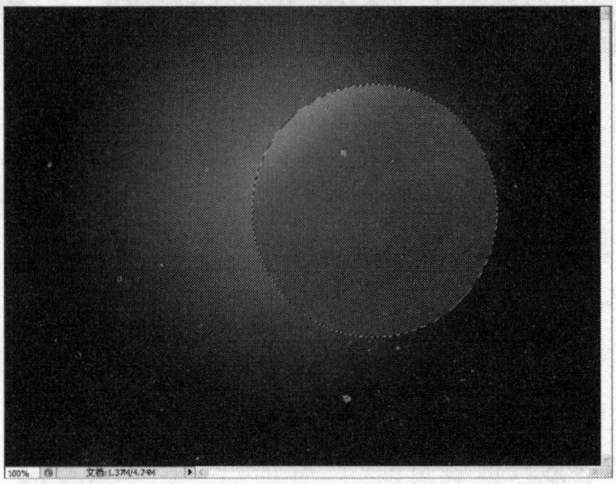

图 5-12　提取选区

⑦将前景色设为白色，按【Alt + Delete】组合键，填充前景色，效果如图5-14所示。单击“选择”→“变换选区”命令，将选区缩小，如图5-15所示，按【Enter】键完成操作。

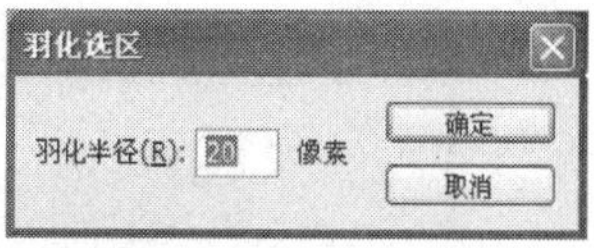

图5-13 【羽化选区】对话框

⑧按【Delete】键删除选区的内容，按【Ctrl + D】组合键取消选区，删除类似外发光的部分，效果如图5-16所示。选择【图层】，按【Ctrl】键单击“图层1”，按【Ctrl + Shift + I】组合键，执行反选命令，按【Delete】键删除选区的内容，按【Ctrl + D】组合键取消选区。并将“图层3”的图层混合模式更改为【叠加】，将图层【不透明度】设为25%，效果如图5-17所示。

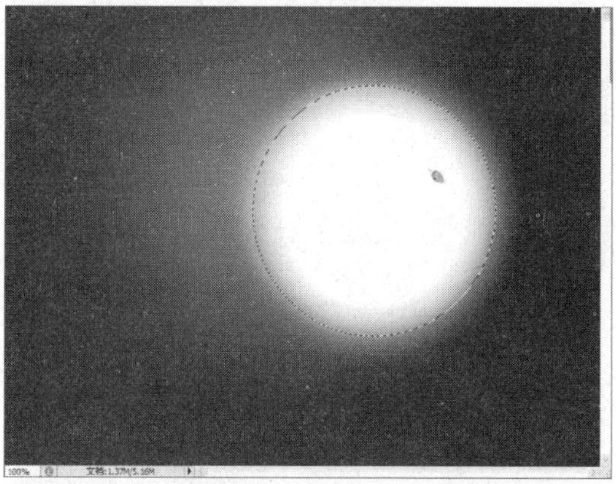

图5-14 填充前景色后效果

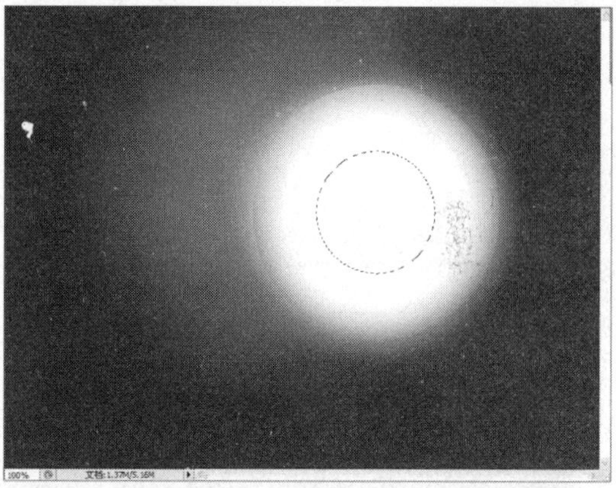

图5-15 缩小选区

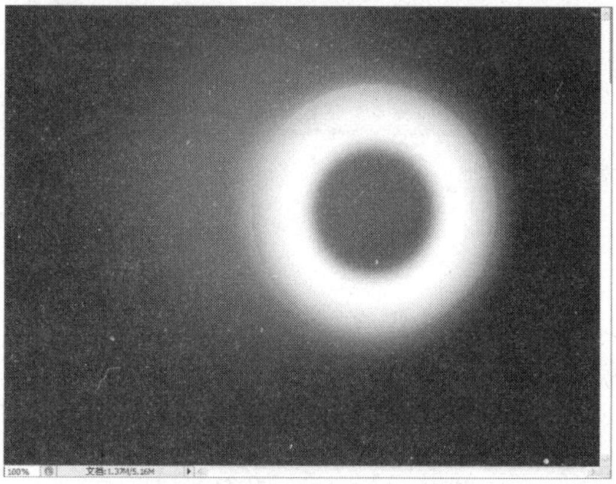

图5-16 删除选区内容后效果

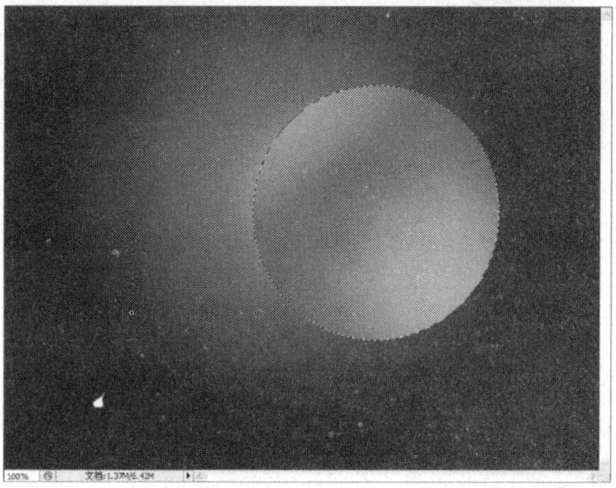

图5-17 改变不透明度后效果

⑨在【图层】面板中单击【新建图层】按钮，得到“图层4”。选择“图层4”，按【Ctrl】键单击“图层1”，在“图层4”中提取“图层1”的选区。选择工具栏中的【渐变工具】，设置渐变颜色为“00e4fe”，如图5-18所示。拖动渐变，并将图层混合模式更改为【滤色】，按【Ctrl + D】组合键取消选区，如图5-19所示。

⑩在【图层】面板中单击【新建图层】按钮，得到“图层5”。选择工具栏中的【矩形选框工具】绘制选区，如图5-20所示。单击“选择”→“修改”→“平滑”命令，设置如图5-21所示。

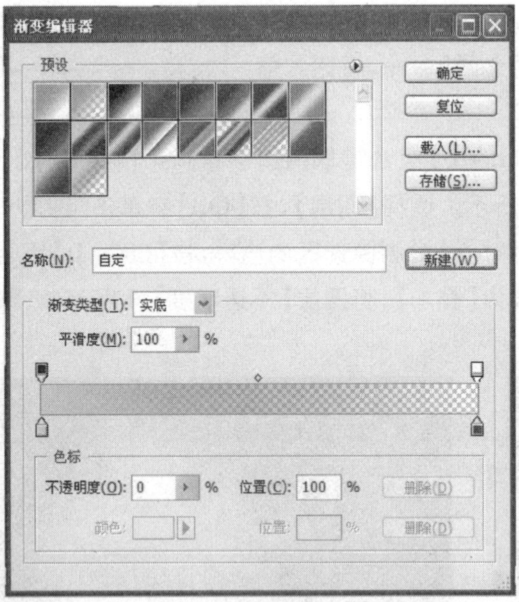

图 5-18　渐变编辑器

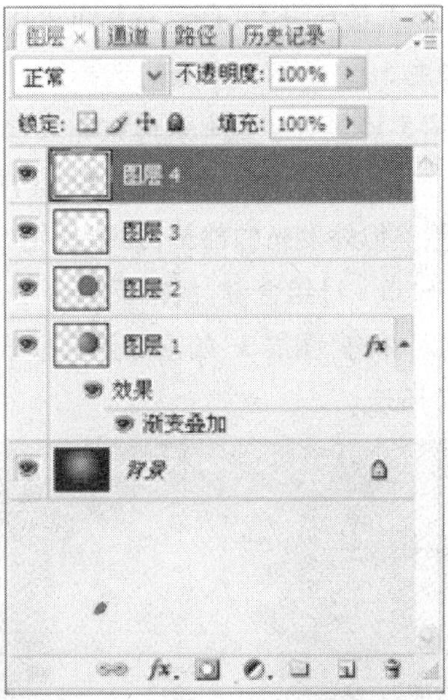

图 5-19　【图层】面板

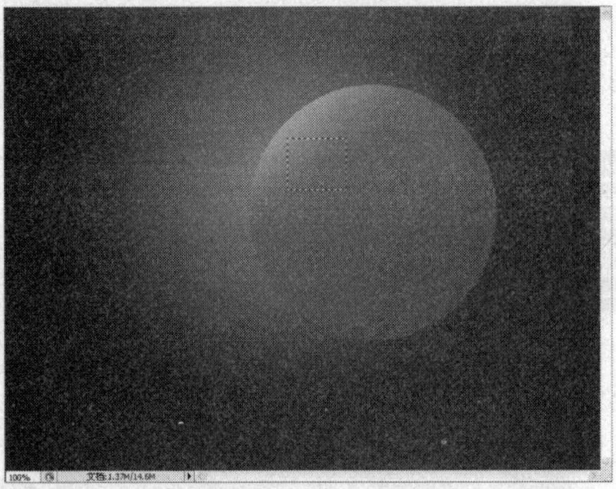

图 5-20　绘制矩形选区

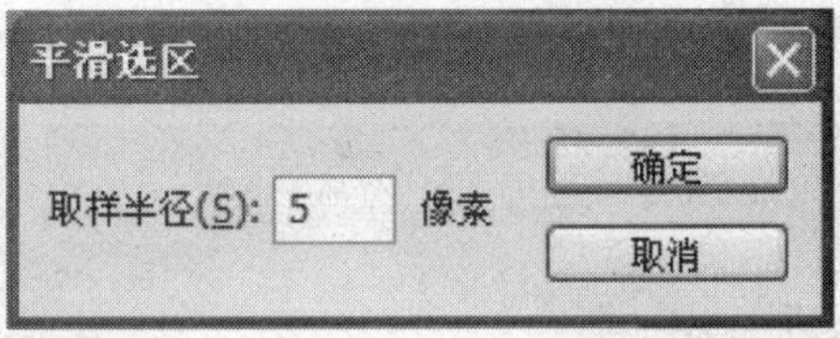

图 5-21　【平滑选区】对话框

⑪将前景色设置为白色，按【Alt + Delete】组合键，填充前景色，按在【Ctrl + D】组合键取消选区。选择工具栏中的【移动工具】，按【Alt】键复制图形，并将几个白色框合并图层，单击“编辑”→“自由变换”命令，或者按【Ctrl + T】组合键，旋转后放至圆形的左上面，如图 5-22 所示。

⑫选择“图层 5”，按【Ctrl】键单击“图层 1”，在“图层 5”中提取“图层 1”的选区。单击“滤镜”→“扭曲”→“球面化”，弹出【球面化】对话框，设置如图 5-23 所示。

⑬点击【确定】按钮完成操作，效果如图 5-24 所示。按【Delete】键删除选区的内容，按【Ctrl + D】组合键取消选区，效果如图 5-25 所示，按【Ctrl + D】组合键取消选区。

⑭在【图层】面板中单击【新建图层】按钮，得到“图层 6”，按【Ctrl】键单击“图层 1”，在“图层 6”中提取“图层 1”的选区。单击“编辑”→“描边”，设置如图 5-26 所示，按【Ctrl + D】组合键取消选区。单击“滤镜”→“模糊”→“高斯模糊”，弹出【高斯模糊】对话框，设置如图 5-27 所示。

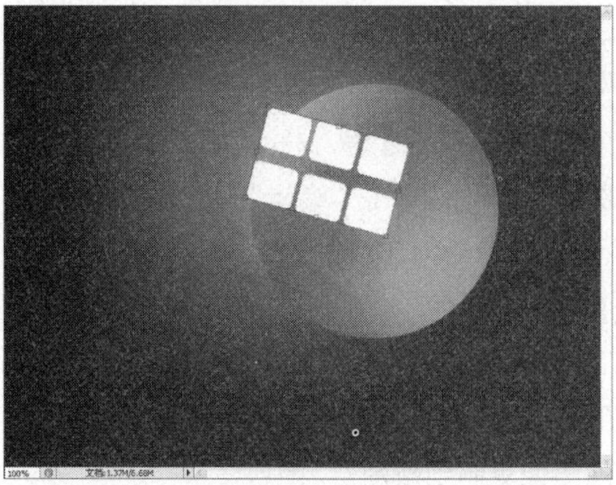

图 5-22　建立白色框

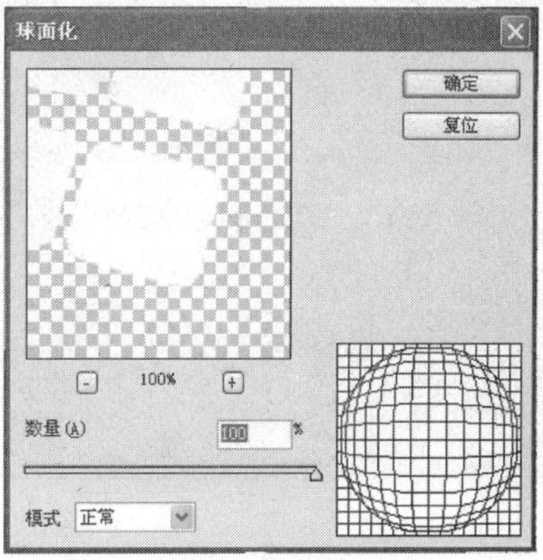

图 5-23　【球面化】对话框

图 5-24　球形化后效果

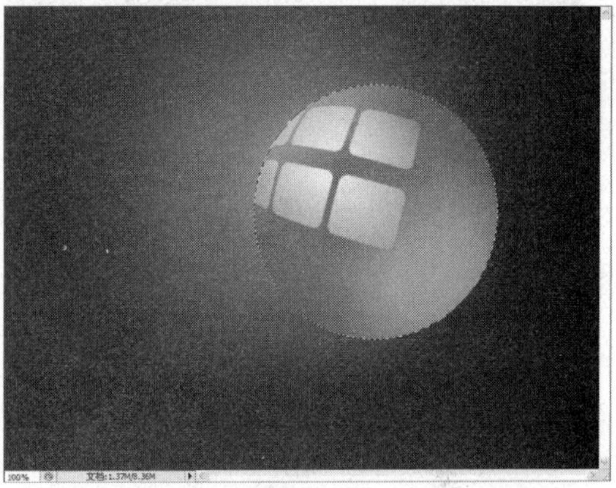

图 5-25　删除多余部分后效果

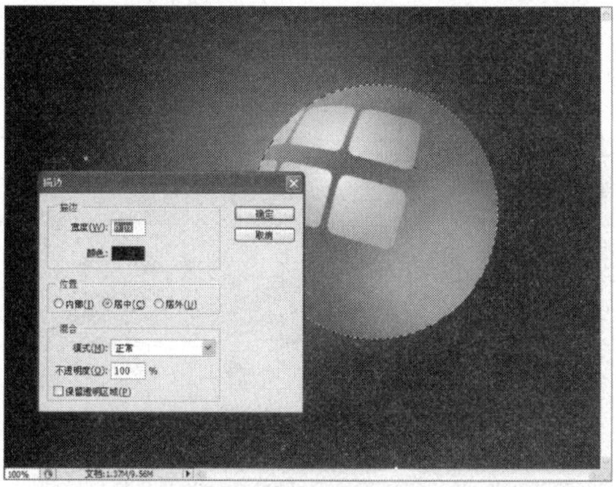

图 5-26　【描边】对话框

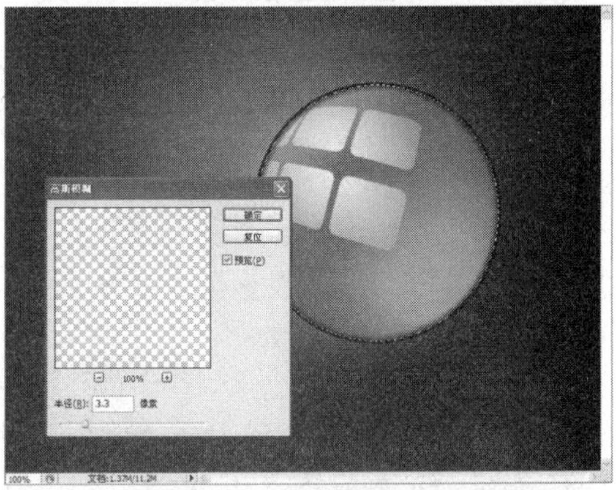

图 5-27　【高斯模糊】对话框

⑮选择“背景”图层，在【图层】面板中单击【新建图层】按钮，得到“图层 7”。按【Ctrl】键单击“图层 1”，在“图层 7”中提取“图层 1”的选区。单击“编辑”→“描边”命令，描边像素设

图 5-28　描边后效果

置为 1，得到白边。如图 5-28 所示。

⑯单击“文件”→“打开”命令，或者按【Ctrl + O】组合键，打开素材文件“卡片”。选择工具栏中的【移动工具】，将卡片文件直接拖动到图标文件中。单击“编辑”→“自由变换”命令，或者按【Ctrl + T】组合键适当旋转，按【Enter】键完成操作，如图 5-29 所示。选择“图层 8”，按 Ctrl 键单击“图层 1”，在“图层 8”中提取“图层 1”的选区。按【Ctrl + J】组合键，将选区内的图像复制到新图层“图层 9”。

⑰将【图层 8】移动到【背景】层上方，效果如图 5-30 所示。

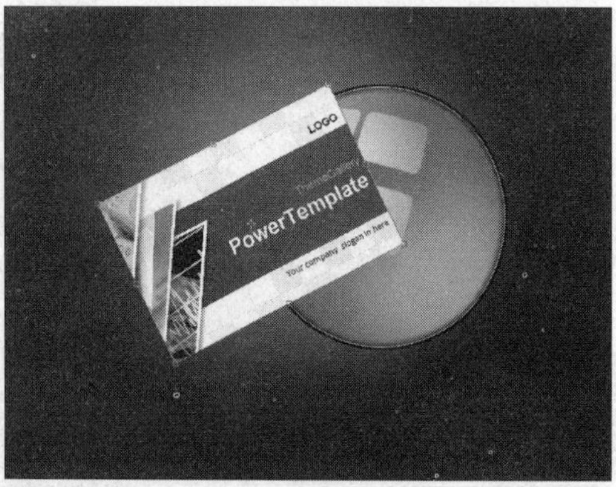

图 5-29　加入卡片素材

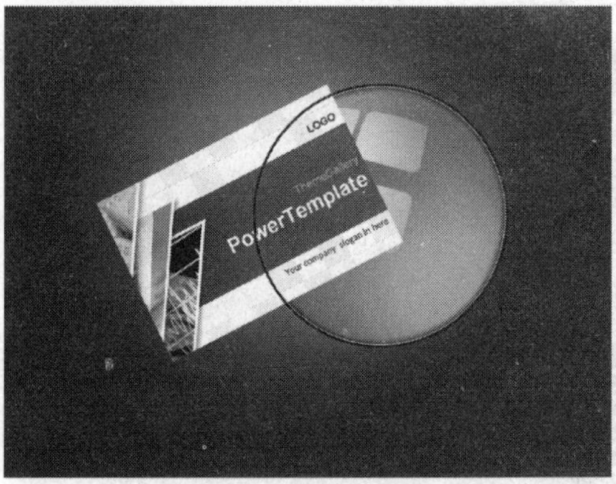

图 5-30　移到图层后效果

⑱返回最顶层的卡片右侧图层，即【图层 11】，将图层填充透明度 60%，混合模式更改成【强光】模式。【图层】面板如图 5-31 所示。

⑲返回最底层的卡片左侧图层，即“图层 8”、“图层 9”，双击鼠标左键，弹出【图层样式】对话框，选择【投影】命令，单击【确定】按钮完成操作，得到最终效果，如图 5-32 所示。

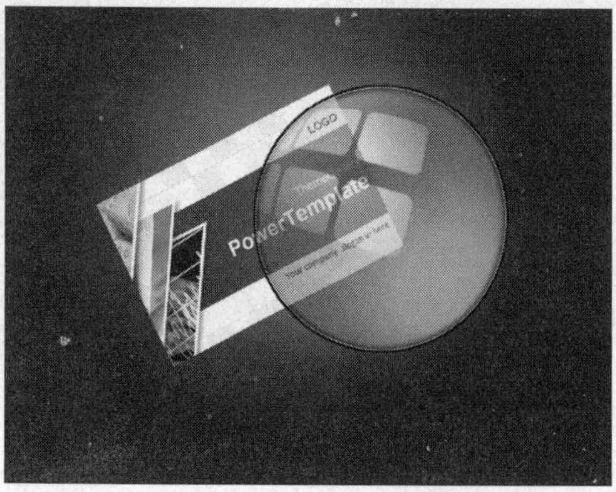

图 5-31　强光模式效果

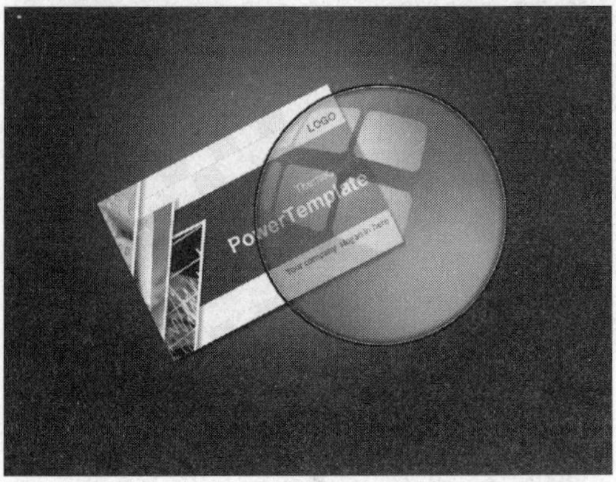

图 5-32　最终效果图

实验2　利用 Photoshop CS3 进行图形图像处理(二)

1. 实验目的

- ◆ 掌握 Photoshop CS3 图形绘制方法。
- ◆ 熟悉 Photoshop CS3 几种滤镜的使用方法。
- ◆ 熟悉 Photoshop CS3 钢笔等工具的使用。

2. 实验内容

- ◆ Photoshop CS3 钢笔工具路径绘制。
- ◆ Photoshop CS3 绘制图形。

3. 巩固练习及步骤

制作卡片夹图像,效果如图 5-33 所示。

图 5-33　效果图

具体操作步骤

①单击“文件”→“新建”命令,或者按【Ctrl + N】组合键,弹出【新建】对话框,设置参数如图 5-34 所示,单击【确定】按钮完成操作。

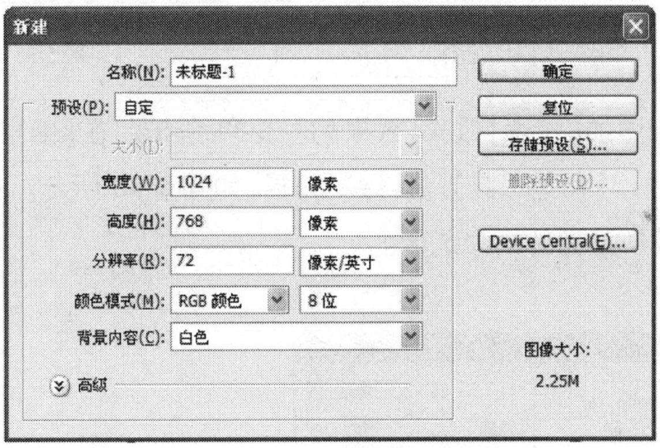

图 5-34　设置新建文件参数

②在【图层】面板中单击【新建图层】按钮,选择工具栏中的【钢笔工具】,绘制路径,如图 5-35 所示。

③将前景色设置为黑色,按【Ctrl + Enter】组合键将路径转换为选区,按【Alt + Delete】组合键,填充前景色,效果如图 5-36 所示。

图 5-35　绘制路径

图 5-36　填充前景色

④此时不要取消选区。双击“图层 1”缩略图，弹出【图层样式】对话框，勾选“渐变叠加”命令，设置如图 5-37 所示。

⑤设置渐变，如图 5-38 所示，单击【确定】按钮完成操作。

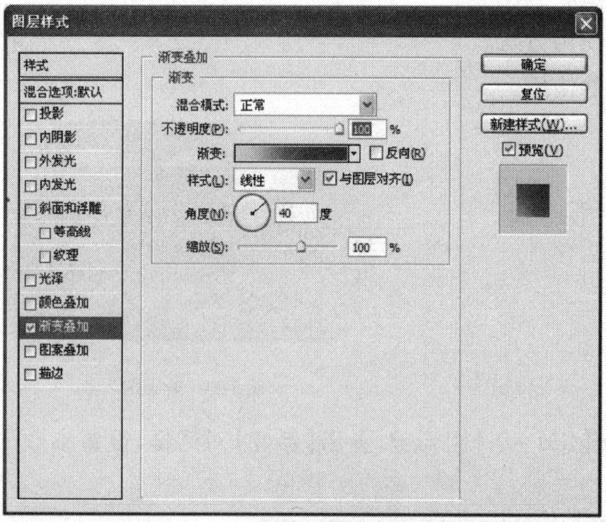

图 5-37 【图层样式】对话框

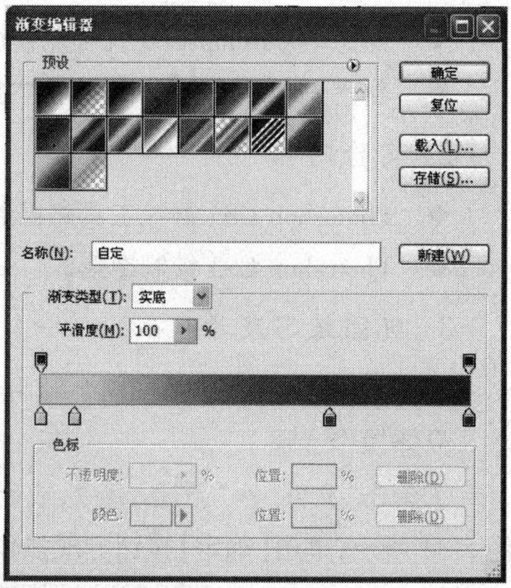

图 5-38 设置渐变叠加

⑥为“图层 1”图像添加【投影】效果，效果如图 5-39 所示。在【图层】面板中单击【新建图层】按钮，选择工具栏中的【钢笔工具】，绘制路径，如图 5-40 所示。将前景色设置为黑色，按【Ctrl + Enter】组合键将路径转换为选区。

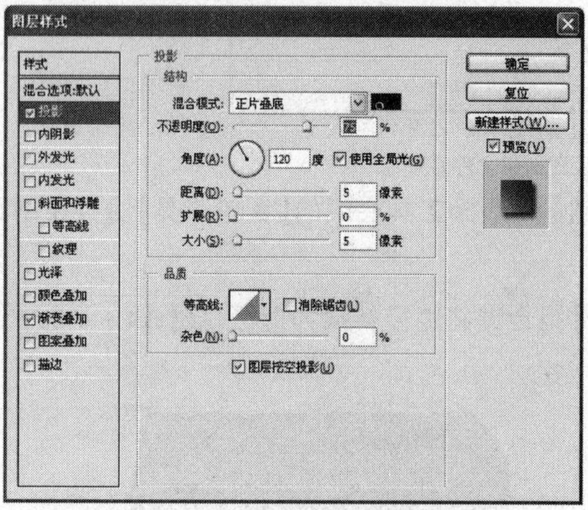

图 5-39 设置投影

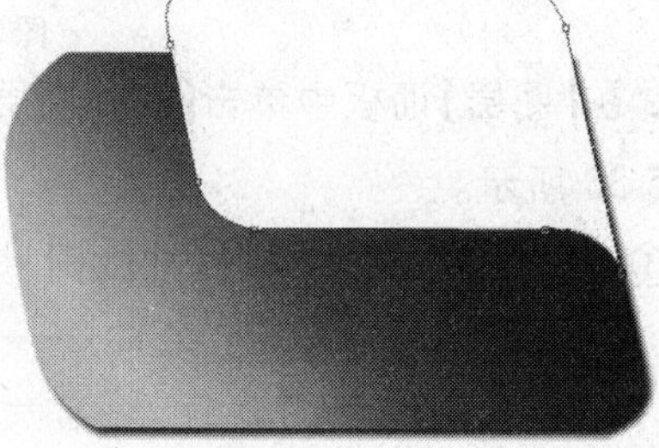

图 5-40 绘制路径

⑦按【Alt + Delete】组合键，填充前景色。双击“图层 1”缩略图，弹出【图层样式】对话框，勾选“渐变叠加”命令，设置如图 5-41 所示。

⑧设置渐变,如图 5-42 所示,单击【确定】按钮完成操作。

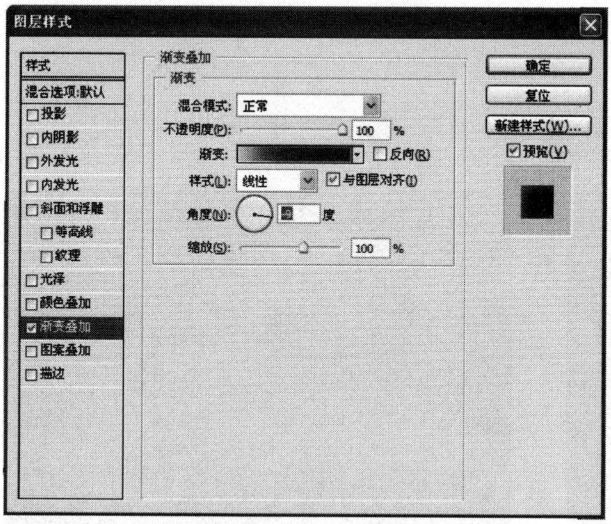

图 5-41　设置渐变叠加

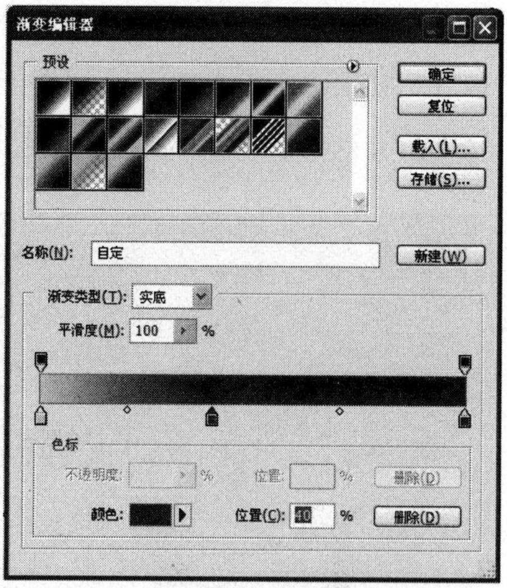

图 5-42　渐变编辑器

⑨为"图层 2"图像添加【投影】效果。选择工具栏中的【钢笔工具】绘制路径,如图 5-43 所示。

⑩按【Ctrl + Enter】组合键将路径转换为选区,按【Delete】键删除选区的内容,最后取消选区,添加文字和投影,得到最终效果,如图 5-44 所示。

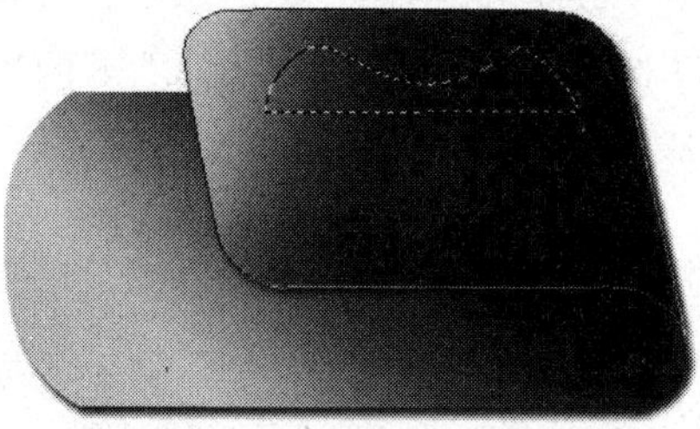

图 5-43　绘制路径

图 5-44　最终效果图

实验 3　利用 Premier Pro CS4 进行视频处理

1. 实验目的

- ◆ 掌握 Premier Pro CS4 软件的基本操作方法。
- ◆ 熟悉 Premier Pro CS4 字幕工具的几种使用方法。
- ◆ 熟悉 Premier Pro CS4 视频滤镜的使用。

2. 实验内容

- ◆ Premier Pro CS4 基本操作。

◆ Premier Pro CS4 亮键，弯曲等滤镜的使用。

◆ Premier Pro CS4 字幕工具使用。

3. 巩固练习及步骤

制作特殊动态字幕，部分效果如图 5-45、图 5-46 所示，参见素材“特殊动态字幕”。

图 5-45　效果图一

图 5-46　效果图二

具体操作步骤

①启动 Premier Pro CS4，在欢迎画面中单击【新建项目】按钮，则弹出【新建项目】对话框，在“位置”下拉列表框中输入项目文件的保存路径，在“名称”文本框中输入项目文件的名称为“特殊动态字幕”，如图 5-47 所示。在【装载预制】选项卡中选择“DV-PAL”下的“Standard 48kHz”，单击【确定】按钮生成序列 01，如图 5-48 所示。

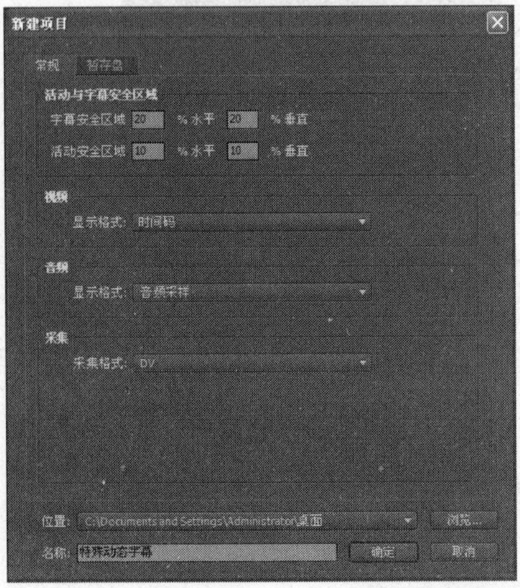

图 5-47　【新建项目】对话框

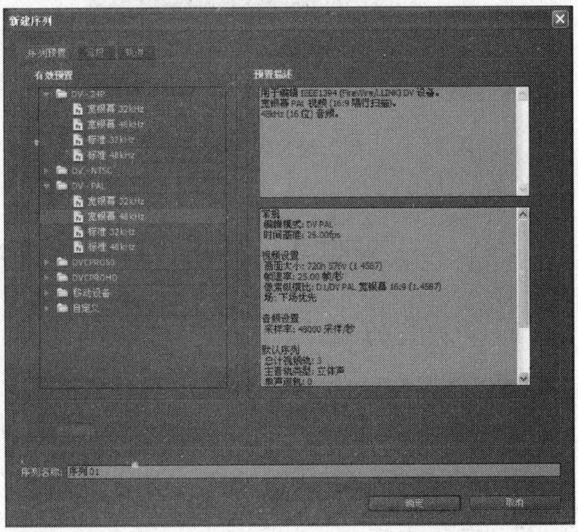

图 5-48　【新建序列】对话框

②选择“文件”→“新建”→“字幕”命令，打开【字幕工具】设计窗口。

③选择窗口左侧工具栏中的文字工具，在字幕编辑窗口中单击鼠标，输入文字“海底世界”，然后在右侧的【字幕属性】选项中设置【字体】为效果合适的字体。“字体大小”为120，并设置其他参数，调整字幕位置，则在字幕编辑窗口中产生的字幕效果如图5-49所示。

图5-49　【字幕】编辑对话框

④单击【字幕工具】窗口右上角的“关闭”按钮，将编辑的字幕以“字”为名称保存到项目文件路径下。

⑤在【项目】窗口中的空白处双击鼠标，导入素材“water. wmv”文件，这时的【项目】窗口如图5-50所示。

⑥将【项目】窗口中的“water. wmv”素材拖放到【时间线】窗口中的“视频1”轨道上，在【时间线】窗口的左上角设置时间为5秒，即将编辑线标志调整到5秒的位置，然后选择工具面板中的剃刀工具，沿着编辑线的标志单击鼠标，将“water. wmv”素材片段切成两部分，如图5-51所示。

⑦选择工具面板中的选择工具，在【时间线】窗口中单击后面的素材片段，按下Delete键将其删除。

⑧在【项目】窗口中将“字 . prtl”素材拖放到【时间线】窗口中的“视频2”轨道上，然后调整该素材片段的长度与“视频1”轨道上的素材片段对齐，如图5-82所示。

⑨在【特效】面板中展开【视频特效】组，将“风格化”组中的“浮雕”滤镜拖动到【时间线】窗口中的“字 . prtl ”素材片段上。如图5-53所示。

⑩在【特效控制台】面板中设置“浮雕”滤镜的参数，如图5-54所示。

⑪在【特效】面板中将“模糊与锐化”组的“锐化”滤镜拖动到【时间线】窗口中的“字 . prtl”素材片段上。

⑫在【特效控制】面板中设置“锐化”滤镜的参数，如图5-55所示。

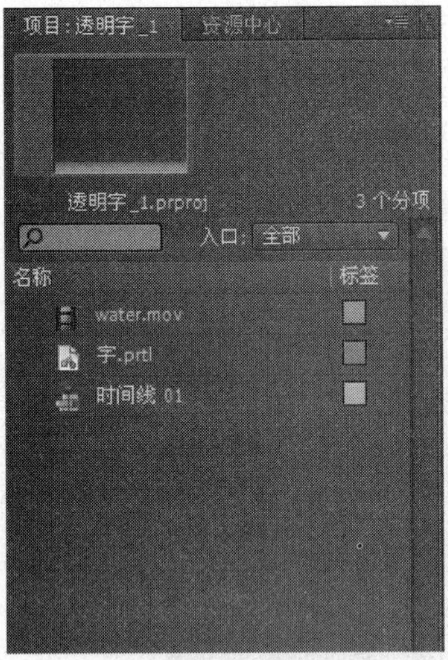

图 5-50 【项目】窗口

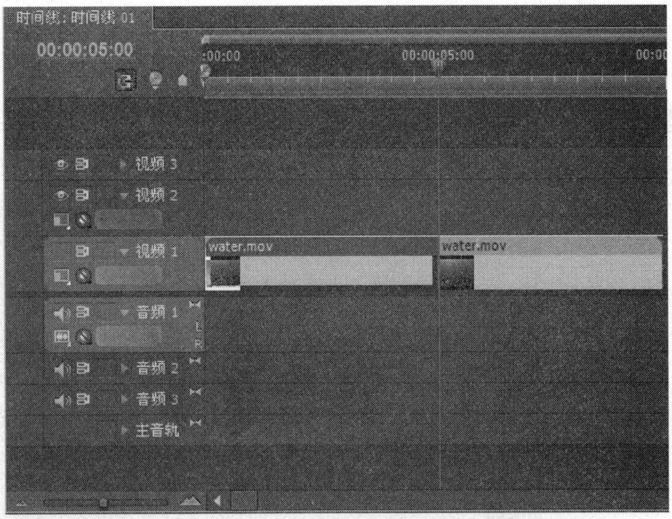

图 5-51 【时间线】窗口

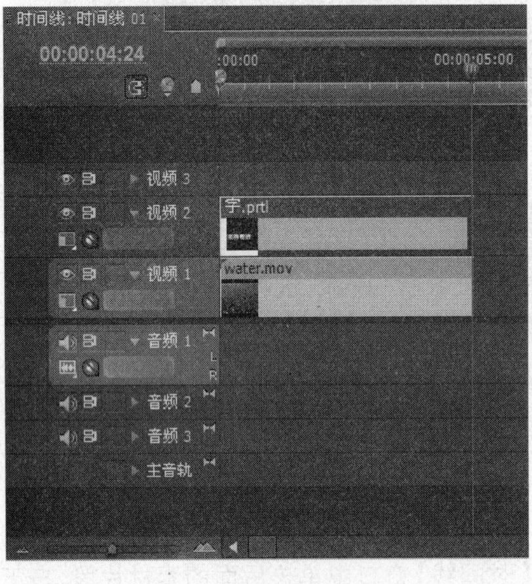

图 5-52 调整素材片段长度

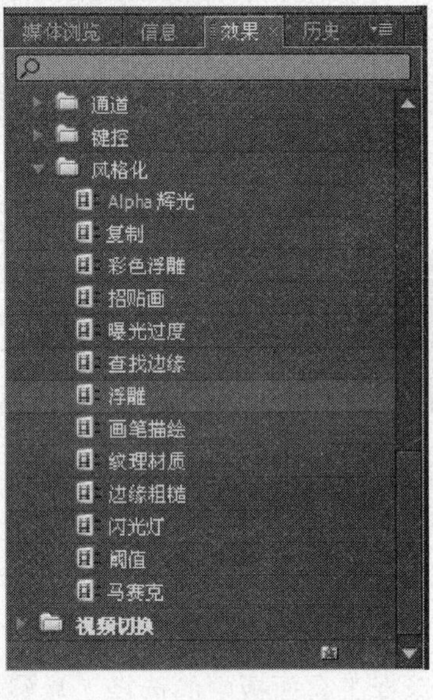

图 5-53 【效果】面板

⑬在【特效】面板中将“键控”组中的“亮度键”滤镜拖动到【时间线】窗口中的“字 . prtl”素材片段上。

⑭在【特效控制】面板中设置“亮键”滤镜的参数，如图 5-55 所示，这时文字出现了透明效果。

⑮在【特效】面板中将“弯曲”组中的“弯曲”滤镜拖动到【时间线】窗口中的“字 . prtl”素材片段上。

⑯在【特效控制】面板中设置“弯曲”滤镜的参数，如图 5-55 所示。至此，完成了特效字幕的制作，按下【空格】键，可以预演效果，如果满意就可以输出了。

⑰选择“文件”→“导出”→“媒体”命令，弹出渲染窗口，按【start queue】按钮进行视频渲染，将制作的字幕特效输出为影片文件。

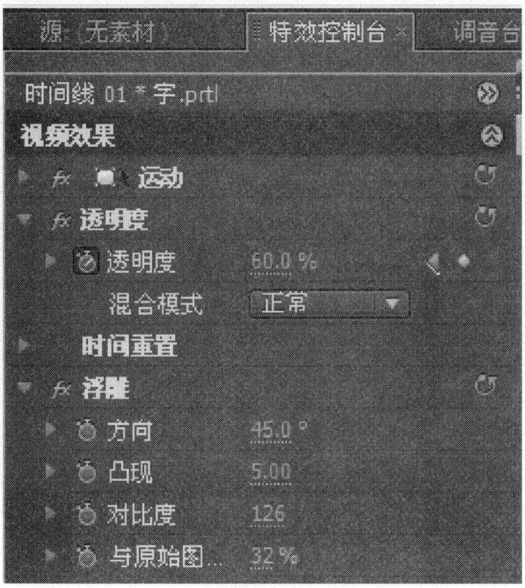

图 5-54　【特效控制台】面板

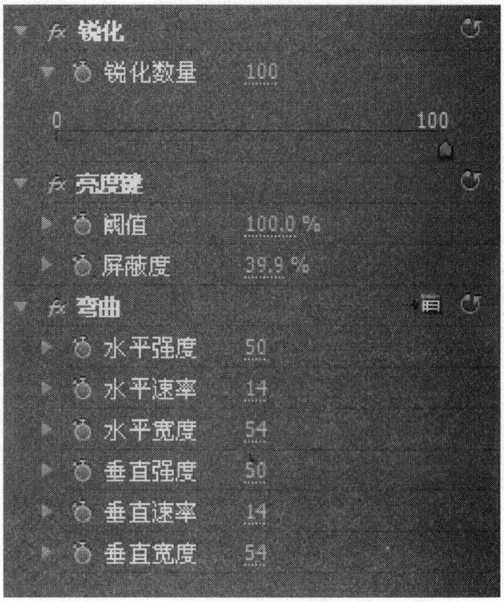

图 5-55　调整参数

实验 4　利用 Premier Pro CS4 进行音频处理

1. 实验目的

◆ 掌握 Premier Pro CS4 声音处理的基本操作方法。

◆ 熟悉 Premier Pro CS4 声音滤镜的使用。

◆ 熟悉 Premier Pro CS4 声音的编辑合成操作。

2. 实验内容

◆ Premier Pro CS4 录音方法。

◆ Premier Pro CS4 声音滤镜的使用。

◆ Premier Pro CS4 声音的编辑。

3. 巩固练习及步骤

制作【诗歌朗诵】视频短片，部分效果如图 5-56 所示，参见素材“诗歌朗诵”。

具体操作步骤

①启动 Premier Pro CS4，在欢迎画面中单击【新建项目】按钮，则弹出【新建项目】对话框，在【装载预制】选项卡中选择 DV-PAL 下的 Standard 48Hz，在【位置】下拉列表框中输入项目文件的保存路径，在【名称】文本框中输入项目文件的名称为“诗歌朗诵”。

②新建字幕，输入“水调歌头”文字内容，用鼠标拖动到视频 2 轨道上，在项目窗口空白处

双击，打开“朗诵背景”图片，放到视频1轨道上，调整效果如图5-57所示。

③打开调音台面板，如图5-58所示，插上麦克风，按激活按钮激活音频2轨道。

④把时间指针调整到时间线上开始录音的位置，按下录音按钮准备录音。

⑤单击调音台面板中的停止播放按钮开始录音，朗诵。如图5-58所示。

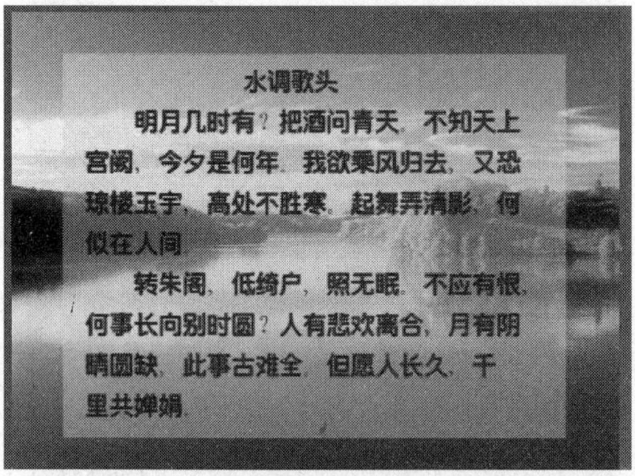

图5-56 视频截图

图5-57 【时间线】窗口

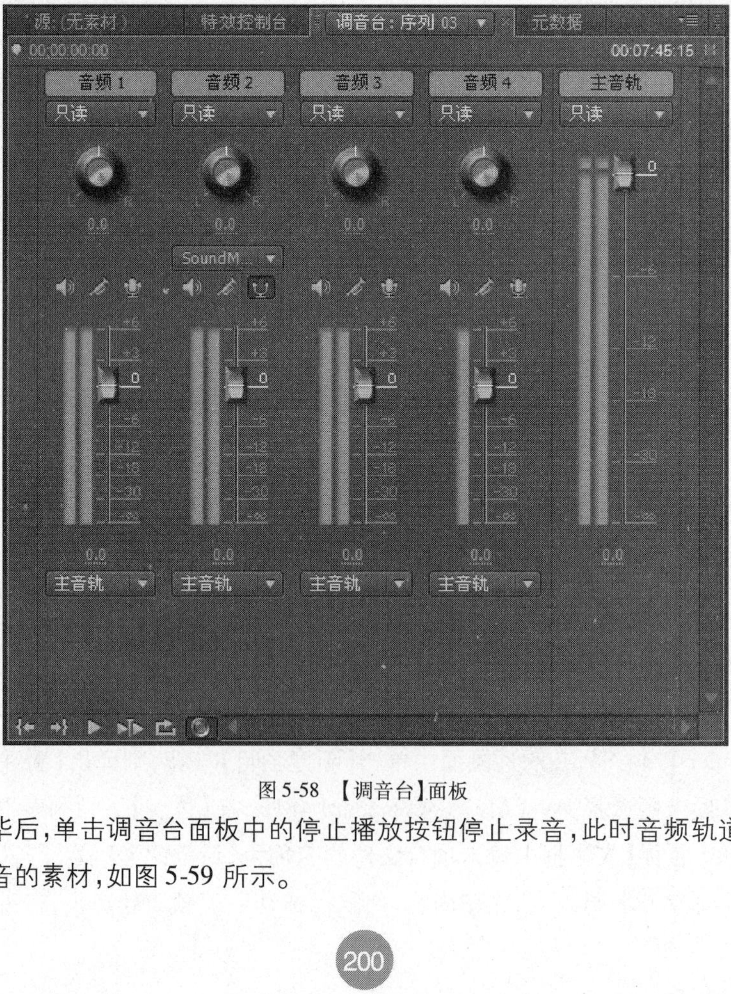

图5-58 【调音台】面板

⑥朗诵完毕后，单击调音台面板中的停止播放按钮停止录音，此时音频轨道2中已经出现了刚才朗读录音的素材，如图5-59所示。

⑦使用“音频特效”→“stereo”→“低通滤镜”，拖动到刚才的朗读录音上，调整合适参数去掉杂音，如图 5-60、图 5-61 所示。

⑧在项目窗口空白处双击，导入背景音乐“高山流水”，打开【特效控制台】降低背景音乐“音量”参数，使之与背景声音和谐。

⑨在节目窗口中检查编辑结果，渲染输出“快乐童年”电子相册视频。

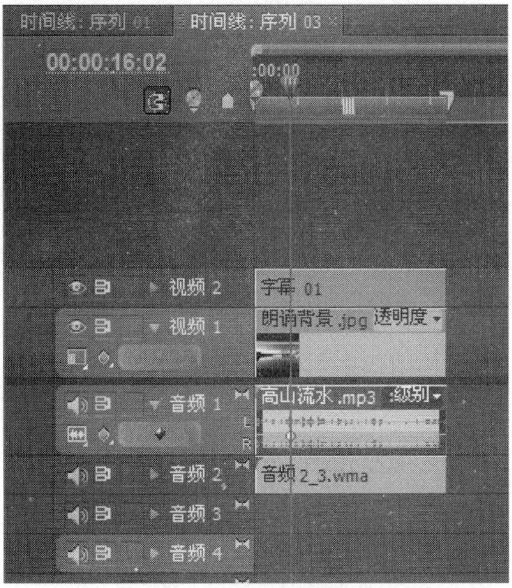

图 5-59　【时间线】窗口

图 5-60　音频滤镜

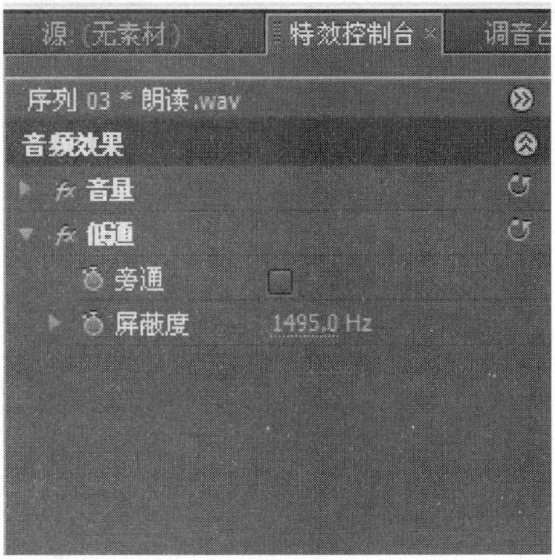

图 5-61　【特效控制台】面板